Die Kapillarsperre

Springer

Berlin
Heidelberg
New York
Barcelona
Hongkong
London
Mailand
Paris
Singapur
Tokio

Akademie für Bauen und Umwelt e. V. (Hrsg.)

Die Kapillarsperre

Innovative Oberflächenabdichtung für Deponien und Altlasten

Mit 107 Abbildungen
und 21 Tabellen

Springer

Herausgeber
Akademie für Bauen und Umwelt e. V.
(Prof. Dr.-Ing. W. Krajewski/Dipl.-Bw. Ursula Gänshirt)
Friedrichstraße 24
99867 Gotha

Mitherausgeber
Prof. Dr. Stefan Wohnlich
Institut für Allgemeine und Angewandte Geologie
Ludwig-Maximilians-Universität München
Luisenstraße 37
80333 München

ISBN-13:978-3-540-65590-9

Die Deutsche Bibliothek – CIP-Einheitsaufnahme
Die Kapillarsperre: innovative Oberflächenabdichtung für Deponien und Altlasten/Hrsg.: Akademie für
Bauen und Umwelt e. V. Mithrsg.: Stefan Wohnlich. – Berlin; Heidelberg; New York; Barcelona; Hongkong;
London; Mailand; Paris; Singapur; Tokio: Springer, 1999
    ISBN-13:978-3-540-65590-9   e-ISBN-13:978-3-642-60109-5
    DOI: 10.1007/978-3-642-60109-5

Umschlaggestaltung: design & production GmbH, Heidelberg
Satz: Reproduktionsfertige Vorlage von den Herausgebern

SPIN 10683818   30/3136-5 4 3 2 1 0 – Gedruckt auf säurefreiem Papier

Vorwort

In der näheren Zukunft gewinnen Sicherung, Einkapselung und aktive Sanierung von Altlasten zunehmend an Bedeutung. In Anbetracht der schwierigen finanziellen Lage der öffentlichen Hand, werden die Leistungen ganz entscheidend unter den Aspekten der wirtschaftlichen Machbarkeit zu betrachten sein. Ökonomische Abwägungen und die Entwicklung von neuen, kostensparenden Technologien werden zunehmende Bedeutung erlangen.

Mit der Kapillarsperre hat die Akademie für Bauen und Umwelt eine solche innovative Technologie thematisiert. Die in ihrer Wirkungsweise bereits langjährig bekannte Bauweise wurde erst in den vergangenen Jahren zur Praxisreife entwickelt. Inzwischen liegen Erfahrungen vor, die den Einsatz in vielen Fällen empfehlen. Die Veranstaltungen sollen die Möglichkeiten und Grenzen des Verfahrens vorstellen sowie Hinweise für die Genehmigungsverfahren, die Planung und die Bauausführung unterbreiten. Wir freuen uns, daß die Seminare ein außerordentlich positives Echo gefunden haben, was sicherlich in erster Linie auf die hohe Kompetenz der Referenten zurückzuführen ist. Allen Vortragenden sei hier nochmals gedankt!

Die als gemeinnütziger Verein anerkannte **Akademie für Bauen und Umwelt** hat es sich zur Aufgabe gemacht, Forschungsergebnisse und neue Entwicklungen der Fachöffentlichkeit zur Anwendung in der Praxis vorzustellen. Wesentliche Ziele sind die Aufbereitung umweltschonender Technologien sowie die wirtschaftliche Optimierung technischer Verfahren im Bauwesen, insbesondere zum Schutz der Ökologie.

Aufgrund des großen Interesses haben wir uns zusammen mit Herrn Prof. Dr. Wohnlich von der Ludwig-Maximilian-Universität München entschieden, die Seminarbeiträge in einem Sammelband zu veröffentlichen.

Dem Springer-Verlag sei hiermit für die Übernahme des Drucks und der Verlegung des Buches gedankt. Schließlich möchte ich meiner Vorstandskollegin, Frau Dipl.-Betriebswirtin Gänshirt, meinen ausdrücklichen Dank dafür übermitteln, daß sie die Hauptlast bei der Vorbereitung und Durchführung der Veranstaltungen getragen hat.

Wir hoffen, daß Sie den folgenden Beiträgen wertvolle Hinweise für Ihre Arbeit in Praxis und Forschung entnehmen können, und daß die fachliche Diskussion zur weiteren Entwicklung der Kapillarsperre angeregt wird.

Gotha, im Juli 1999

Prof. Dr.-Ing. W. Krajewski
Akademie für Bauen und Umwelt e.V.

Inhaltsverzeichnis

Autorenverzeichnis

Amann, P., Prof. Dr.-Ing.
Institut für Geotechnik, ETH Zürich,
ETH-Hönggerberg, CH-8093 Zürich

Balz, K., Dipl.-Geologin
Institut für Allgemeine und Angewandte Geologie,
Ludwigs-Maximilian-Universität München,
Luisenstr. 37, 80333 München

Bauer, E., Dipl.-Geologe
Institut für Allgemeine und Angewandte Geologie,
Ludwigs-Maximilian-Universität München,
Luisenstr. 37, 80333 München

Defregger, F., MR Dipl.-Ing.
Bayrisches Staatsministerium für Landesentwicklung und Umweltfragen,
Rosenkavalierplatz 2, 81901 München

Jelinek, D., Dr.-Ing.
AICON Amann Infutec Consult AG,
Ingenieurgesellschaft für Bauen und Umwelt
Ober-Ramstädter-Str. 42, 64367 Mühltal

Kindsmüller, W., Dipl.-Ing.
Bayrisches Landesamt für Umwelt,
Infantriestr. 11, 80797 München

Krajewski, W., Prof. Dr.-Ing.
Fachhochschule Darmstadt,
Haardring 100, 64295 Darmstadt

Kuntsche, K., Prof. Dr.-Ing.
Fachhochschule Wiesbaden,
Kurt-Schumacher-Ring , 65197 Wiesbaden

Lingenfelser, H., Dipl.-Ing.
Wayss & Freytag AG, Hauptverwaltung,
Postfach 112042, 60055 Frankfurt

Luckner, L., Prof. Dr.-Ing. habil.
Boden- und Grundwasserlabor GmbH Dresden,
Meraner Str. 10, 01217 Dresden

Mendoza, A., Dipl.-Ing.
Institut für Geotechnik, ETH Zürich,
ETH-Hönggerberg, CH-8093 Zürich

Nitsche, C., Dr.-Ing.
Boden- und Grundwasserlabor GmbH Dresden,
Meraner Str. 10, 01217 Dresden

Rettenberger, G., Prof.
Ingenieurgruppe RUK
Schockenriedstr. 4, 70565 Stuttgart

Roth, J., Dipl.-Ing.
Ingenieurbüro Roth & Partner GmbH
Hans-Sachs-Str. 9, 76133 Karlsruhe

Wohnlich, S., Prof. Dr.
Institut für Allgemeine und Angewandte Geologie
Ludwigs-Maximilian-Universität München,
Luisenstr. 37, 80333 München

Zischak, R., Dr.
Baugrundinstitut Dr.-Ing. Georg Ulrich
Kapellenhof 12, 88299 Leutkirch-Herbrazhofen

Regellösungen und Alternativen für Oberflächenbarrieren von Deponien und Altlasten

Prof. Dr.-Ing. W. Krajewski
Fachhochschule Darmstadt

1 Einleitung

Mit der Einführung der TA Siedlungsabfall bzw. der TA Abfall sind Oberflächenbarrierensysteme für Deponien zwingend vorgeschrieben. So heißt es beispielsweise im Abschnitt 10.4.1.4 der TA Siedlungsabfall:

Nach der Verfüllung eines Deponieabschnittes ist auf dem Deponiekörper ein Oberflächenabdichtungssystem aufzubringen.

Den gesetzlichen Forderungen entsprechend, wurden inzwischen vielfach Oberflächenbarrieren auf Deponien ausgeführt, so daß zur Konstruktion und Herstellung, zumindest bei Ausführung der Standardlösungen auf breiter Basis Erfahrungen vorliegen. Die einschlägigen Regeln für eine sichere Herstellung der Barrieren sind der Fachöffentlichkeit bekannt. Das Risiko von Herstellungsfehlern konnte in den vergangenen Jahren durch die Entwicklung von inzwischen allgemein bewährten Einbauregeln sowie durch eine *mehrstufige* Qualitätssicherung deutlich reduziert werden. Gleichwohl ist die sichere Ausführung von Oberflächenabdichtungssystemen nach wie vor mit Unsicherheiten behaftet. Die Ursachen liegen teilweise im baubetrieblichen Bereich. Vielfach sind sie aber auch auf menschliches Fehlverhalten und insbesondere auf die spezifischen Eigenschaften der verwendeten Barrierematerialien zurückzuführen. Dieser Sachverhalt führt dazu, daß die Eignung von Abdichtungssystemen nach wie vor in der Diskussion ist. Daneben wird infolge der derzeitigen schwierigen volkswirtschaftlichen Entwicklung die Notwendigkeit von Kosteneinsparungen mehr als deutlich. Es besteht aus den genannten Gründen zunehmend die Tendenz, Regellösungen in diesem Zusammenhang zugunsten von kostengünstigeren Alternativen zurückzustellen.

Das beschriebene Spannungsfeld gilt verstärkt für den Bereich der Altlasten. Während in der Vergangenheit kontaminierte Bereiche bevorzugt saniert wurden, werden die Standorte derzeit aus Kostengründen zunehmend lediglich gesichert. Eine Vorschrift, die einen eindeutigen Sicherungsstandard vorgibt, existiert dabei jedoch nicht. Vielmehr sind die Barrieren standortbezogen zu planen und den zuständigen Behörden zur Genehmigung im Einzelfall vorzulegen. Der Sicherungsaufwand hängt in erster Linie vom vorhandenen Gefahrenpotential für die Umwelt ab. Da dieses wiederum entscheidend davon bestimmt wird, ob abgelagerte Schadstoffe durch zutretende Wässer mobilisiert werden können, muß eine Sicherung als integralen Bestandteil die Abwehr zutretender Wässer beinhalten. Der erste Arbeitsschritt zur Sicherung einer Altlast wird daher in vielen Fällen im Aufbringen einer Oberflächenbarriere bestehen, die ein weiteres Eindringen von Niederschlagswässern in die Ablagerung mit dem damit verbundenen möglichen Eluat der Schadstoffe vermeiden soll. Oberflächenbarrieren sind aus diesem Grunde auch für Altlasten unverzichtbare Sicherungselemente geworden. Die Gestaltung dieser Barrieren lehnt sich verschiedentlich an die Regelungen für Deponien an, in der Regel werden aber standortspezifische Lösungen angestrebt.

2 Aufgabe und Anforderungen an Oberflächenbarrieren

Oberflächenbarrieren sind integraler Bestandteil von Deponien, die nach dem Multibarrierenkonzept gestaltet sind. Danach müssen Deponien ein mehrschichtiges, redundantes Sicherungssystem aufweisen (Abb. 1). Am Standort muß neben topografischen und geohydraulischen Voraussetzungen ein hinreichend gering wasserdurchlässiger Untergrund anstehen, der als sogenannte *Geologische Barriere* eine etwaige Schadstoffausbreitung maßgeblich behindert. Die Basis des Standortes erhält eine *Technische Barriere*, die i. allg. als Basisabdichtung bezeichnet wird. Da diese nach der Einlagerung der Abfallstoffe in der Regel nicht mehr zugänglich ist, Schäden andererseits schwerwiegende Folgen haben, wird an dieses Sicherungselement besonders hohe Qualitätsanforderungen gestellt. So soll die Basisbarriere grundsätzlich in sich redundant sein, daß heißt aus mehreren Barriereelementen bestehen, die sich ergänzen und insbesondere bei Ausfall eines Elementes in der Lage sind, die Abdichtungsaufgabe alleine zu übernehmen. Deponien mit hohem Qualitätsstandard erhalten darüber hinaus bauliche Einrichtungen, die eine Kontrolle der Funktionsfähigkeit der Basisabdichtung und ggf. sogar eine Reparatur erlauben. Eine weitere Voraussetzung beim Bau von Basisabdichtungen- dies gilt selbstverständlich allgemein für alle Barrieren- ist die umfassende Umsetzung eines Qualitätssicherungssystemes.

Die technische Barriere wird an den Deponieflanken und am Top der Ablagerung durch die Oberflächenabdichtung ergänzt, auf die in diesem Beitrag noch im einzelnen eingegangen wird. Aufgabe der Oberflächenabdichtung ist es, ein Eindringen von Niederschlagswässern in den Deponiekörper und anderseits einen unkontrollierten Austritt von kontaminierten Wässern und Deponiegasen in die Umwelt zu vermeiden. Um dieser Aufgabe gerecht zu werden, müssen die Dichtungselemente in der Regel mit einer Sickerwasser- und Gasfassung kombiniert werden. Abgedeckt wird die Oberflächenabdichtung mit einer Rekultivierungsschicht, für die beispielsweise die TA Siedlungsabfall eine Mindestdicke von 1 m vorsieht.

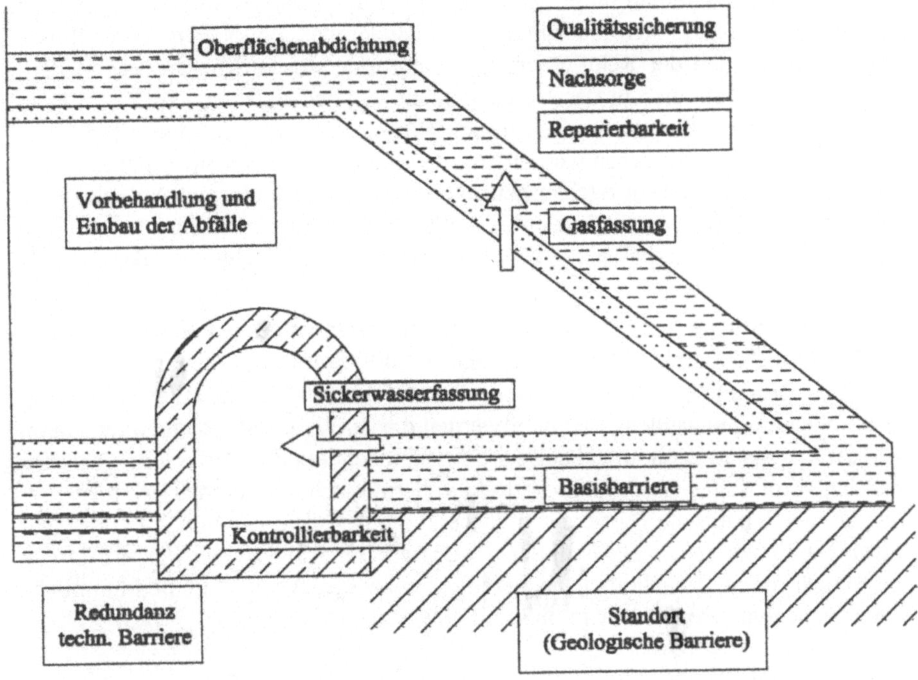

Abb. 1 Multibarrierenkonzept für Deponien

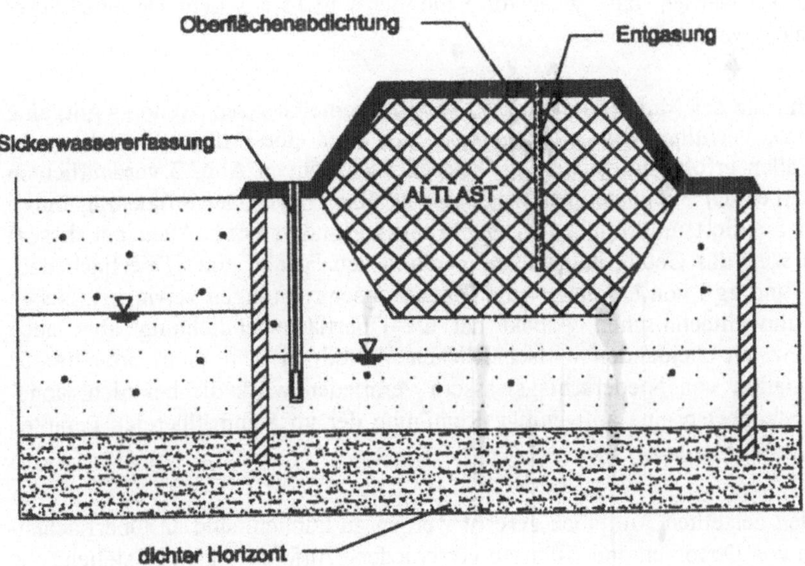

Abb. 2 Sicherungskonzept für Altlasten

Die Anforderungen an diese Schicht sind i. allg. gering. Häufig wird lediglich vorausgesetzt, daß es sich um kulturfähigen Boden handelt. Neuere Erkenntnisse zeigen jedoch, daß der Rekultivierungsschicht eine wesentliche größere Bedeutung zukommt, als dies in der Vergangenheit vielfach gesehen wurde. So kann unter bestimmten Vorausetzungen diesen Böden offensichtlich eine planmäßige Barrierewirkung zugewiesen werden, auf die in diesem Beitrag noch näher eingegangen wird. Um diesem Sachverhalt und der damit verbundenen Aufgabe auch in der Bezeichnung gerecht zu werden, sollte die Deponieabdeckung aus kulturfähigen Böden grundsätzlich als *Wasserhaushaltsschicht* bezeichnet werden.

Eine wesentliche Aufgabe der Wasserhaushaltsschicht besteht beispielsweise in der Pufferung der anfallenden Niederschläge, die bewirkt, daß sich intensive Niederschlagsereignisse nicht als konzentrierte Zuflüsse an der eigentlichen Oberflächenabdichtung einstellen. Vielmehr werden die Zuflüsse zeitlich und auch lateral verteilt. In diesem Zusammenhang wird verschiedentlich die Auffassung geäußert, daß bei sorgfältiger Gestaltung der Rekultivierungsschicht durchaus Anforderungen an eine technische Barriere erfüllt werden und daß in Kombination mit einer Flächendrainage an der Basis dieser Schicht ein Eindringen von Wässern in den Deponiekörper mit Sicherheit ausgeschlossen werden kann. Auf herkömmliche Oberflächenbarrieren könnte in diesem Fall verzichtet werden.

Moderne Deponien sollen außer den vorstehend aufgeführten Einrichtungen auch eine sogenannte *Innere Barriere* oder auch *Eluatbarriere* erhalten. Dem liegt der Gedanke zugrunde, daß zur Verminderung des Gefährdungspotentials am Deponiestandort die Einlagerungsstoffe so beschaffen sein sollen und ggf. so vorbehandelt werden, daß Schadstoffe möglichst nicht aus dem Deponiekörper herausgelöst werden können.

Der Einsatz des Multibarrierensystems findet seine Grenzen, wenn es gilt, eine bestehende, verfüllte Abfallentsorgungsanlage oder eine Altlast zu sichern. In diesen Fällen erfolgt die Sicherung vielfach nach dem in Abb. 2 verdeutlichten Konzept, bei dem ein lateraler Wasserzutritt bzw. ein Schadstoffaustrag durch eine den Standort umschließende Dichtwand verhindert wird. Auch bei diesem Konzept wird das Gefährdungspotential durch den Einbau einer Oberflächenabdichtung und ggf. von Drainage- und Entgasungseinrichtungen verringert. Neben diesem umwelttechnischen Aspekt hat die Oberflächenabdichtung aber auch einen ganz entscheidenden wirtschaftlichen Vorteil, in dem eine fortwährende Kontamination von Niederschlagswässern vermieden wird, die bei nicht abgedeckten Standorten eine aufwendige Reinigung der im Kontrollbereich gefaßten Sickerwässer erfordert.

Um den gestellten Aufgaben gerecht werden zu können, sind an Oberflächenbarrieren von Deponien und Altlasten verschiedene Anforderungen zu stellen:

a) Stofftransport in die Ablagerung

Hinsichtlich des Stofftransportes in einer Barriere sind konvektive, diffusive, dispersive und sorptive Prozesse zu unterscheiden. Bei einer Oberflächenabdichtung spielt die Diffusion i. allg. keine Rolle, da die zur Aktivierung dieses Transportmechanismus erforderlichen Gradienten der Stoffkonzentration am Top einer Ablagerung vernachlässigbar gering sind. Gleichermaßen haben die Dispersion sowie die Sorption für Oberflächenabdichtungen nur eine unwesentliche Bedeutung, so daß als maßgebender Transportprozeß die Konvektion anzusehen ist.

Das wesentliche Qualitätsmerkmal bei der Konzeptionierung von Oberflächenbarrieren besteht dementsprechend darin, daß lediglich eine geringe, zulässige Infiltration von Niederschlagswässern in die Ablagerung stattfindet. Die Barriere muß somit eine hinreichend kleine Wasserdurchlässigkeit aufweisen. Die TA Siedlungsabfall [1] und die TA Abfall [2] geben für die mineralische Dichtung der Kombinationsbarriere Grenzwerte vor:

$$\text{TASi (Deponieklasse II)} \quad k \leq 5 \text{ E-09 m/s}$$
$$\text{TAA} \quad k \leq 5 \text{ E-10 m/s}$$

Für die Deponieklasse I und für Altlasten bestehen keine allgemeingültigen Vorgaben.

b) Gasdurchlässigkeit

Neben einer geringen Wasserdurchlässigkeit sollen Oberflächenbarrieren i. allg. auch eine geringe Luftdurchlässigkeit aufweisen, um sicher zu stellen, daß von der Ablagerung lediglich tolerierbare Gasemissionen ausgehen. Diese Fragestellung hat standortbezogen sehr unterschiedliche Bedeutung und kann unter Umständen auch gegenstandslos sein. Sofern eine nennenswerte Gasbildung vorhanden ist und hinsichtlich der Gaszusammensetzung eine Gefährdung der Umwelt zu befürchten ist, sollte die Bodenluft gefaßt und nach Möglichkeit verwertet werden. Die Anforderungen an die Barriere oberhalb der Gasdrainage können dabei verhältnismäßig gering gehalten werden. So kann eine sichere Ableitung der Gase in den meisten Fällen bereits vorgenommen werden, wenn die Luftdurchlässigkeit der Abdeckung um 2 bis 3 Zehnerpotenzen geringer ist, als diejenige der Drainageschicht. Diese Qualitätsanforderung erfüllt vielfach bereits die Wasserhaushaltsschicht, bzw. eine Ausgleichschicht aus feinkörnigen Böden am Top der Ablagerung. Die Luftdurchlässigkeit der als Barriere verwendeten Böden sollte grundsätzlich versuchstechnisch bestimmt werden. Die in der Praxis geläufige Annahme, daß die Luftdurchlässigkeit etwa dem 5 - bis 10-fachen der Wasserdurchlässigkeit entspricht, gilt näherungsweise lediglich für rollige Böden, nicht jedoch für die zum Bau der Barrieren häufig eingesetzten fein- bzw. gemischtkörnigen Böden. Die Frage der Luftdurchlässigkeit ist insbesondere auch beim Einsatz von schindelartig verlegten Abdichtungsbahnen aus Kunststoff oder Geokunststoff zu prüfen.

c) Beständigkeit gegenüber auftretenden Setzungsunterschieden

Um den vorgenannten zentralen Forderungen nach einer nachhaltigen Barrierewirkung gerecht zu werden, müssen die eingesetzten Werkstoffe und Barrieresysteme den ablagerungsspezifischen Beanspruchungen gerecht werden. Eine wesentliche Besonderheit bei Oberflächenbarrieren besteht darin, daß infolge der Eigensetzungen der Ablagerung größere Setzungen und Setzungsunterschiede auftreten können. Dieser Problematik versucht der Gesetzesgeber mit zielgerichteten Bestimmungen zu begegnen. So sollen in neuen Anlagen bekanntlich nur noch annähernd inerte Stoffe eingelagert werden, die zudem verhältnismäßig hohe Anforderungen bezüglich der Verformbarkeit und Festigkeit erfüllen müssen. Bei Altdeponien soll das endgültige Abdichtungssystem erst eingebaut werden, wenn die Setzungen im wesentlichen abgeklungen sind. Nach der Verfüllung des Standortes muß in diesen Fällen eine temporäre Abdichtung verlegt werden, die über einen Zeitraum von einigen Jahren bei den gegebenen großen Verformbarkeiten hinreichend dicht bleibt.

In der Praxis stellt sich verschiedentlich der Sachverhalt ein, daß ein Abklingen der Setzungen bis zum Einbau der endgültigen Abdichtung nicht abgewartet werden kann. In Abb. 3 ist eine solche Situation der Deponie Asslar des Lahn-Dill-Kreises dargestellt, bei der auf einer 7 ha großen Monodeponie ca. 1,2 Mio m³ Klärschlämme aus der Betriebskläranlage eines Chemiekonzerns abgelagert wurden. Die bis zu über 30 m hohe Ablagerung soll mit einer Kombinationsbarriere gemäß der TA Siedlungsabfall abgedeckt werden. Darüber erfolgt eine bis zu 30 m hohe Hausmüllschüttung.. Infolge des Eigengewichtes und der Auflast wird das in den Klärschlämmen gebundene Wasser im Laufe der Zeit ausgepreßt. Die aus diesem Effekt zu erwartenden Stauchungen der Ablagerungen werden etwa 30 % betragen, wodurch die am Top der Klärschlämme aufgebrachte Abdichtung Setzungen bis etwa 10 m und entsprechend große Setzungsunterschiede erfahren wird. Das Verformungsverhalten und die Integrität der Abdichtung werden meßtechnisch überwacht. Die Setzungen werden mit Hilfe einer elektronischen Schlauchwaage sowie mit einzelnen Meßpegeln erfaßt (Abb. 4). In der mineralischen Abdichtung sind Dehnungsmeßgeräte sowie Bodendruckmeßdosen angeordnet. Eine etwaige Undichtigkeit der Barriere kann durch Wasserdruckmessungen in der Stützschicht unterhalb der Abdichtung erkannt werden.

Unterschiedliche Setzungen führen in Abdichtungen bei Sattel- oder Muldenlage zu Biegezugbeanspruchungen (Abb. 4). Bei einer Längung treten Zerrungen und bei einer Kürzung Stauchungen auf. Die Frage, ob solche Beanspruchungen zu Materialbrüchen führen, ist materialabhängig zu beantworten. Kunststoffdichtungsbahnen aus PE-HD weisen i. allg. hinreichend große zulässige Dehnungen auf, so daß auch bei größeren Formänderungen keine Probleme zu erwarten sind. Aber auch hier ist zu beachten, daß Schweißnähte von Kunststoffdichtungsbahnen durchaus bereits bei Zugdehnungen in einer Größenordnung von 3 % die Festigkeitsgrenze erreichen können.

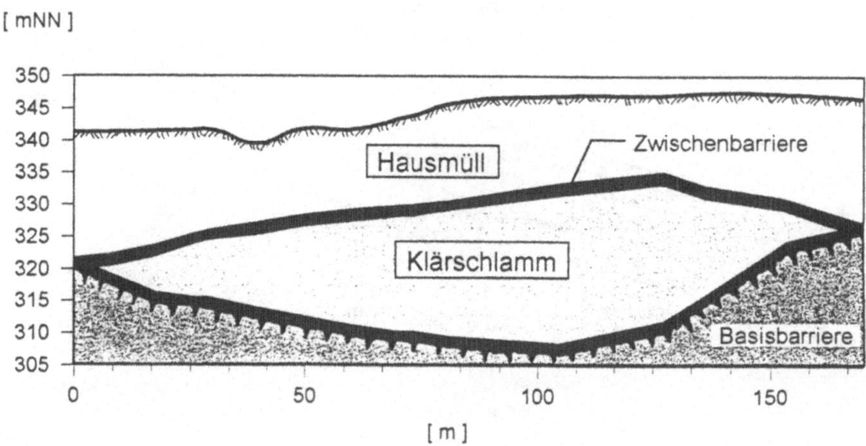

Abb. 3 Überschüttung einer mit einer Oberflächenabdichtung versehenen Klärschlammdeponie (Deponie Asslar)

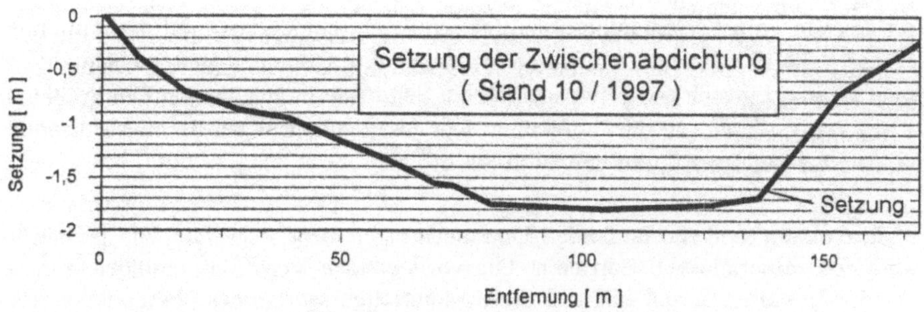

Abb. 4 Setzungsmulde der Zwischenabdichtung der Deponie Asslar (Stand: 1997)

Bemessungsgrundlagen für Kunststoffdichtungsbahnen mit Ansatz des Lastfalls "Setzungsunterschiede" wurden entwickelt und liegen in der Praxis vor [7]. Vergleichsweise schwierig gestaltet sich der Sachverhalt für den mineralischen Teil der Kombinationsbarriere, da die Frage, welche Setzungsunterschiede für eine tonige, schluffige Barriere verträglich sind, derzeit noch Gegenstand eingehender Forschungen ist.

Um die Fragestellung beantworten zu können, welche Setzungsunterschiede für eine mineralische Abdichtung verträglich sind, wurde an der TU Darmstadt ein großmaßstäbliches Versuchsgerät entwickelt (**Abb. 6**), mit dem einer 0,6 m dicken Abdichtungslage Deformationen aufgezwungen und die Integrität in Abhängigkeit

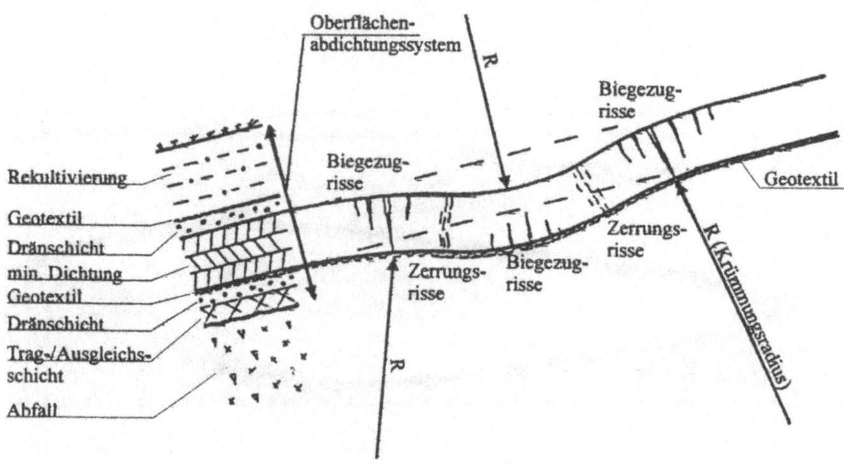

Abb. 5 Beanspruchung einer verformten Oberflächenabdichtung [23]

von den aufgebrachten Setzungsunterschieden geprüft werden kann. Die Untersuchungen von Edelmann [4] haben gezeigt, daß bei Verwendung von ausgeprägt plastischen Tonen selbst außerordentlich große Durchbiegungen mit Krümmungsradien < 10 m zu keinen meßbaren Wasserdurchlässigkeiten führen. Demgegenüber entwickeln sich erwartungsgemäß bei Schluffen bereits bei deutlich größeren Krümmungsradien Durchgängigkeiten. Die Grenzradien liegen bei dieser Bodenart in einer Größenordnung von 50 m bis 100 m.

Interessant sind die laufenden Untersuchungen zum Verhalten von gemischtkörnigen mineralischen Barrieren. Die vorliegenden Veröffentlichungen (vgl. z. B. [5, 6]) weisen darauf hin, daß diese Materialien infolge des vorhandenen körnigen Grundgerüstes verhältnismäßig günstig auf Setzungsdifferenzen reagieren. Die veröffentlichten Resultate lassen sich jedoch nur bedingt mit denen für feinkörnige Barrieren vergleichen, da sich die versuchstechnischen Randbedingungen als auch die Definitionen zur Integrität unterscheiden. Diesbezüglich sollten zunächst einheitliche Regelungen, z. B. durch den Arbeitskreis „Geotechnik der Deponien und Altlasten" der DGGT erarbeitet werden.

Verschiedentlich wird erwogen, das sogenannte Selbstheilungsvermögen von mineralischen Barrieren planmäßig in Ansatz zu bringen. Danach wird die Tatsache berücksichtigt, daß bindige Böden bei Wasserzuführung ihr Volumen vergrößern, d. h. quellen und somit vorhandene Risse verschließen können. Das Quellvermögen hängt entscheidend von den Mineralbestandteilen des Bodens ab und schwankt in sehr weiten Grenzen. Darüber hinaus ist die Entstehungsgeschichte der Risse offensichtlich für das Selbstheilungsvermögen von großer Bedeutung. Die Untersuchungen von Mallwitz und Savidis [8] haben beispielsweise gezeigt, daß bei Schrumpfrissen i. allg. keine Selbstheilung auftritt.

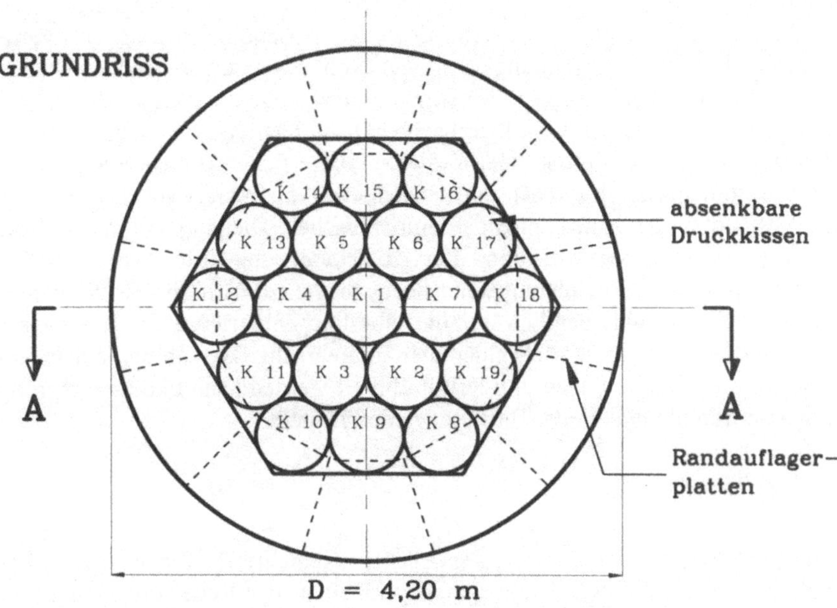

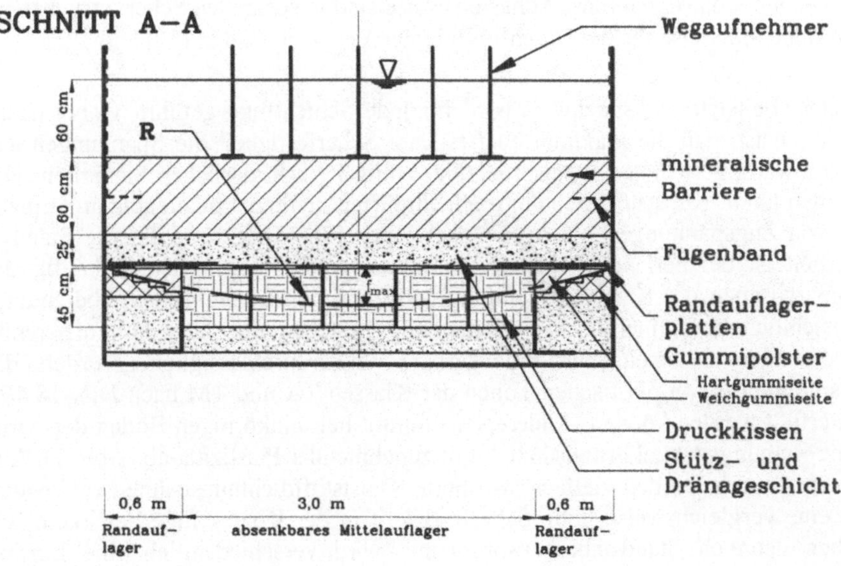

Abb. 6 Darmstädter Deponieverformungssimulator [4]

Mechanisch entstandene Risse haben sich in den Untersuchungen dagegen günstiger verhalten, inbesondere dann, wenn dem Boden Bentonit zugemischt wurde. Wunsch [9] hat das Selbstheilungsvermögen von feinkörnigen Dicken weniger auf das Quellverhalten bezogen, sondern auf das Phänomen, daß absickernde Wässer beim Überströmen der mineralischen Dichtungsschicht Feinstbestandteile des Dichtungsmaterials ablösen und erodieren. Diese feinen Bodenkörner können in die Risse hineingespült werden und verschließen die Wasserwegigkeiten. Integraler Bestandteil der selbstheilenden mineralischen Dichtung ist nach dieser Auffassung ein Geotextil, das unter der Abdichtung angeordnet wird und den Massentransport an der Dichtungsunterfläche begrenzt. Auf diesem Gedanken aufbauend, wird verschiedentlich auf die Oberflächenbarrieren ein sogenanntes Spendematerial, z. B. aus Waschschlämmen aufgebracht, das von den einsickernden Wässern in etwaige Fugen und Risse erodiert werden kann und die ursprüngliche Wasserdurchlässigkeit der Barriere wieder herstellt.

d) Standsicherheit

Oberflächenbarrieren bestehen in der Regel aus mehreren Einzellagen unterschiedlicher Beschaffenheit, deren Scherfestigkeit in der Regel mit dem Mohr-Coulomb´schen Bruchkriterium beschrieben wird. Gegenüber den Materialfestigkeiten stellen die Fugen zwischen den beteiligten Schichten häufig Ebenen abgeminderter Scherfestigkeit dar, so daß für Standsicherheitsuntersuchungen in der Regel nicht die Materialfestigkeiten maßgebend sind. Die relevanten Reibungswinkel und Kohäsions- bzw. Adhäsionswerte sind in speziellen Scherversuchen zu ermitteln. Hinweise für die Durchführung der Versuche sind in [10] enthalten.

Der Gleitsicherheitsnachweis wird für jede Schichtfuge geführt, wobei nachzuweisen ist, daß die maximal übertragbare Scherfestigkeit die Spannungen aus hangabwärts gerichteten Beanspruchungen mit der erforderlichen Sicherheit aufnehmen kann. Kunststoffdichtungsbahnen dürfen nicht zur planmäßigen Aufnahme von Zugspannungen herangezogen werden [7]. Maßgebend für die Standsicherheit ist bei herkömmlichen kombinierten Abdichtungssystemen häufig die Fuge zwischen der Kunststoffdichtungsbahn und der mineralischen Abdichtung. Hinsichtlich der mineralischen Abdichtung bestehen nun aber konkurrierende Forderungen. Einerseits wird eine geringe Wasserdurchlässigkeit gefordert, die beispielsweise von plastischen Tonen der Klassen TA und TM nach DIN 18 196 gut erfüllt werden können. Andererseits nimmt bei feinkörnigen Böden der wirksame Reibungswinkel grundsätzlich mit zunehmender Plastizität ab (Abb. 7). Aus diesem Grunde werden vielfach profilierte Kunststoffdichtungsbahnen verwendet, die eine vergleichsweise hohe Scherfestigkeit in der Kontaktfuge bewirken. Bestehen dennoch Standsicherheitsprobleme, wird verschiedentlich eine Lösung gewählt, bei der auf die mineralische Barriere aus plastischen Tonen eine weitere Lage aus weniger plastischen Schluffen aufgebracht wird, die einen vergleichsweise guten Verbund mit der aufliegenden Kunststoffdichtungsbahn gewährleistet.

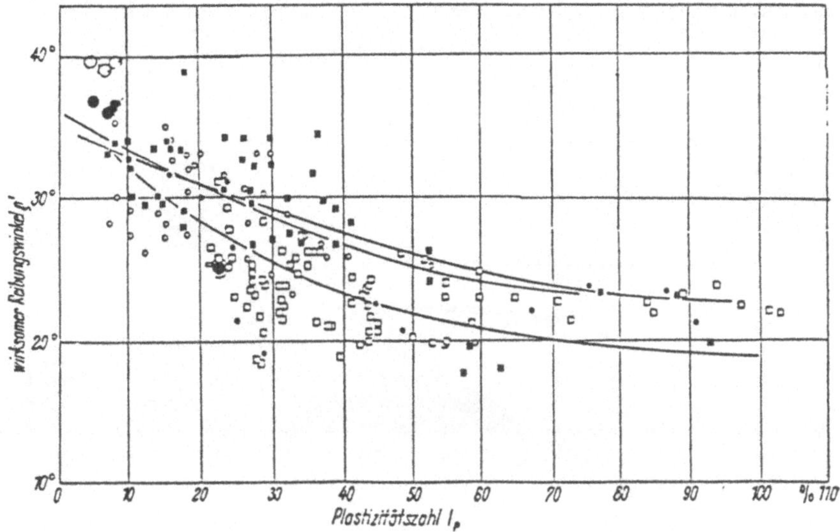

Abb. 7 Abhängigkeit des Reibungswinkels von der Plastizität feinkörniger Böden [24]

e) Beständigkeit gegen chemische Einwirkungen

Die, für Basisabdichtungen wichtige Qualitätsanforderung nach Beständigkeit gegen chemische Einwirkungen, hat für Oberflächenbarrieren eine vergleichsweise geringe Bedeutung. Im wesentlichen sind chemische Einwirkungen lediglich aus dem Gaskondensat zu erwarten. Die heute üblichen mineralischen Barrierematerialien und Kunststoffdichtungsbahnen sind gegen diese Beanspruchungen weitgehend resistent. Für Gasdränschichten sind kalkarme Materialien zu wählen.

f) Beständigkeit bei hohen und niedrigen Temperaturen

Temperatureinwirkungen auf Oberflächenbarrieren können durch klimatische Schwankungen im Tagesverlauf sowie im jahreszeitlichen Verlauf hervorgerufen werden. Dieser Einfluß hat allerdings nur bei temporären Abdeckungen eine nennenswerte Bedeutung. Sofern eine Rekultivierungsschicht vorhanden ist, wird diese die Temperatureinwirkungen in der Regel abpuffern. Neben äußeren Einwirkungen kann eine Einwärmung auch auf Prozesse in der Ablagerung zurückzuführen sein. So zeigen die vorliegenden Erfahrungen, daß in Ablagerungen und Deponien vielfach sehr hohe Temperaturen auftreten. In Abb. 8 sind in einem Querschnitt die in einer Hausmülldeponie gemessenen Temperaturen aufgetragen [11]. Sie betragen im Inneren bis zu 80 °C, nehmen zur Oberflächen hin aber bis zur Lufttemperatur ab. Eine ähnliche Temperaturverteilung wurde bei einer Monodeponie für Schlacken aus der Müllverbrennung gemessen (Abb. 9). Die hohen

Temperaturen sind hier bei fehlenden organischen Bestandteilen vermutlich auf chemische Reaktionen aluminiumhaltiger Schlackebestandteile zurückzuführen.

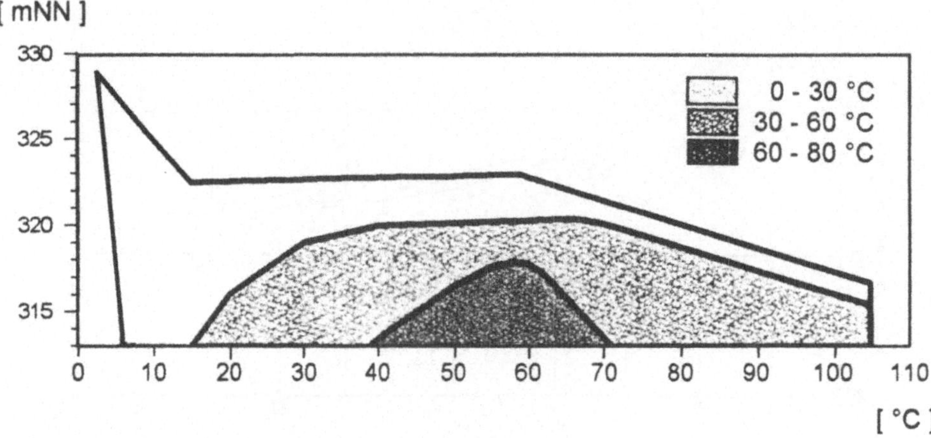

Abb. 8 Temperaturverteilung Hausmülldeponie Wirmsthal [11]

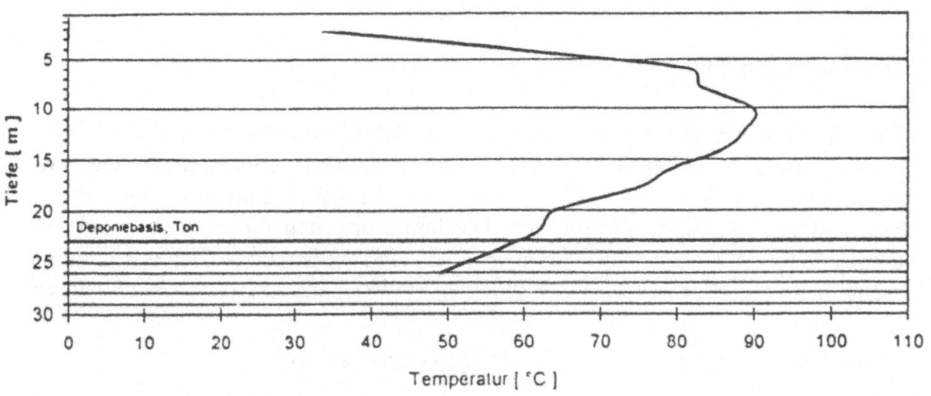

Abb. 9 Temperaturverteilung Schlackedeponie Offenbach [12]

Beide vorgestellten Deponien verfügen derzeit noch über keine Oberflächen-barrieren. Werden solche Ablagerungen noch im reaktiven Zustand abgedeckt und werden keine konstruktiven Gegenmaßnahmen ergriffen, wird der Temperatur-austausch mit der Athmosphäre behindert. Dies kann dazu führen, daß auch im Bereich der Oberflächenbarrieren hohe Temperaturen auftreten, wie sie ansonsten nur im Inneren der Ablagerungen beobachtet werden. Die Folge ist eine Vermin-derung des Wassergehaltes in der mineralischen Oberflächenbarriere, in dem es zur Wasserdampfbildung und Freisetzen der gasförmigen Phase kommt. Infolge der Austrocknung nehmen die Saugspannungen im Boden zu. Die damit verbundenen Zugbeanspruchungen bewirken ein Schrumpfen des Materials, wodurch Risse im Korngefüge auftreten können. Die Empfindlichkeit der Böden auf Wassergehaltsverluste ist um so größer, je feinkörniger das Material ist. Dementsprechend weisen insbesondere die häufig wegen ihrer geringen Wasserdurchlässigkeit bevorzugten plastischen Tone eine hohe Schrumpfanfälligkeit auf. Eine mögliche Gegenmaßnahme besteht in einer Wasserzuführung über die Rekultivierungsschicht. Dränagen oder eine Kunststoffdichtungsbahn sind in diesen Fällen schädlich.

Bei Kunststoffdichtungsbahnen bewirken Temperaturen > 40°C i. allg. eine Versprödung (vgl. unten).

g) Beständigkeit gegenüber äußeren mechanischen Einwirkungen

Unmittelbare mechanische Einwirkungen auf Oberflächenbarrieren können während den Bauarbeiten und später in der Nutzungsphase auftreten. Sie sind grundsätzlich durch planerische Maßnahmen und durch die baubegleitende Qualitätssicherung auf ein verträgliches Maß zu begrenzen. So sind beispielsweise Kunststoffdichtungsbahnen durch Schutzvliese und Schutzschichten gegen den Korndruck der überlagernden Dränage oder der Wasserhaushaltsschicht zu schützen. In der Bauausführung ist ein unmittelbares Befahren der Dichtungsdichten mit Baugeräten auszuschließen.

Als kritisch ist die Durchwurzelung der Barriere bei unkontrolliertem Bewuchs bzw. die Schädigung der Barriere durch Nagetiere anzusehen, da gegen diese Einflüsse nur bedingt Vorsorge getroffen werden kann.

h) Sichere Herstellbarkeit

Eine zwei- bis dreistufige Qualitätssicherung ist nach dem aktuellen Stand der Technik für die Herstellung von Oberflächenbarrieren zwingend. Es findet somit eine umfassende Kontrolle statt, so daß unabhängig vom eingesetzten Dichtungssystem die vorgegebene Qualität sicher gestellt wird. Dennoch ist das Risiko einer Qualitätsminderung bei den unterschiedlichen Barrieresystemen verschieden. Die meisten verwendeten Barrierematerialien sind empfindlich gegen Witterungseinflüsse. Dies gilt insbesondere für den Einbau feinkörniger bindiger Barrierematerialien und von Kunststoffdichtungsbahnen. Niedrige Temperaturen, Niederschläge aber auch die Sonneneinstrahlung können die Arbeiten so beeinflussen, daß die Qualitätsvorgaben nur schwierig erfüllt werden können. In diesem Zusammenhang stellt sich bei verschiedenen Systemen das Problem, daß die Qualitätsprüfungen nur mittelbar oder zeitversetzt, d. h. nachträglich vorgenommen werden können. So liegt der an ungestörten Bodenproben einer mineralischen Abdichtung ermittelte Wasserdurchlässigkeitsbeiwert in der Regel erst frühestens eine Woche nach der Herstellung vor. Bei gemischtkörnigen Barrieren ist die Bestimmung von Scherfestigkeit und Wasserdurchlässigkeit auch unter Berücksichtigung der technischen Entwicklungen der vergangenen Jahre nach wie vor mit praktischen Schwierigkeiten verbunden.

i) Langzeitbeständigkeit

Die Frage der Langzeitbeständigkeit ist stets in engem Zusammenhang mit den standortspezifischen äußeren Einflüssen zu beantworten. Die Beständigkeit hängt entscheidend von den vorstehend behandelten Einflüssen, insbesondere den chemischen Immisionen, der Temperatur, von Witterungseinflüssen und der mechanischen Beanspruchung der Abdichtung ab. Eine dem Stand der Technik entsprechende Bemessung der Barrierekomponenten vorausgesetzt, kann für natürliche Barrierematerialien einschließlich des Asphaltbetons eine langjährige technische Wirksamkeit angenommen werden. Für Kunststoffe ist die Frage noch nicht abschließend beantwortet. Nach dem derzeitigen Wissensstand dürfte aber bei zugelassenen Kunststoffdichtungsbahnen und unter Berücksichtigung der extremen Anforderungen an die chemische Resistenz des Bahnenwerkstoffes PE-HD eine Wirksamkeit über mehr als 50 bis 100 Jahre gesichert sein [13, 14].

3 Oberflächenabdichtungssysteme

3.1 Regelabdichtungssysteme

Die in der TA Siedlungsabfall [1] bzw. der TA Abfall [2] vorgegebenen Regelsysteme für Oberflächenabdichtungen beinhalten für die Deponieklassen II und III eine Kombination von mineralischer Dichtung und Kunststoffdichtungsbahn (Abb. 10). Für die Deponieklasse I ist eine rein mineralische Abdichtung vorgesehen.

Die Vorteile der Kombinationsdichtung wurden in der fachlichen Diskussion der vergangenen Jahre herausgearbeitet. Die diesbezüglich zunächst recht kontroversen Auffassungen konnten inzwischen weitgehend zu einem Konsens gebracht werden. Danach hat diese Lösung den Vorteil einer nahezu vollkommenen Konvektionssperre. Sie ist gasdicht und gegenüber Gaskondensaten weitgehend chemisch resistent. Die Kunststoffdichtungsbahn stellt eine Sperre gegenüber biotischen Angriffen dar. Die Qualität der Barriere ist bei der Herstellung kontrollierbar.

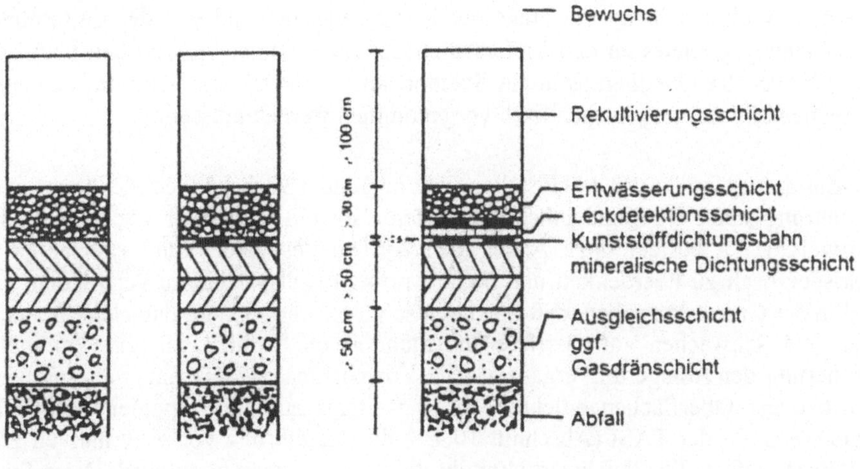

Abb. 10 Oberflächenabdichtungssysteme nach TA Siedlungsabfall [1] und TA Abfall [2]

Diesen Stärken stehen aber auch Risiken und Nachteile gegenüber. So können mögliche Setzungsunterschiede die Dichtungselemente selbst, als auch den Verbund zwischen den beiden Elementen beeinträchtigen und somit die Wirksamkeit der Barriere reduzieren. Ab Böschungsneigungen von etwa 1 : 2,5 ergeben sich in der Regel Standsicherheitsprobleme, die bei noch steileren Böschungen auch mit hohem konstruktiven Aufand nicht lösbar sind. Die Kunststoffdichtungsbahn ist anfällig gegen mechanische Beschädigungen. Hohe Temperaturen führen zu einer Versprödung des Kunststoffes und zum Austrocknen der mineralischen Barriere. Die Dichtwirkung der Tone und Schluffe ist darüberhinaus ganz entscheidend vom Wasserdargebot des Systems abhängig. Bei geringer Dicke der Wasserhaushaltschicht (0,5 m bis 0,8 m) reichen die witterungsabhängigen jahreszeitlichen Wassergehaltsschwankungen bis zur Abdichtung und können zumindest bei der rein mineralischen Abdichtung der Deponieklasse 1, zu Schwindrissen führen. Die Beobachtungen an wissenschaftlich begleiteten Testfeldern zeigen, daß sich rein mineralische Abdichtungen in solchen Fällen nicht bewähren [15]. Schließlich ist zu berücksichtigen, daß die Regelsysteme nur bei günstiger Witterung hergestellt werden können. Die Qualität des Produktes ist abhängig von den Witterungsbedingungen. In den Winter- und Frühjahrsmonaten ist eine Herstellung sowohl mineralischer Dichtungen als auch die Verlegung von Kunststoffdichtungsbahnen nicht oder nur mit zusätzlichen Maßnahmen möglich. Anschlüsse an Bauwerke und Durchdringungen (z. B. Gaskamine) stellen konstruktive Probleme und Schwachstellen dar.

Der verschiedentlich ebenfalls geäußerte Einwand, die Regelabdichtungen seien vergleichsweise teuer, kann in dieser pauschalen Formulierung nicht bestätigt werden. Vielmehr hängt die Frage der Kosten entscheidend von der Entfernung des Planungsgebietes zu den Lieferstätten der Baustoffe sowie von den bauwirtschaftlichen Randbedingungen am Standort ab. Der Preisvergleich wird dementsprechend immer projektspezifisch vorgenommen werden müssen.

Zusammenfassend ist festzustellen, daß nach dem vorliegenden Kenntnis- und Erfahrungsstand die Regelabdichtungssysteme sowohl Stärken als auch Nachteile aufweisen. Es besteht dazu Anlaß, den Aufbau des Abdichtungssystems projektspezifisch zu überdenken und nicht a priori Regelsysteme zu verwenden. Es sollte der Grundsatz gelten, daß Barrieren so zu entwerfen sind, daß sich die Stärken und Schwächen von Barriere und Standort im Hinblick auf eine optimale Sicherung der Ablagerung ergänzen. Die Vorschriftenlage läßt einen alternativen Aufbau der Oberflächenabdichtung ohne weiteres zu. Für Deponien wird beispielsweise in der TASi (Abschnitt 10.4.1) die Ausführung von Alternativen zugelassen, sofern die Gleichwertigkeit des Systems nachgewiesen wird. Diese Forderung hat allerdings in der Vergangenheit zu heftigen Diskussionen und Irritationen geführt. Infolge fehlender anerkannter einheitlicher Bewertungsmaßstäbe bestand bei vielen Ausführungen die Befürchtung fehlender Planungssicherheit. Auf die Entwicklung von Alternativen wurde daher in solchen Fällen häufig verzichtet. Denoch wurden inzwischen für zahlreiche Gebietskörperschaften erfolgreich Gleichwertigkeitsnachweise geführt, so daß in der Praxis diesbezüglich doch bereits eine gewisse Routine besteht [16]. Schließlich sei darauf hingewiesen, daß solche Fragestellungen lediglich bei Deponien Probleme aufwerfen können. Bei Altlasten ist demgegenüber die Wahl des Abdichtungssystems Planungsinhalt.

3.2 Abdichtungen mit Kunststoffdichtungsbahnen

Abdichtungen ausschließlich mit Dichtungsbahnen kommen i. allg. nur für temporäre Abdeckungen infrage. Ihr Einsatz bietet sich insbesondere in der noch setzungsaktiven Phase einer Ablagerung zur Reduktion des Sickerwassereintrages an. Die Dicke der Kunststoffdichtungsbahnen sollte erfahrungsgemäß mindestens ca. 2,0 mm betragen. Sie muß UV-beständig sein und die Bahnen sollten an den Überlappungen miteinander verschweist werden. Mit verhältnismäßig geringen Material- und Verlegekosten stellt diese temporäre Abdeckung in vielen Fällen eine wirtschaftliche und wirksame Maßnahme dar. Eine sinnvolle Einbindung in das endgültige Sicherungssystem ist jedoch nur bedingt und im Einzelfall möglich.

3.3 Rein mineralische Barrieren

Bei steilen Böschungen können Kombinationsabdichtungen Standsicherheitsprobleme aufwerfen. In solchen Fällen, aber auch bei Ablagerungen mit geringem Gefährdungspotential werden verschiedentlich rein mineralische Abdichtungen eingesetzt. Grundsätzlich ist festzustellen, daß diese Barrieresysteme ohne hinreichend dicke Wasserhaushaltsschicht keine nachhaltige Wirksamkeit aufweisen. Auch für temporäre Zwecke ist eine rein mineralische Abdichtung unzweckmäßig, da die Wasserdurchlässigkeit erfahrungsgemäß bereits nach zwei bis drei Jahren deutlich zunimmt (vgl. beispielsweise Abb. 11). Dennoch kann in vielen Fällen unter Berücksichtigung der standortspezifischen Randbedingungen, wie Topografie, Gefährdungspotential etc., eine rein mineralische Barriere sinnvoll sein.

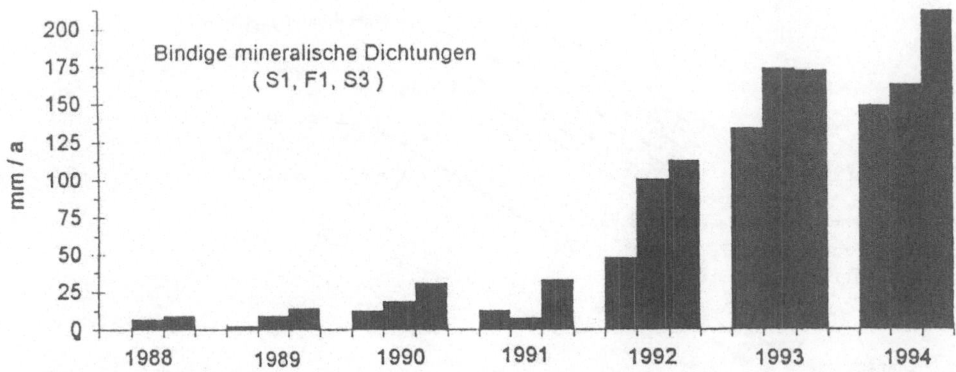

Abb. 11 Entwicklung der Permeationsraten bei einer rein mineralischen Oberflächenabdichtung der Deponie Georgswerder [17]

In Abb. 12 ist der Aufbau einer Oberflächenabdichtung für einen Teilbereich der Odenwalddeponie bei Michelstadt dargestellt. In diesem Deponieabschnitt war der Müll bis zu 1 : 1,8 steil geböscht worden. Die zunächst konzipierte Kombinationsabdichtung wurde aus Standsicherheitsgründen verworfen und stattdessen wurde eine rein mineralische Abdichtung eingebaut. Es war offensichtlich, daß dieses System wegen der fehlenden Kunststoffdichtungsbahn in jedem Fall einen vergleichsweise größeren konvektiven Durchgang aufweist, was aber vom Deponiebetreiber und den Genehmigungsbehörden zur Vermeidung größerer Müllumlagerungen akzeptiert wurde. Der bei feinkörnigen mineralischen Oberflächenbarrieren vorhandenen Schrumpfgefahr sollte durch eine geeignete Materialwahl begegnet werden. Hierzu wurde die insgesamt 0,6 m dicke Barriere in zwei unterschiedliche Lagen aufgeteilt. Die obere Lage besteht aus ausgeprägt bis mittelplastischen Tonen, die einen Feinstkornanteil von mindestens 20 % und einen Anteil der Tonfraktion von mindestens 10 % aufweisen. Diese plastischen Tone haben eine sehr geringe Wasserdurchlässigkeit (k < E -11 m/s) und bleiben auch nach großen Setzungsdifferenzen rissefrei. Andererseits sind diese Böden schrumpfanfällig, so daß die Gefahr von Trocknungsrissen besteht. Dem soll durch eine Wasseranreicherung über die Wasserhaushaltsschicht und den Flächenfilter begegnet werden. Die untere Lage besteht aus weitgestuften Böden der Bodenarten SU, ST, GU und GT. Die aus natürlichen Verwitterungsböden bestehende Grundmatrix wurde so abgesiebt, daß eine Abstufung der Körnungslinie nach der Fullerkurve vorliegt. Dieses Material weist, wie auch die obere Lage, eine sehr geringe Wasserdurchlässigkeit auf. Es ist im Unterschied zu den plastischen Tonen weitgehend schrumpfunempfindlich, andererseits jedoch nur gering plastisch.

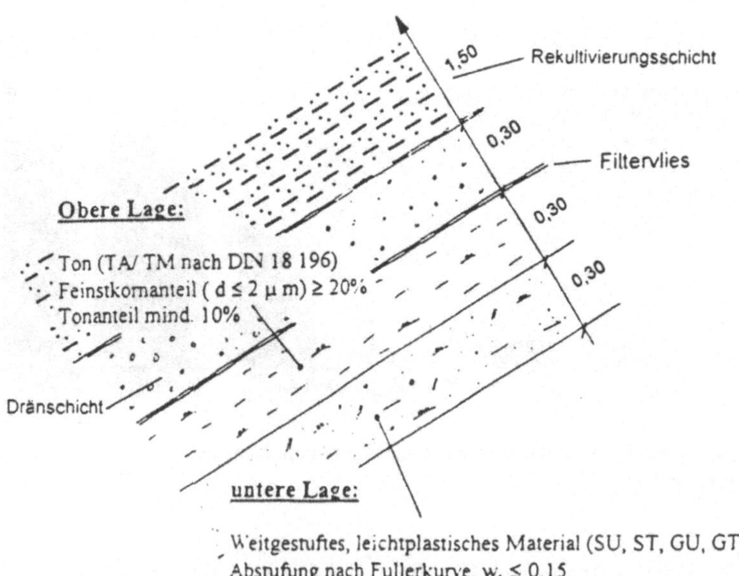

Abb. 12 Steile, rein mineralische Oberflächenabdichtung (Odenwalddeponie/Michelstadt)

3.4 Geosynthetische Tondichtungsbahn (GTD)

Geosynthetische Tondichtungsbahnen (Bentonitmatten) sind mit unterschiedlichen Konstruktionsmerkmalen auf dem Markt (Abb. 13). Im Hinblick auf eine möglichst gute Schubspannungsübertragung kommen an Böschungen nahezu ausschließlich vernadelte Bahnen zum Einsatz. Diese bestehen aus zwei äußeren Geotextilbahnen und zwischengelagertem Bentonit. Bei der Vernadelung werden Fasern des oberen Vlieses mit Filznadeln durch das Bentonit hindurch mit dem unteren Vlies verhakt. Die Faserbrücken führen zur schub- und zugfesten Verbindung des Deckvliesstoffes und des Trägergeotextils. Das Bentonit wird erosionssicher eingeschlossen.

Adhäsiv gebundene Bentonitlage zwischen oberem und unterem
Geotextil :

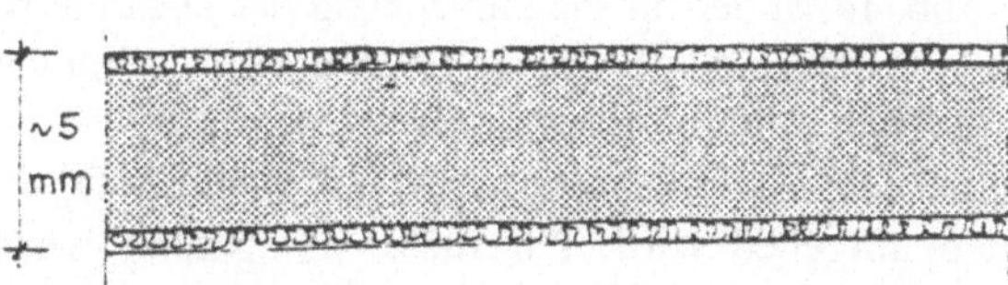

Pulverförmiges oder granuliertes Bentonit zwischen vernähten
Geotextilien:

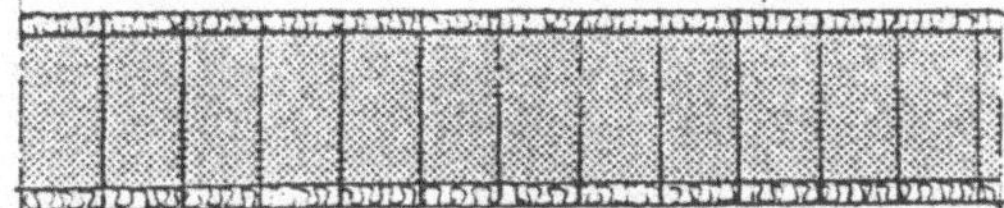

Pulverförmiges oder granuliertes Bentonit zwischen vernadelten
Geotextilien:

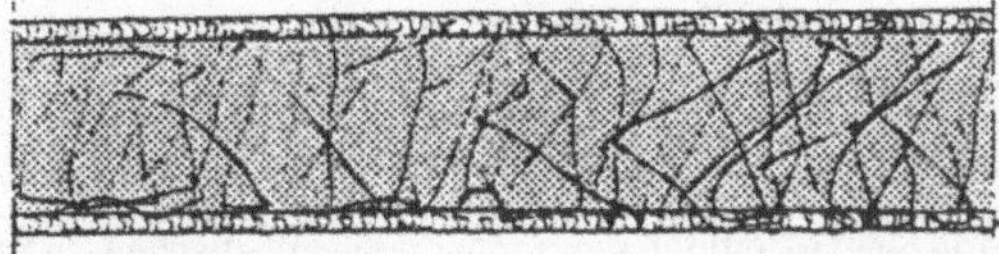

Adhäsiv auf einer Kunststoffdichtungsbahn fixierte Bentonitlage:

Abb. 13 Aufbau geosynthetischer Tondichtungsbahnen

Die geosynthetischen Tondichtungsbahnen weisen die Vorteile geringer Kosten und konkurrenzlos kurzer Einbauzeit auf. Nachteilig ist die geringe Dicke der Abdichtung mit der damit verbundenen Gefahr der mechanischen Beeinträchtigung durch Baumaschinen oder scharfkantige Steine. Insbesondere aber sind die Anschlüsse und Verbindungen der Matten untereinander anfällig für Imperfektionen. Diese werden in der Regel durch überstreichen mit einer Betonitpaste verschlossen und nicht schub- und zugfest ausgebildet. Die Qualität dieser kritischen Stellen kann physikalisch nicht geprüft werden. Die Langzeitbeständigkeit des temperaturanfälligen Trägermaterials ist ungeklärt. Ferner besteht, wie auch bei mineralischen Dichtungen, die Gefahr des Austrocknens, wodurch die Wasser- und Gasdurchlässigkeit deutlich erhöht wird.

Aus den genannten Gründen werden geosysnthetische Tondichtungsbahnen als singuläres Abdichtungselement lediglich bei geringem Gefährdungspotential der Ablagerung eingesetzt. In Abb. 14 ist der für die Abdeckung der Deponie Nieder-Ofleiden gewählte Aufbau [18] dargestellt. Es handelt sich um eine Monodeponie für nicht überwachungsbedürftige Abfälle mineralischen Ursprungs, die der Deponieklasse I zuzuordnen ist. Die Abdeckung erfolgte mit einer GTD, die von Schutz- bzw. Tragschichten umgeben wird. Für diese Ablagerung wurde die Gleichwertigkeit des gewählten Dichtungsaufbaus mit der Regellösung nach TASi vom Deutschen Institut für Bautechnik (DIBt) anerkannt.

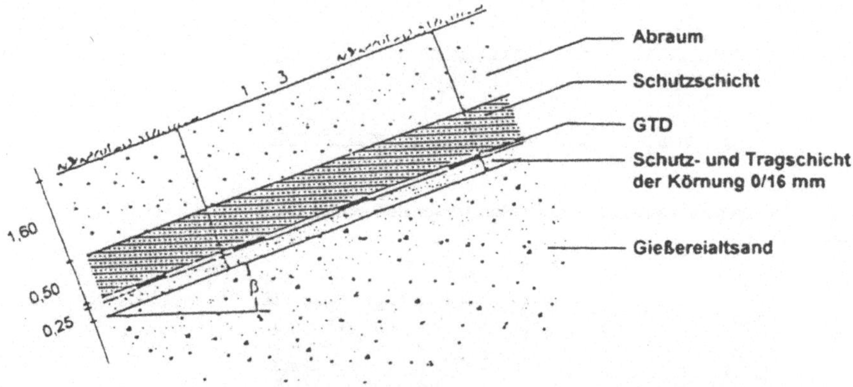

Abb. 14 Abdeckung der Deponie Nieder- Ofleiden mit einer geosynthetischen Tondichtungsbahn [18]

Auf der Deponie Grabow wurde ein in der Abb. 14 ähnlicher Aufbau gewählt. Aufgrabungen nach 3,5 bzw. 6,5 Jahren belegen, daß sich in dieser Zeit keine nachteilige Veränderung der GTD einstellte [19].

Verschiedentlich wird vorgeschlagen, die geosynthetischen Tondichtungsbahnen mit Kunststoffdichtungsbahnen zu kombinieren. Die GTD soll in diesen Fällen die mineralische Dichtungsschicht ersetzen.

3.5 Asphaltbetonabdichtungen

Asphaltbetondichtungen werden seit Jahrzehnten im Talsperrenbau angewendet. Die Möglichkeiten aber auch die Eignungsgrenzen dieser Bauweise sind bekannt. Erfahrungen liegen beispielsweise in Deutschland aus dem Bau und Betrieb von mehr als 60 Talsperren mit Außendichtungen in Asphaltbauweise vor. In den vergangenen Jahren wurde die Umsetzung dieser Bauweise im Bereich der Deponietechnik eingehend untersucht. Vom DVWK wurde der Entwurf eines Merkblattes zur planerischen und baulichen Umsetzung der Asphaltbauweise veröffentlicht [20]. Danach wird für Sohlbarrieren u. a. der in Abb. 15 dargestellte Aufbau mit einer 10 cm dicken Asphalttragschicht und darüber angeordneter Dichtungsschicht aus zwei Lagen Asphaltbeton der Körnung 0/11 mm bei einem Hohlraumgehalt von ≤ 3 % empfohlen. Als Vorteil solcher Asphaltbarrieren gegenüber herkömmlichen Kombinationsabdichtungen kann die Unempfindlichkeit gegenüber direkten mechanischen Einwirkungen genannt werden. Die Frage, ob Asphaltbetondichtungen wirksame Wurzelsperren darstellen, wird kontrovers beantwortet. Vermutlich kann von einer wirksamen Sperre ausgegangen werden. Die Beständigkeit gegenüber einigen chemischen Stoffen, wie z. B. den Phenolen ist ungeklärt.

Hinsichtlich eines Einsatzes auf der Oberfläche von Ablagerungen und Deponien besteht der Vorteil, daß Asphaltbetonabdichtungen auch bei steilen Böschungen herstellbar und standsicher sind. Aus dem Staudammbau ist jedoch bekannt, daß Asphaltbetondichtungen sehr empfindlich auf ungleichmäßige Auflagerbedingungen und Setzungsunterschiede reagieren, wie sie bei Oberflächenbarrieren die Regel sind. Brucherscheinungen mit Rissbildungen sind in solchen Fällen nicht auszuschließen, so daß Asphaltbetondichtungen nach dem derzeitigen Stand der Technik nur dann auf Oberflächen von Ablagerungen aufgebracht werden sollten, wenn nennenswerte Nachsetzungen ausgeschlossen werden können.

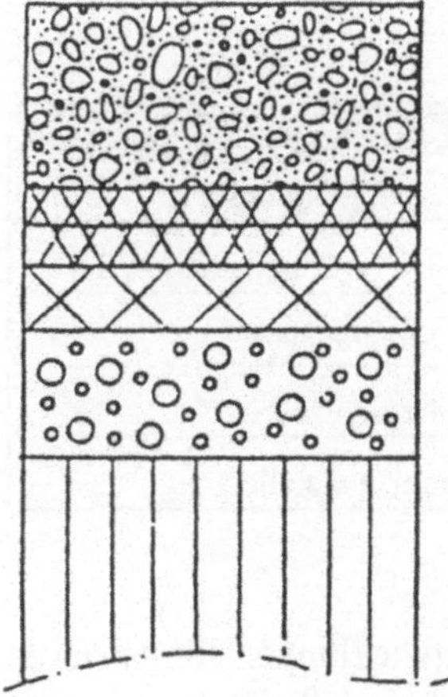

Abb. 15 Beispiel für den Aufbau einer Abdichtung aus Asphaltbeton [20]

3.6 Kapillarsperre

Mit der Kapillarsperre wurde in den vergangenen Jahren eine weitere Ausführungsalternative für Oberflächenabdichtungen entwickelt, die Gegenstand des vorliegenden Heftes ist. Hinsichtlich der spezifischen Vor- und Nachteile dieser Bauweise wird auf die Einzelbeiträge verwiesen.

Zusammenfassend ist festzustellen, daß diese Variante erhebliche wirtschaftliche Vorteile hat, sofern die Materialien für Kapillarblock und -sperre als auch für die Wasserhaushaltsschicht am Standort kostengünstig vorliegen. Ein wesentlicher technischer Vorteil besteht in der weitgehenden Unabhängigkeit des Einbaus von den Witterungsbedingungen. Kapillarsperren können auch an verhältnismäßig steilen Böschungen ausgeführt werden und sind insbesondere dort sehr wirtschaftlich einsetzbar. Setzungsunterschiede und Einbauten, wie beispielsweise Gaskamine schwächen die Wirksamkeit von Kapillarsperren nicht. Die Grenzen der Einsetzbarkeit werden bei flach geneigten oder gar ebenen Dichtungsflächen erreicht. Ferner ist zu berücksichtigen, daß eine ausreichende Wirksamkeit der Kapillarsperre nur in Kombination mit einer hinreichend dicken Wasserhaushaltsschicht zu gewährleisten ist.

3.8 Kombinationsabdichtungen

Die vorstehend aufgeführten Alternativlösungen stellen in ihrer Grundkonzeption einfache Dichtungssysteme dar, denen im Vergleich zur Kombinationssperre der TA Siedlungsabfall/TA Abfall das Kennzeichen der Redundanz fehlt. Sofern das Gefährdungspotential der Ablagerung ein mehrfaches Sicherungssystem erfordert, kommt eine Kombination der Dichtungssysteme infrage. Es wird empfohlen, die dabei eingesetzten Materialien im Hinblick auf eine Optimierung des Sicherungserfolges unter berücksichtigung der standortspezifischen Randbedingungen und Erfordernisse zu wählen. Beispielhaft seien folgende Kombinationen genannt:

	untere Lage	obere Lage
1	Geosynthetische Tondichtungsbahn	Kunststoffdichtungsbahn
2	Mineralische Abdichtung	Geosysnthetische Tondichtungsbahn
3	Kunststoffdichtungsbahn	Kapillarsperre
4	Mineralische Abdichtung	Kapillarsperre
5	Mineralische Abdichtung	Asphaltbetonabdichtung

An dieser Stelle sei nochmals auf die laufenden Entwicklungen hingewiesen, nach denen die Wasserhaushaltsschicht so ausgebildet wird, daß sie als eigenständige Barriere in Ansatz zu bringen ist. Unter Berücksichtigung der Standorteinflüsse, wie z. B. Klima, Vegetation etc. soll gezielt ein Wasserhaushalt eingestellt werden, so daß keine nennenwerte Infiltration in die Ablagerung mehr stattfindet [21, 22]. Redundante Systeme können daher zukünftig möglicherweise durchaus den gleichen Aufbau haben, wie er heute für einfache Barrieren gewählt wird. Die Zusammensetzung der Wasserhaushaltschicht wird sich jedoch voraussichtlich entscheidend ändern müssen. Insbesondere wird die Eignung von infrage kommenden Materialien, sowohl in der Planung als auch beim Einbau umfassend zu prüfen sein.

Die Dichtungsschichten lassen sich schließlich mit Dränageschichten so kombinieren, daß die Wirksamkeit der Barriere kontrolliert werden kann. In Abb. 16 ist ein beispielhafter Aufbau dargestellt, der sowohl die Vorteile des stufenweisen Ausbaus zur Berücksichtigung von Nachsetzungen als auch der Kontrollierbarkeit beinhaltet. Bei dieser Variante wird die Ablagerung zunächst temporär mit einer geosynthetischen Tondichtungsbahn abgedeckt, die in der ersten Nachsorgephase zusammen mit einer Rekultivierungsschicht die Oberflächenbarriere darstellt. Nach dem Abklingen der Setzungen wird das System durch eine herkömmliche Kombinationsbarriere oder auch durch eine Kapillarsperre ergänzt. Hierzu ist die Rekultivierungsschicht abzuräumen und später wieder anzudecken. Die Entwässerungschicht und die Bentonitmatte aus der ersten Phase verbleiben auf der Ablagerung und stellen eine Detektionsschicht dar, in der eventuelle Wasserdurchbrüche der Kombinationsabdichtung erfasst werden.

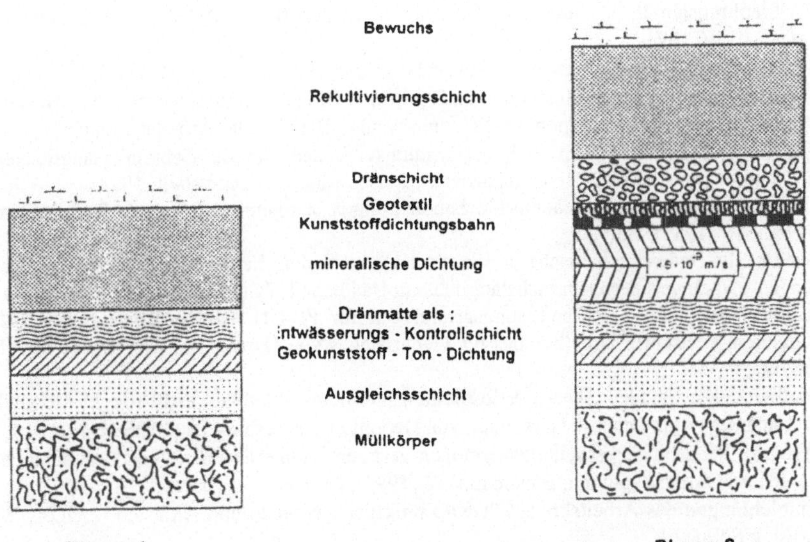

Abb. 16 Beispiel für eine zweistufig ausgebaute Oberflächenbarriere mit Kontrollmöglichkeit

4 Schlußbemerkungen

Dem planenden Ingenieur steht heute eine weite Palette von Systemen zur Verfügung, die alleine oder in Kombination für den Aufbau einer Oberflächenbarriere geeignet sind. Alle Varianten weisen spezifische Vor- und Nachteile auf, die standortspezifisch eine größere oder auch eine geringe Bedeutung haben können. Diese Feststellung gilt auch für die in den Regelwerken empfohlene Standardlösung der Kombinationsbarriere aus mineralischen feinkörnigen Erdstoffen und Kunststoffdichtungsbahnen. Die Legislative läßt ausdrücklich Alternativen zu. Der hierfür erforderliche Nachweis der Gleichwertigkeit kann vom Deutschen Institut für Bautechnik oder von den zuständigen Fachbehörden, beispielsweise den Regierungspräsidien, beurteilt werden. Die Vorteile einer dem Standort angepassten Lösungsvariante überwiegen bei weitem die Nachteile, die durch den ggf. etwas höheren Aufwand im Genehmigungsverfahren enstehen. Die Erfahrung in der Praxis zeigt, daß die verschiedentlich befürchteten Irritationen bezüglich der Genehmigungsfähigkeit von Alternativlösung bei sorgfältiger Planung und Vorbereitung des Entwurfes nicht bestehen. Voraussetzung hierfür ist jedoch, daß die Arbeit der Beteiligten von Innovation, Sachlichkeit und kooperativem Denken sowie vom Wunsch nach einem optimalen Schutz der Umwelt und der volkswirtschaftlichen Ressourcen getragen ist.

5 Literatur

[1]   TA-Siedlungsabfall, 3. Allgemeine Verwaltungsvorschrift zum Abfallgesetz, Bundesanzeiger, 01.06.1993

[2]   TA-Abfall, Verwaltungsvorschrift zum Abfallgesetz, Bundesanzeiger, 01.04.1991

[3]   Bundesanstalt für Materialforschung und -prüfung: BMBF-Verbund-forschungsvorhaben. Weiterentwicklung von Deponieabdichtungssystem, Berichte der Arbeitstagungen

[4]   Edelmann, L.: Beitrag zum Grenzverformungsverhalten und zur Gebrauchstauglichkeit horizontaler numerischer Deponiebarrieren, Dissertation, TU Darmstadt, 1998

[5]   Horn, A.; Mineralische Deponie-Flächendichtungen aus gemischtkörnigen Böden, Bautechnik 66 (1989), Heft 9

[6]   Schick, B.: Bodenmechanische und bautechnische Eigenschaften von Bentonitkiesdichtungen - Nachweis der Gebrauchstauglichkeit, Bautechnik 74 (1997), Heft 5

[7]   Günther, K.; Foik, G.: Bemessungsgrundlagen für PE-HD Kunststoffbahnen auf Böschungen, Festschrift anläßlich des 60. Geburtstages von Herrn Prof. Dr.-Ing. H. Nendza, Essen

[8]   Mallwitz, K.; Savidis, St. A.: Selbstheilungsvermögen bindiger Erdstoffe hinsichtlich Durchlässigkeit in Dichtungssystemen von Deponien, Bautechnik 73 (1996), Heft 9

[9]   Wunsch, R.: Zum Selbstheilungsvermögen gerissener mineralischer Oberflächenabdichtungen von Abfalldeponien, Bautechnik 74 (1997), Heft 9

[10]   Empfehlungen des Arbeitskreises "Geotechnik der Deponien und Altlasten" - GDA, W. Ernst & Söhne

[11]   Amann, P.; Martinenghi, L.; Krajewski, W.; Weiß, Joh.: Entwicklung und Stand der Geotechnik im Deponiebau und in der Altlastsanierung, 10. Christian Veder Kolloquium, Graz, 1995

[12]   Prof. Dr.-Ing. P. Amann Consult GmbH: unveröffentlicher Bericht, 1996

[13] Hessel, J.; Koch, R.; Gaube, E.; Gondro, C.; Heil, H.: Langzeitfestigkeit von Deponieabdichtungsbahnen aus Polyethylen, Kunststoffe 78, Nr. 2, 1996

[14] Müller, W.; Angert, H.: Abdichtungen mit Geokunststoffen, Schriftenreihe Angewandte Geologie Karlsruhe (AGK), Band 41, 1996

[15] Melchior, S.; Vielhaber, B.; Berger, K.; Michlich, G.: Insitu-Untersuchungen zur Austrocknung bindiger, mineralischer Oberflächenabdichtungen, Geotechnische Probleme beim Bau von Abfalldeponien, LGA Bayern, Nürnberg, 1994

[16] Krajewski, W.: Zur Bewertung von neueren Entwicklungen im Deponiebau, Veröffentlichung des Institutes für Grundbau, Bodenmechanik, Felsmechanik und Verkehrswasserbau der RWTH Aachen, Heft 26, 1994

[17] Melchior, S.; Vielhaber, B.; Michlich, G.: Die Wirksamkeit unterschiedlicher Oberflächenabdichtungssysteme auf der Deponie Georgswerder, Seminar "Sicherung von Altlasten" (BMFT, BMU, UBA), Hamburg, 1994

[18] BRP: Gutachten zur Vergleichbarkeit der Abdichtungssysteme für die Deponie Nieder-Ofleiden, unveröffentlicht, 1995

[19] Heerten, G.: Geokunststoffe für Oberflächendichtungen, Schriftenreihe Angewandte Geologie (AGK), Karlsruhe, Band 45, 1996

[20] DVWK, Merkblatt zur Wasserwirtschaft: Deponieabdichtungen in Asphaltbauweise, Entwurf, 1995

[21] Umweltagentur Ruhrgebiet: Wirkungsweise von Oberflächenabdichtungen und Oberflächendeckungen, Bochum, 1993

[22] Eggloffstein, Th.; Burkhardt, G.; Heidrich, A.: Wasserhaushaltsbetrachtungen bei Oberflächenabdichtungen und -abdeckungen, Schriftenreihe Angewandte Geologie (AGK), Karlsruhe, Band 37, 1996

[23] Schick, P.; Wunsch, R.: Verformbarkeit, Rißsicherheit und Richtigkeit von mineralischen Deponiedichtungen, Bautechnik 72 (1995), Heft 9

[24] Schultze, E.; Muhs, H.: Bodenuntersuchungen für Ingenieurbauten, Springer-Verlag, 1967

Aufbau und Wirkungsweise der Kapillarsperre

S. Wohnlich & E. Bauer
Institut für Allgemeine und Angewandte Geologie
Ludwig-Maximilians-Universität München

1 Einleitung

Deponien müssen seit der Einführung der Technischen Anleitung Siedlungsabfall (TASi 1993) nach der Betriebsphase mit einer Oberflächenabdichtung versehen werden. Dabei soll ein Eintritt von Regenwasser in den Müllkörper verhindert werden, das dann als kontaminiertes Sickerwasser aus der Deponie herausfließen und die Umwelt in beträchtlichem Ausmaße schädigen würde.

Nach der TASi werden für zwei Deponieklassen unterschiedliche Oberflächenabdichtungen vorgeschrieben. Für die Deponieklasse I ist eine einfache mineralische Dichtungsschicht vorgesehen, bei der Deponieklasse II jedoch zwei getrennte Dichtungselemente, eine Kunststoffbahn und eine mineralische Dichtungsschicht. Laut TASi kann eine dieser Schichten durch ein alternatives System ersetzt werden, wobei aber das Gleichwertigkeitsprinzip anzuwenden und zu überprüfen ist.

Eine Alternative zu diesen Kombinationsdichtungen stellt die Kapillarsperre dar, die aus zwei Schichten unterschiedlicher Korngröße besteht. Das eindringende Oberflächenwasser wird dabei oberhalb einer scharfen Grenze zwischen diesen Schichten lateral abgeführt. Ihre Vorteile liegen, neben der guten Abdichtungswirkung, in einer vergleichsweise einfachen Ausführbarkeit und in einer geringen Anfälligkeit für Austrocknungsprozesse. Die Kapillarsperre ist zudem oftmals preiswerter als mineralische Abdichtungen.

Die grundsätzliche Eignung von Kapillarsperren als Dichtungselemente für Oberflächenabdichtungen ist heute größtenteils anerkannt. Die Wirkung einer Kapillarsperre hängt wesentlich von den Gefälleverhältnissen, den Bodenkennwerten des Materials und den Inhaltsstoffen des infiltrierten Niederschlagswassers ab. Eine Veränderung der einzelnen Parameter kann eine Verbesserung, aber auch Verschlechterung der Kapillarsperrenwirkung hervorrufen. Eine optimierte Kapillarsperre weist somit eine möglichst hohe laterale Abflußrate auf. Die oben genannten Einflußfaktoren müssen daher noch immer im Einzelfall aufeinander abgestimmt werden.

2 Funktionsweise der Kapillarsperre

Eine Kapillarsperre besteht im wesentlichen aus zwei Lagen, der obenliegenden Kapillarschicht (KS) aus feinerem und der darunterliegenden Kapillarbruchschicht (KBS) aus gröberem Material, z. B. Feinsand über Feinkies (Abb. 1).

Die Wirkung einer Kapillarsperre beruht darauf, daß die ungesättigte Durchlässigkeit der feinkörnigen, oberen Schicht deutlich größer ist als die der darunterliegenden gröberen, kapillarbrechenden Schicht. Um diesen Effekt zu erzielen, muß ein deutlicher Sprung der Porengröße an der Schichtgrenze KS - KBS vorhanden sein. An der Schichtgrenze der beiden Böden ist zwar die Saugspannung gleich, nicht aber ihre jeweilige Wassersättigung. Es stellen sich also bei gleicher Saugspannung unterschiedliche Wassergehalte in der oberen Kapillarschicht und dem unteren Kapillarblock ein. Der Feinsand wird einen höheren Wassergehalt aufweisen als das darunterliegende gröbere Material.

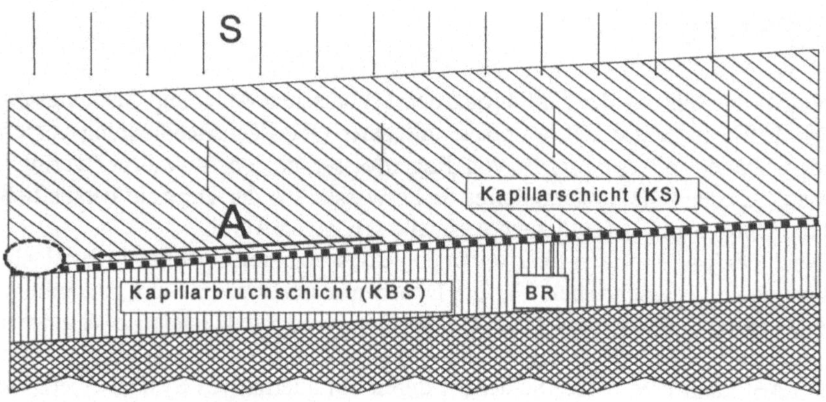

Abb. 1 Schema der Kapillarsperre

Dieses Phänomen macht man sich bei der Dimensionierung von Kapillarsperren zu Nutze. Durch das Aufbringen einer geeigneten Hangneigung kann der erhöhte Wassergehalt in der KS lateral abgeführt werden. Eine Zusickerung von Niederschlagswasser in den Müllkörper wird so verhindert bzw. deutlich reduziert.

3 Einflußgrößen auf die Kapillarsperrenwirkung

3.1 Bodenkennwerte und hydraulische Eigenschaften

Die Effektivität von Kapillarsperren beruht auf der horizontalen Durchlässigkeit über der Schichtgrenze KS-KBS. Das System wird solange nicht versagen, wie der potentielle laterale Abfluß größer ist als die maximale vertikal zufließende Wassermenge. Dieser laterale Abfluß wird hauptsächlich durch die von Wassergehalt und Kornverteilung abhängige gesättigte und ungesättigte hydraulische Durchlässigkeit des Bodens sowie durch die Hangneigung bestimmt. Die Haupteigenschaften einer Kapillarschicht zeichnen sich somit einerseits durch hohes Wasseraufnahmevermögen in Form eines relativ mächtigen geschlossenen Kapillarsaums, andererseits durch eine möglichst hohe gesättigte Durchlässigkeit aus (Wohnlich 1991). Diese Eigenschaften stellen jedoch einen Widerspruch dar, da ein hoher Kapillarsaum in der Regel an eine geringe hydraulische Durchlässigkeit gebunden ist und umgekehrt. Die optimale Zusammensetzung von Kapillarschichtmaterialien läßt sich daher nur im Labor bestimmen. Die hierzu wichtigsten Parameter sind im Bereich der wasserungesättigten Zone die Wassergehalts-Saug-spannungsbeziehung (pF-Kurve) sowie die gesättigte und ungesättigte hydraulische Durchlässigkeit des verwendeten Bodenmaterials (k_f und k_u-Wert) für KS und KBS. In den bisher zur Feststellung dieser Materialeigenschaften durchgeführten Säulenversuchen zeigte sich, daß Böden mit einem geschlossenen Kapillarsaum von ca. 20 - 30 cm bei Durchlässigkeitsbeiwerten von 1 - 2 x 10^{-4} m/s günstige Eigenschaften aufweisen. Der für KS-Materialien günstigste Körnungsbereich liegt daher bei Sanden etwa zwischen 0,1 und 2 mm.

Die Wasserdurchlässigkeit ist hauptsächlich von der Porengröße bzw. dem Porendurchmesser abhängig. Wenn die Poren neben Wasser auch Luft enthalten, weisen diejenigen Poren mit der größten Öffnungsweite den größten Anteil am Wassertransport auf, entwässern jedoch auch am schnellsten. Die Abnahme der Durchlässigkeit ist somit von der Porengrößenverteilung und damit vom Wassergehalt abhängig. Die Durchlässigkeit sinkt um so stärker, je mehr Poren entleert sind. Die Folge davon ist, daß bei grobporigen Böden bereits bei niedrigen Wasserspannungen die ungesättigte Durchlässigkeit sehr stark nachläßt. Eine möglichst enge Verteilung der Porengrößen fördert somit die für die Kapillarschicht günstige Eigenschaft einer hohen Wassersättigung über der Kapillargrenze. Neben einer engen Kornverteilung kann dies durch eine optimale Verdichtung und durch möglichst runde Kornformen des KS-Materials erreicht werden.

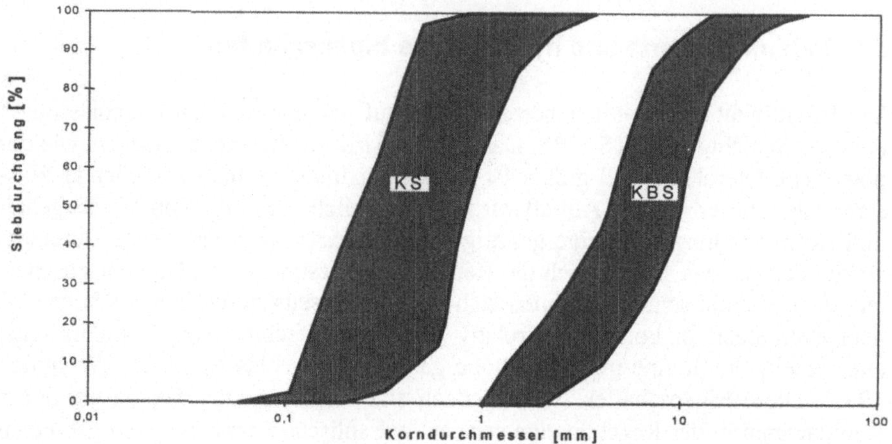

Abb. 2 Günstige Kornverteilungen für KS-Materialien aus gut gerundeten Körnern (ver-ändert nach Brunschlik et al., 1994).

Der in Abb. 2 dargestellte günstige Körnungsbereich gilt somit nur für gerundete Sandkörner bei einer optimalen Verdichtung. Untersuchungen mit kantigen Körnern (z.B. gebrochene Sande) zeigen höhere Porositäten und eine von gerundeten Sandkörnern abweichende Porenverteilung. Damit ergeben sich ungünstigere Wassergehalts-Saugspannungsbeziehungen. Der gezeigte Körnungsbereich gibt daher Anhaltswerte, ersetzt jedoch nicht eine Einzelfallprüfung.

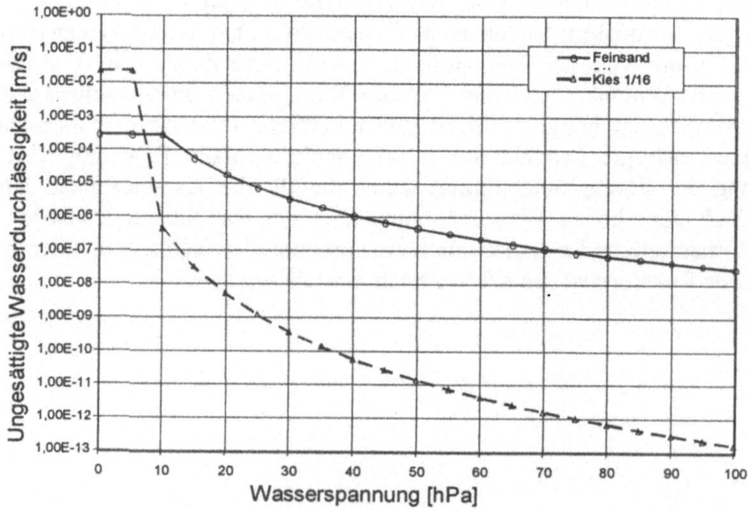

Abb. 3 Berechnete Beziehung zwischen Bodenwasserspannung und ungesättigter Durchlässigkeit (k_u-Wert) für ein Beispiel von KS und KBS .

Abb. 3 zeigt, daß im Gleichgewichtszustand die gesättigte Durchlässigkeit des Feinkieses höher ist als die des Sandes. Mit sinkendem Matrixpotential nimmt die Durchlässigkeit jedoch rasch ab. Ab einem Matrixpotential von -10 cm WS fällt sie unter die des Sandes. Die ungesättigte Durchlässigkeit (k_u-Wert) des Feinkieses ist ab diesem Wert stets niedriger als die des Feinsandes. Maximal erreicht der Unterschied in der ungesättigte Durchlässigkeit 5 Zehnerpotenzen. Die KBS braucht daher nur die maximal zulässige, filterstabile Korngröße aufzuweisen. Der Feinkorngehalt sollte jedoch so gering wie möglich sein, um einen direkten Porenübergang von der KS in die KBS zu unterbinden und einen möglichst großen Porensprung an der Schichtgrenze zu gewährleisten.

3.2 Hangneigung

Um Wasser in der KS lateral abführen zu können, muß die Schichtgrenze eine Hangneigung aufweisen. Die laterale Abflußmenge ist um so größer, je größer das Gefälle ist. Die Obergrenze des einbaubaren Gefälles wird durch die Einbautechnik sowie die Standsicherheit des gesamten Abdichtungssystems vorgegeben. Nach Laborversuchen reichen bereits Hangneigungen von 5°, um einen lateralen Abfluß herbeizuführen. In der Praxis werden jedoch deutlich höhere Hangneigungen notwendig sein, insbesondere um größere Abschlagslängen entwässern zu können. Hierzu sind Modellberechnungen hilfreich.

3.3 Temperatur

Die Änderung der Temperatur kann den Wassertransport in porösen Medien auf unterschiedliche Weise beeinflussen. Die temperaturabhängigen Eigenschaften des Wassers (Dichte, Viskosität und Oberflächenspannung) verändern sowohl die

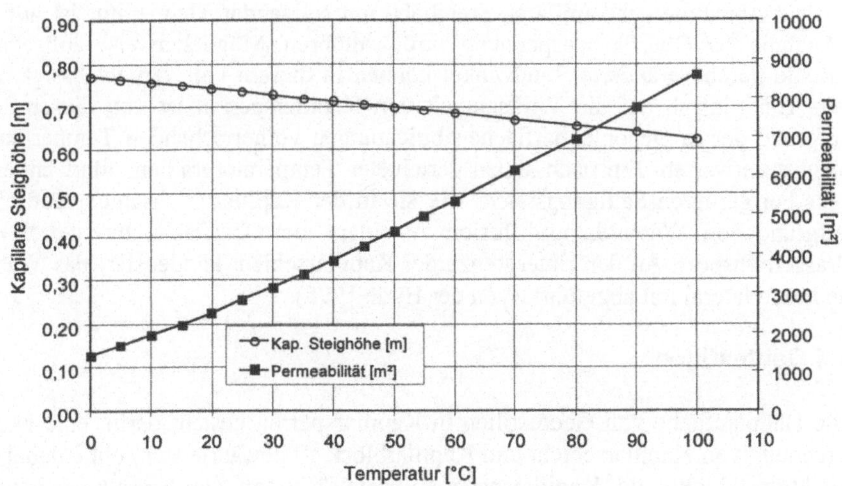

Abb. 4 Temperatureinfluß auf Kapillare Steighöhe und Permeabilität für Quarzsand 0/1 der Kapillarschicht.

gesättigte als auch die ungesättigte Durchlässigkeit des Bodens sowie seine kapillare Steighöhe. In Abbildung 4 ist der theoretische Einfluß der Temperatur auf Permeabilität (Einfluß der Viskosität) und kapillare Steighöhe (Oberflächenspannung und Dichte) dargestellt.

Die spezifische Permeabilität des Quarzsandes im gesättigten Zustand nimmt mit steigender Temperatur um das 6,3-fache zu, während die kapillare Steighöhe nur um ca. 18% abnimmt. Die Zunahme der Permeabilität ist auf die Abnahme der Viskosität zurückzuführen, die Abnahme der kapillaren Steighöhe hat ihre Ursache in der Abnahme der Oberflächenspannung.

Überträgt man die Verhältnisse in bezug auf die gesättigte Durchlässigkeit jedoch auf die ungesättigte Zone, so ergeben sich zwei einander entgegengesetzt wirkende Phänomene:

- Mit steigender Temperatur verringert sich der Wassergehalt im Boden. Dadurch nimmt der Sättigungsgrad ab und in der Folge sinkt die ungesättigte Durchlässigkeit. Gleichzeitig nimmt aufgrund niedrigerer Sättigung das Matrixpotential bei steigender Temperatur ab.
- Gleichzeitig sinkt mit zunehmender Temperatur die Viskosität des Wassers, wodurch die ungesättigte Durchlässigkeit ansteigt. Dieser Effekt zeigt sich signifikant erst bei höheren Matrixpotentialen. Bei niedrigeren Matrixpotentialen wird der Einfluß der Viskosität durch die temperaturbedingte Verringerung des Wassergehaltes zum Teil wieder ausgeglichen. Ferner erwies sich, daß der gemessene Einfluß der Temperatur auf die ungesättigte Durchlässigkeit größer war, als aus theoretischen Berechnungen heraus vorhergesagt. Dies legt den Schluß nahe, daß neben der Viskosität andere Faktoren, wie z.B. temperaturbedingte Veränderungen in der Bodenmatrix durch eingeschlossene Bodenluft etc. eine Rolle spielen könnten (Constanz 1982; Hopmans & Dane 1986).

Die Abnahme der kapillaren Steighöhe mit steigender Temperatur ist auf die Abnahme der Oberflächenspannung zurückzuführen. Möglicherweise auftretende Effekte durch veränderte Randwinkel können in diesem Fall vernachlässigt werden. Ein Einfluß auf die Wirksamkeit von Kapillarsperren ist von dieser Seite aufgrund der in Deponieoberflächenabdichtungen vorherrschenden Temperaturen nicht zu erwarten. Ein nach außen gerichteter Temperaturgradient führt andererseits bei geringen Sättigungsraten, wie sie in der Kapillarbruchschicht auftreten, aufgrund von Wasserdampfdiffusion zu einem zur Oberfläche hin gerichteten Wassertransport. An der Untergrenze der Kapillarschicht kondensiert das Wasser und wird lateral mit abgeführt (von der Hude 1995).

3.4 Geotextilien

Die Hauptaufgabe von Geotextilien in Kapillarsperren besteht darin, eine exakte Trennung von Kapillarschicht und Kapillarblock zu gewährleisten, ohne dabei die Funktionsfähigkeit der Kapillarsperre zu beeinträchtigen. Der Einsatz der geotextilen Trennlage führt gleichzeitig zu einer wesentlichen Erleichterung der Bauausführung. Zwar stellt die Verwendung eines Geotextils einen zusätzlichen Kostenfaktor beim Bau einer Kapillarsperre dar. Betrachtet man jedoch die gesamten Baukosten, so handelt es sich nur um einen Bruchteil davon.

Um ihre Funktion langfristig erfüllen zu können, müssen Geotextilien in ihren Eigenschaften sorgfältig an die herrschenden Randbedingungen, in erster Linie an die Körnung der Kapillarschicht und die zu erwartenden hydraulischen Belastungen, angepaßt werden. Die Dimensionierung erfolgt nach den einschlägigen Regelwerken zur Bemessung geotextiler Filter.

Als zusätzliches Auswahlkriterium ergibt sich aus der speziellen Funktionsweise der Kapillarsperre unter ungesättigten Verhältnissen das Benetzungsverhalten eines Geotextils. Laboruntersuchungen bestätigten die theoretischen Überlegungen, wonach sich besonders hydrophobe Geotextilien für den Einsatz in Kapillarsperren eignen (Brunschlik 1993). Aufgrund ihres Benetzungswiderstands bewirken sie eine Erhöhung der kritischen hydraulischen Druckhöhe, bei deren Überschreiten es zu einem Versagen der Kapillarsperre kommt. Dadurch wird einerseits ein Wasserdurchbruch aus der Kapillarschicht in den Kapillarblock verhindert oder zumindest verzögert. Andererseits kann eine hohe hydraulische Belastung durch bessere laterale Wasserableitung aufgrund des vergrößerten Fließquerschnitts im mächtigeren Kapillarsaum schneller abgebaut werden. Insgesamt können durch den Einsatz eines geeigneten hydrophoben Geotextils Sicherheit und Effektivität einer Kapillarsperre gesteigert werden. Dies konnte auch durch vergleichende Tankversuche belegt werden, bei denen der Einfluß eines Geotextils auf die Dichtwirkung von Kapillarsperren unter extremen Bewässerungsverhältnissen untersucht wurde (Bauer 1998). (siehe hierzu den Beitrag Balz et al. in diesem Band).

3.5 Hydrochemie

Um eine mögliche Beeinflussung von Kapillarsystemen durch unterschiedlichen Wasserchemismus von Oberflächen-Infiltrationswässern feststellen zu können, wurden Untersuchungen an Quarzsand durchgeführt (Bauer et al.1995). Als Permeate wurden Düngemittel-, Tensid- und Huminsäurelösungen unterschiedlicher Konzentrationen verwendet.

Düngemittel
Als Düngemittel wurde handelsüblicher Blaudünger (''Nitrophoska'') mit folgender Zusammensetzung (Herstellerangaben) in Konzentrationsstufen von 50, 100, 200 und 1000 mg/l verwendet:

P_2O_5	8%
K_2O	20%
MgO	2%
Nitratstickstoff	7%
Ammoniumstickstoff	8%

Tenside
Als Tensid wurde Dodecylsulfonsäure-Natriumsalz, ein lineares, anionisches Tensid, in Konzentrationen von bisher 100, 200, 300 und 1000µg/l eingesetzt.

Huminsäuren
Für die Herstellung einer Huminsäurelösung wurde ein Natriumsalz mit einem Huminsäuregehalt von 50-60 % (Angaben der Herstellerfirma Roth/Karlsruhe) verwendet. Die Konzentrationsstufen der Huminsäurelösungen betrugen 5, 10, 15 und 100 mg/l.

Die Mittelwerte der Wassergehalte im geschlossenen Kapillarsaum der einzelnen Versuchsreihen zeigen mit steigenden Konzentrationen in der Lösung einen rückläufigen Trend an. Die Versuche mit deionisiertem Wasser weisen deutlich höhere Wassergehalte im gesättigten Kapillarsaum als die mit mineralisierten Wässern.

Insgesamt zeigen die Versuche bisher jedoch, daß die Wassersättigung im Bereich des Kapillarsaumes von der Anwesenheit von Ionen im Infiltrationswasser nur in geringem Maße abhängig ist. Die kapillaren Steighöhen liegen für den gesättigten Kapillarsaum in allen mit mineralisierten Wässern durchgeführten Untersuchungen bei ca. 25 ± 5 cm. Lediglich für Tenside ist ab einer Konzentration von 250-500 mg/l ein signifikanter Einfluß festzustellen. Diese Konzentrationen werden in der Natur jedoch nie erreicht.

Für die Kapillarsperre als Oberflächenabdichtung von kann daher der Schluß gezogen werden, daß bis zu Grenzkonzentrationen, die unter normalen Bedingungen nicht erreicht werden, keine Beeinflussung der Kapillarsperrenwirkung zu befürchten ist. Die genaue gegenseitige Anpassung des Kapillarschicht - und Kapillarbruchschichmaterials hinsichtlich ihrer bodenmechanischen und hydraulischen Eigenschaften ist daher für das einwandfreie Funktionieren eines Kapillarsperrensystems wesentlich bedeutsamer als der Chemismus des oberflächennahen Infiltrationswassers.

4 Verhalten der Kapillarsperre in Laborversuchen

Laborversuche dienen zur Überprüfung der Eigenschaften unterschiedlicher Materialkombinationen unter konkreten Randbedingungen (Hangneigung, Temperatur, Hydrochemie, etc.). Sie ermöglichen die Vorhersage der Leistungsfähigkeit von Mehrkomponenten-Systemen. Damit kann der Nachweis der Vergleichbarkeit mit anderen Oberflächenabdichtungen (z.B. entsprechend TASi) geführt werden.
Es werden mehrere Phasen von Laboruntersuchungen unterschieden:

- Material-Vorauswahl
- Bodenphysikalische und hydraulische Versuche (Säulenversuche)
- Kleinrinnenversuche
- Großrinnenversuche

4.1 Voruntersuchungen

Die unterschiedlichen Phasen entsprechen den aufeinanderfolgenden Untersuchungsschritten. Zu Beginn stehen die Materialprüfungen, die zunächst eine Vorauswahl von in Frage kommenden Materialien beinhalten. Hier spielt die Korngrößenverteilung (vgl. Abb. 2) eine wesentliche Rolle. Für die so vorab ausgesuchten Materialien werden die wesentlichen *Bodenphysikalischen und hydraulischen Kennwerte* bestimmt:

- Korngrößenverteilung nach DIN 18 123
- Filterstabilität
- Korndichte ρ_s nach DIN 18 121 T2
- Porenanteil bei lockerster (max n) und dichtester (min n) Lagerung nach DIN 18 126
- Gesättigter Wasserdurchlässigkeitsbeiwert k_f
- Ungesättigte Wasserdurchlässigkeit k_u
- Bodenwassercharakteristik

Zur Bestimmung der kapillaren Steighöhe in Kleinsäulen aus Plexiglas XT mit einem Durchmesser von 20 bzw. 15 cm wurden die Bodenproben ofentrocken in Lagen von ca. 7-10 cm eingebaut und mit einem 7 kg-Stempel verdichtet. Der Wasserspiegel befand sich bis zur Einstellung des Gleichgewichtszustandes nach ca. 200 Stunden an der Probenunterkante. Die kapillare Steighöhe konnte am Farbumschlag zwischen trockenem und feuchten Material abgemessen werden (Abb. 5).

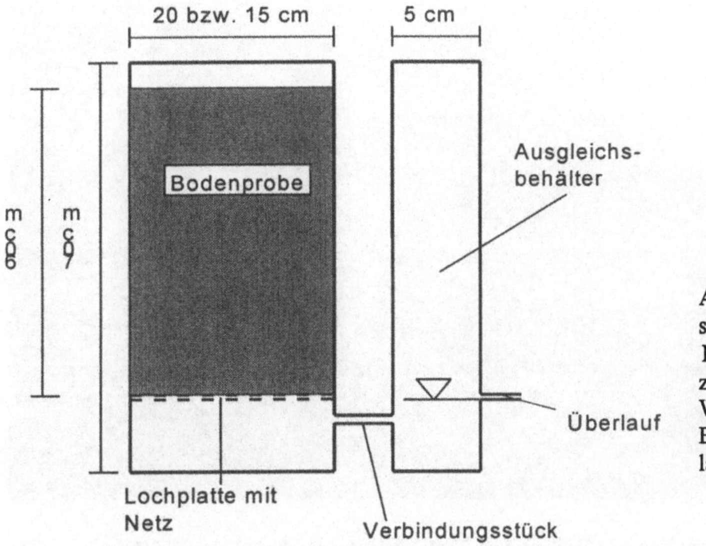

Abb. 5 Versuchsaufbau zu den Kleinsäulenverschen zur bestimmung der Wassergehalte im Bereich des Kapillarsaumes.

Die Ermittlung des Desorptionsverhaltens erfolgte durch langsame Bewässerung von unten nach oben, um eingeschlossene Luftblasen aus der eingebauten Probe auszutreiben. Anschließend wird das Wasser bis auf Probenunterkante abgesenkt und dort bis zur Gleichgewichtseinstellung (Abflußstillstand aus dem Ausgleichsgefäß) konstant gehalten. Für die Ableitung der Sorptions- und Desorptionskurven wurde nach Abschluß der jeweiligen Versuchsphase die Probe in Schichten à 2,5 cm ausgebaut und der Wassergehalt jeder Schicht nach DIN 18121 T 1 bestimmt. Die so ermittelten gravimetrischen Wassergehalte wurden in Sättigungsgrade umgerechnet.

Mit Hilfe dieser Kennwerte können die in Frage kommenden Materialien enger eingegrenzt werden.

4.2 Beispiel eines Kleinrinnenversuchs

Zur Untersuchung des Langzeitverhaltens von Kapillarsperren wurden zwei Tanks konstruiert. Die Versuchsbecken bestehen aus bis zu 16° bzw. 25° neigbaren, 1,5 m langen, 0,5 breiten und 0,65 m hohen Glasbehältern. Kernstück der Versuchsanlagen sind jeweils die Datenerfassungsanlagen, über die Saugspannungen, Temperatur sowie Zu- und Abflüsse aufgezeichnet werden. Die Messung der Saugspannungen (Matrixpotential) im Tank erfolgt durch 12 Tensiometer über einen Differenzdruckaufnehmer (Drucksonde), die der Temperatur mittels mehrerer Temperatursonden PT 100 und die Abflüsse durch zwei induktive Durchflußmesser am Zwischen- und Basisabfluß. Die Umschaltung zwischen den einzelnen Tensiometern wird durch Rotationsventile, sog. Switch-Waver, geregelt.

Kapillarsperre; 0x-06

Abb. 6 Versuchsaufbau Tank 2 . Die aus dem Tank auslaufenden Kabel sind die Zuleitungen zu den Temperatursonden und Tensiometern. Die Datenerfassung erfolgt kontinuierlich über den Steuerungsrechner.

Die Steuerung und Datenaufzeichnung der verschiedenen Sonden erfolgt über eine in einem PC installierte Multifunktionskarte.

Die Tensiometeranlage besteht aus 12 einzelnen Tensiometern, die in verschiedenen Niveaus im Tank eingebaut werden können. Keramikkerzen P 80 (Hersteller: KPM Berlin) sind über ein Doppelschlauchsystem an den switch waver angeschlossen. Dieses entlüftbare System besteht aus einem Außenschlauch aus Polyethylen (Durchmesser innen: 3 mm) und einem Innenschlauch aus Teflon

(Dimension: 1 x 0,5 mm). Die Schläuche sind über ein Luer-Lock-Winkelstück und einen Drei-Wege-Hahn an den switch waver angeschlosssen. Die Entlüftung der Tensiometer erfolgt durch Einspritzen von Wasser mittels einer Einwegspritze (über eine Stahlkanüle).

Verwendete Materialien

Kapillarschicht und Kapillarbruchschicht

Aufgrund der Ergebnisse des ersten Tankversuchs wurde der Kapillarsperrenaufbau für den zweiten Tankversuch modifiziert. Als Kapillarschichtmaterial wurde der Quarzsand 0/1 mm verwendet. Die Mächtigkeit der Kapillarschicht betrug 40 cm. Das Kapillarbruchschichtmaterial der Körnung 1/16 mm wurde für die Kornverteilungskurve des KS-Materials zurechtgemischt und in einer Mächtigkeit von 15 cm eingebaut. Dabei wurde darauf geachtet, daß ein möglichst großer Sprung in der Porengrößenverteilung zwischen den beiden Lagen entsteht.

Der Einbauwassergehalt der Kapillarschicht lag zur Vermeidung von Staubentwicklung bei ca. 3 Gew.%, die Kapillarbruchschicht wurde ofentrocken eingebaut. Beide Schichten wurden lagenweise alle 10 cm mit einem acht Kilogramm schweren Stempel mehrfach verdichtet und eingeebnet. Die Tankneigung wurde auf 15° eingestellt. Die Anordnung der Tensiometer erfolgt nach Tab.2. Die Materialeigenschaften der einzelnen Komponenten sind in Tab. 3 zusammengefaßt.

Tabelle 2 Lage der Tensiometer in der Kapillarschicht bzw. Bapillarbruchschicht

Tensiometer	Lage
5, 6, 12	Kapillarbruchschicht
3, 4, 7, 8	Kapillarschicht-Geotextil
1, 2	Kapillarschicht 5 cm über Kapillargrenze
9, 10	Kapillarschicht 15 cm über Kapillargrenze

38

Tabelle 3 Materialeigenschaften von Kapillarschicht und Kapillarbruchschicht

	Kapillarschicht	Kapillarbruchschicht
Material	Quarzsand > 90 % Quarz > 5 % Feldspat < 2 % Glimmer	Kalkschotter der Münchener Schotter- ebene
Porenvolumen	40 - 45%	38 %
Korndichte [g/cm³]	2,71	2,75
Körnung [mm]	0,06 - 1,0	1,0 - 16
Durchlässigkeitsbeiwert nach HAZEN [m/s]	$2,6 \times 10^{-4}$	$2,6 \times 10^{-2}$
Höhe des gesättigten Kapillarsaums aus Säulenversuchen [cm]	ca. 25	5 -10
Höhe des offenen Kapillarsaums aus Säulenversuchen [cm]	ca. 60	ca. 20

Geotextil

Als Trennlage zwischen Kapillarschicht und Kapillarbruchschicht wurde ein thermisch verfestigtes, hydrophobes Geotextil aus Polyethylen hoher Dichte (HDPE) mit einem Flächengewicht von 750 g/m² und einem Porenvolumen von 88% verwendet. Um Randumläufigkeiten zu vermeiden, wurden an den Rändern entlang der Tankwände Silikondichtungen angebracht. Der vertikale Durchlässigkeitsbeiwert des Geotextils bei einer Belastung von 2 kN/m² beträgt 8×10^{-2} m/s. Weiteren Materialeigenschaften sind in Tabelle 4 zusammengestellt.

Tabelle 4 Materialeigenschaften des Geotextils (BRUNSCHLIK 1993)

Hersteller	Produkt-bezeich-nung	Typ	Material	Dicke bei 2 kN/m²	Porenöff-nungs-weite $O_{90,w}$	Rand-winkel	Kapillare Steighöhe
Naue Faser-technik	Depotex	755-GG	HDPE	6,5 mm	0,53 mm	105°	max. 5 cm

Aufgrund des hydrophoben Bewässerungsverhaltens ist nach Brunschlik (1993) ein freier statischer Wasserdruck von min. 2 hPa zur Sorption des Geotextils nötig.

Permeat

Als Permeat wurde eine Lösung mit einer Huminsäurekonzentration von 500 mg/l und 2 g/l Nitrophoska-Dünger eingesetzt. Die Beregnungsmenge betrug durchschnittlich 1,9 l/Tag (= 640 mm/Jahr). Die Wasserproben des Zwischenabflusses wurden täglich auf ihren Gehalt an Huminsäure und Düngemittelbestandteile (Kalium, Nitrat) untersucht.

Versuchsergebnisse

Abflußverhalten

Während des gesamten Versuchszeitraumes konnte kein Basisabfluß festgestellt werden. Der Zwischenabfluß über die Kapillarschicht begann nach einer Aufsättigungszeit (von ca. 330 h) und stellte sich dann mit einer gewissen Nachlaufzeit proportional zur Schwankung der Beregnungsmenge ein. Nach Abstellen der Beregnung kam es noch über einen Zeitraum von rd. 200 h zu einem lateraler Abfluß mit abnehmender Tendenz.

In der Kapillarbruchschicht konnte optisch ein ca. 5-6 cm mächtiger Feuchtehorizont direkt unterhalb des Geotextils festgestellt werden. Als mögliche Ursachen kommen hierfür in Frage:

- Die Durchfeuchtung kann durch das Entlüften und Bewässern der Tensiometerkerzen entstehen. Um ein einwandfreies Funktionieren der Tensiometer zu gewährleisten, dürfen sich keine Luftblasen im Schlauchsystem befinden. Zum Entlüften wird Wasser in die Keramikkerzen gedrückt, wobei es zu Wasseraustritten durch die poröse Wandung der Kerzen kommen kann.
- Es beginnt eine Fingerbildung durch das Geotextil aufgrund der nach unten fortschreitenden Sickerfront. Durch den zunehmenden statischen Wasserdruck kann es an einzelnen Punkten zur Überschreitung der kritischen Druckhöhe des Geotextils kommen. Dabei setzt eine Bewässerung des Geotextils ein, die in der Folge zu einer langsamen punktuellen Aufsättigung und damit zu einer Weiterleitung des Wassers in die Kapillarbruchschicht führt.

Trotz der Durchfeuchtung setzt keine Fließbewegung innerhalb der Kapillarbruchschicht ein. Nach v.d.Hude (1991) findet in jedem Fall ein Wassertransport entsprechend der ungesättigten Durchlässigkeit der Kapillarbruchschicht statt. Daher ist anzunehmen, daß die Erhöhung des Wassergehalts noch nicht ausreicht, um eine der ungesättigten Durchlässigkeit entsprechenden Fließbewegung zu erzeugen.

Bodenwasserspannungen

Die Bodenwasserspannungen aller Tensiometer wurden in Zeitintervallen von sechs Minuten registriert und aufgezeichnet. Aus den Verlaufskurven der einzelnen Tensiometer lassen sich die einzelnen Phasen des Versuchs nachvollziehen.

4.3 Großrinnenversuche

Zur Prüfung der Kapillarsperreneigenschaften wurden die Testmaterialien in die Versuchsrinne eingebaut und beregnet. Die Versuchsrinne ist in einer Halle der

Versuchsanstalt für Wasserbau und Wasserwirtschaft der TU-München in Obernach Lkr. Bad Tölz aufgebaut. Einbau der Materialien und Betreuung des laufenden Versuches erfolgte in Zusammenarbeit mit den Mitarbeitern der Versuchsanstalt.

Dimensionierung eines Rinnenversuches

Der Einbau der Testmaterialien erfolgte im Maßstab 1:1 mit den Schichtmächtigkeiten, wie sie für die endgültige Oberflächenabdichtung vorgesehen sind.

Die Materialien werden nacheinander in drei Lagen eingebaut (1 Lage KBS , 2 Lagen KS). Jede Lage des Schüttgutes wirde mit einer Rüttelplatte verdichtet. Die Ermittlung der Einbaudichten für jede Lage erfolgt mittels Densitometer. Die Wassergehalte werden durch Ofentrocknung bei 105 °C ermittelt. Die Ergebnisse sind in Tab. 5 dargestellt. Zwischen KS und KBS liegt ein Trenngeotextil, das zur Verringerung von Randumläufigkeiten an die Rinnenwände angeklebt wird.

Zur Trennung der Abflüsse aus Kapillarschicht und Kapillarbruchschicht wurde im untersten Teil der Rinne unterhalb des Geotextils eine Gummidichtlippe eingezogen, die an den Wänden und am Boden der Rinne wasserdicht befestigt wurde.

Tabelle 5 Abmessungen und Füllmengen eines Rinnenversuches.

Abmessungen der Rinne		
Länge	6,0	m
Breite	0,6	m
Höhe	1,0	m
Oberfläche	3,6	m²
Neigungswinkel	23,5	°
Kappillarschicht		
Mächtigkeit	0,35	m
Einbautrockendichte	2,1	g/cm³
Wassergehalt	3,2	%
Geotextil		
Dicke	5	mm
Kapillarbruchschicht		
Mächtigkeit	0,15	m
Einbautrockendichte	1,6	g/cm³
Wassergehalt	5,6	%

Kapillarsperre; 0x-07

Abb. 7 Großversuchsrinne im Versuchsstand Obernach

Meßdatenerfassung

Die Beregnungsmenge wurde von einem geeichten Wasserzähler gemessen. Ein Datenlogger zeichnete die Abflüsse aus der KS und KBS kontinuierlich über Wippenniederschlagsmesser als Impulse auf. Zusätzlich wurde die jeweilige Gesammtwassermenge durch Auslitern bestimmt. In der Kapillarschicht sorgten sechs Tensiometer mit integriertem Temperaturfühler und vier TDR-Sonden für eine genaue Erfassung des Feuchteregimes. Die Sonden wurden waagrecht durch die Rückwand der Versuchsrinne eingebaut. Die Aufzeichnung dieser Meßdaten erfolgte in 5 min Intervallen über ein Bussystem der Firma IMKO auf einem PC.

5 Vorgehensweise bei der Materialauswahl

Für ein einwandfreies Funktionieren einer Kapillarsperre ist die genaue Abstimmung der eingesetzten Materialien von Kapillarschicht und Kapillarbruchschicht von entscheidender Bedeutung. Die Bestimmung der jeweiligen Materialeigenschaften bildet somit die Grundlage für die Auswahl der geeigneten Materialien. Sie orientiert sich in erster Linie an folgenden Punkten:

1. Bodenphysikalische Parameter
2. Geochemische Parameter
3. Allgemein „materielle" Parameter

Tabelle 6 Vorgehensweise bei der Prüfung von Kapillarsperrenmaterialien

Parameter	Prüfstadium		
	Vorauswahl	Optimierung	Endkontrolle
Bodenphysikalische Parameter			
Kornrohdichte	●		
Kornform	●		
Mineralogie	●		
Kornverteilung	●		
Berechnung der unges. Durchlässigkeit	●		
Berechnung des Lufteintrittswertes	●		
Lockerste und dichteste Lagerung nach DIN 18 126		●	
Verdichtbarkeit		●	
Kapillare Steighöhe in Säuleversuchen		●	
Geochemische Stabilität			
Eluat nach DEV S-4	●		
Spezielle Elutionsverfahren		●	
Sonstige Parameter			
Herkunft	●		
Mengenmäßige Verfügbarkeit	●		
Transportentfernung	●		
Langzeitversuche in Prüfrinnen gem. DIBt			●

Grundsätzlich ist bei diesem Verfahren eine hierarchische Gliederung zu beachten, die aus einer Vorauswahl verschiedener möglicherweise geeigneter Materialien anhand leicht zu prüfender Parameter erfolgt, der sich daraus entwickelnden engeren Auswahl einiger weniger verbleibenden Möglichkeiten sowie einer umfassenden abschließenden Endprüfung, nach der im Idealfall eine speziell für den jeweiligen Einsatz geeignete Materialkombination übrig bleibt. Dieses Vorgehensschema ist von der Herkunft der Materialien unabhängig und kann als allgemein verbindlich bei deren Auswahl und Prüfung angesehen werden (Tab.6).

6 Einsatzmöglichkeiten

Die Funktionsfähigkeit von Kapillarsperren ist in vielen Feld- und Laboruntersuchungen nachgewiesen. Sie werden bereits an mehreren Deponien in Oberflächenabdichtungssysteme eingebaut. Vor allem bei großen Böschungswinkeln stellen sie eine realistische Alternative zu den Regelabdichtungssystemen nach TASi (1993) dar. Aufgrund einer einfacheren Einbauweise und z.T. preiswerteren Materialien stellen sie oft auch eine preisgünstige Alternative dar.

Nach Lottner (1995) können Kapillarsperren vor allem in Kombination mit einem anderen Dichtungselement (Kunststoffdichtungsbahn oder mineralische Dichtung im Regelabdichtungssystem der Deponieklasse II) eingesetzt werden. Voraussetzung hierfür ist derzeit jedoch noch ein Gleichwertigkeitsnachweis im Einzelfall.

Kapillarsperren können aber auch als einfaches Dichtungselement in Deponien der Deponieklasse I (nach TASi, 1993) Anwendung finden.
Erhöhte Gehalte an Wasserinhaltsstoffen haben nur einen vergleichsweise geringen negativen Einfluß auf die Funktionsfähigkeit von Kapillarsperren. Somit wäre auch der Einsatz in einer Basisabdichtung grundsätzlich möglich. Deponiesickerwässer wurden jedoch noch nicht getestet. Außerdem ist eine Anfälligkeit der Dränfunktion der KS wegen einer Verstopfung der Poren bei Ausfällungen von Inhaltsstoffen aus Deponiesickerwässern zu befürchten. Somit bleibt eine Anwendung der Kapillarsperre nach dem derzeitigen Wissensstand auf einen Einsatz in Oberflächenabdichtungen beschränkt.

<u>Dank:</u>
Die hier vorgestellten Ergebnisse wurden vom Bayerischen Ministerium für Landesentwicklung, Landwirtschaft und Umwelt über das BayFORREST Forschungsvorhabens F 54 gefördert.

7 Literatur

Bauer, E. & Wohnlich, S. (1995): Säulenversuche zur Beeinflußung von Kapillarsperren durch Inhaltsstoffe aus Sickerwässern. - in Wilderer, P. & Koralewska, R. (Hrsg.): Berichtsheft zum 3. BayFORREST Statuseminar: 345- 352, München

Wohnlich, S., Bauer, E., Braun, A. & Franke, C. (1996): Anwendung von Recyclingmaterialien in Kapillarsperren für Deponieabdichtungen. - BayFORREST Berichtsheft 5 zum 4. Statusseminar am 24/25.10.1996; 227-232; München

Brunschlik, R., Weigl, P. & Wohnlich, S. (1994): Kapillarsperren als alternative Barrieren in Oberflächenabdichtungen von Deponien. - Entsorgungs Praxis,.3/94: 16-21; Gütersloh

Hill, D. E., Parlange, J.-Y. (1972): Wetting Front Instability in Layered Soils. - Soil Sci. Soc. Am. J. **36**: 697-702

Hopmans, J. W., Dane, J. H. (1986): Temperature Dependence of Soil Hydraulic Properties. - Soil Sci. Soc. Am. J. **50**: 4 – 9

v. d. Hude, N., Kämpf, M. (1995): Einfluß der Dampfdiffusion in Sanden der Kapillarsperre. - Wasser & Boden, **47**: 58 - 62

Lottner, U.S. (1995): Neuerungen bei Oberflächenabdichtungen. - in: Prühs, S.: Geotechnische Probleme beim Bau von Abfalldeponien, 1995. Veröff. d. LGA -Baugrundinstituts: 117-135; Nürnberg.

Melchior, S. (1995): Wasserhaushalt und Wirksamkeit mehrschichtiger Abdecksysteme für Deponien und Altlasten. - Hamb. Bodenkdl. Arb., **22**: 330 S.; Hamburg

Saathof, F. (1992).: Geotextilien und Geogitter. - Unterlagen zum Lehrgang "Geotextilien in der Baupraxis". - Techn. Akad. Esslingen

Schwarzmüller, H. (1996) : Oberflächenabdichtung "Mineralische Abdichtung mit unterliegender Kapillarsperre" auf der Hausmülldeponie Karlsruhe West. - Manuskript zu den Workshop Deponiebau und Geotechnik, Stuttgart

Wohnlich, S. (1991): Kapillarsperren - Versuche und Modellberechnungen. - Sch. Angew. Geol. Karlsruhe, 15: 128 S.; Karlsruhe

Wohnlich, S. (1994): Kapillarsperren als Oberflächenabdichtungen. - In: Burkhardt, G. & Eggloffstein, Th.: Alternative Dichtungsmaterialien im Deponiebau und in der Altlastensanierung - Schr. Angew. Geol. Karlsruhe 30: 102-115, 6 Abb.; Karlsruhe

Zischak, R. (1997): Alternatives Oberflächenabdichtungssystem „Verstärkte mineralische Abdichtung mit unterliegender Kapillarsperre" – Wasserbilanz und Gleichwertigkeit- Schr. Angew. Geol. Karlsruhe, 47: 279 S. ; Karlsruhe

Zischak, R., Hötzl, H.(1995): Ergebnisse des Testfeldes zur kombinierten Kapillarsperre auf der Deponie Karlsruhe-West. - in: Egloffstein Th., Burkhardt, G. (Hrsg.): Oberflächenabdichtungen für Deponien und Altlasten, Schr. Angew. Geol. Karlsruhe 34: 125-157, Karlsruhe

Bau und Betrieb der Kapillarsperre auf der Altlast „Am Stempel", Landkreis Marburg-Biedenkopf

Dr.-Ing. D. Jelinek
AICON AG Amann Infutec Consult AG –
Ingenieurgesellschaft für Bauen und Umwelt, Darmstadt

1 Einführung

Abfallablagerungen besitzen häufig ein hohes Gefährdungspotential für Boden und Grundwasser. Die Neuanlage von Deponien sowie die Sicherung von Altdeponien und Altlasten sind daher eine große Herausforderung für den heutigen Umweltschutz.

Seit 1993 sind die Anforderungen an die Behandlung und Entsorgung von Siedlungsabfällen für die Bundesrepublik Deutschland in der Technischen Anleitung Siedlungsabfall (TASI) standardisiert [1]. Diese Verwaltungsvorschrift geht davon aus, daß auch bei einem durch Trennung und Vorbehandlung deutlich reduzierten Restmüllaufkommen in Zukunft noch neue Deponien angelegt werden müssen. Von besonderer Bedeutung für die Deponietechnik und Altlastensanierung ist jedoch die hohe Anzahl von Altdeponien und Altlasten, die sich auf dem Gebiet der Bundesrepublik befinden.

In der TASI ist das „Multibarrierenkonzept" integriert, wonach mehrere voneinander unabhängige natürliche, betriebliche und technische Barrieren die Migration von Schadstoffen verhindern sollen. Hierzu gehören u.a. geologische Barrieren, Basisabdichtungen und Oberflächenabdichtungen.

Bei Altanlagen sind geologische Barrieren und Basisabdichtungen häufig nicht vorhanden. Insbesondere an diesen Standorten kommt einer leistungsfähigen und langzeitsicheren Oberflächenabdichtung als zumeist einzige nachträglich installierbare Sicherungsmöglichkeit eine besondere Bedeutung zu. Die Aufgabe einer Oberflächenbarriere besteht neben der Fassung von möglicherweise gebildeten Gasen sowie der Aufnahme des Bewuchses hauptsächlich darin, den Niederschlagseintrag in einen Abfallkörper deutlich zu reduzieren.

Oberflächenbarrieren nach TASI bestehen bei Mineralstoffdeponien (Klasse I) aus bindigen mineralischen Dichtungen (Tone, Lehme) mit einer darüberliegenden Entwässerungsschicht und Rekultivierungsboden. Bei Deponien mit höherem Gerfährdungspotential (Reststoffdeponie, Klasse II) wird über der bindigen mineralischen Dichtung zusätzlich eine Kunststoffdichtungsbahn gefordert (Kombinationsabdichtung). Der Aufbau der Oberflächenbarrieren nach TASI ist eng angelehnt an den der Basisbarrieren. An der Oberfläche einer Deponie wirken jedoch andere physikalische, chemische und biologische Größen auf die Barriere ein. Aktuelle Untersuchungen an mehrere Jahre alten, bindigen mineralischen Dichtungen zeigten bereits Schwächen dieser Dichtungen auf [7]. Bindige mineralische Dichtungen sind empfindlich gegenüber Austrocknung, Wurzeleinwirkung und Setzungen. Sie erfordern beim Einbau eine günstige Witterung und ein umfangreiches Qualitätssicherungsprogramm. Die Herstellungskosten sind bei dem regional häufig knappen Material relativ hoch. Die Verwendung bindiger mineralischer Dichtungen in Oberflächenbarrieren (mit und ohne Kunststoffdichtungsbahnen) ist aus Standsicherheitsgründen auf Hänge mit Neigungen bis maximal 1 : 3 beschränkt.

Derzeit werden verschiedene Alternativen zur Regelabdichtung nach TASI diskutiert und teilweise bereits mit Erfolg eingesetzt. Sie reichen von Asphaltbetondichtungen über reine Kunststoffsysteme und Bentonitmatten bis zu Kapillarsperren. Die Systeme lassen sich grob in zwei Gruppen unterteilen. Bindige mineralische Dichtungen, Asphaltbetondichtungen, Kunststoffdichtungen und Bentonitmatten beziehen ihre Dichtungswirkung auch bei Wassersättigung und Überstau aus einer niedrigen Durchlässigkeit für Wasser infolge hoher Materialdichte und - soweit vorhanden - kleinster Poren. Im Gegensatz hierzu werden für Kapillarsperren rollige Materialien (Sande und Kiese) eingesetzt. Die Kapillarsperre arbeitet ausschließlich unter wasserungesättigten Bedingungen. Vor allem durch die Verwendung von rolligen Materialien besitzt die Kapillarsperre eine Reihe von Vorteilen gegenüber den Regelabdichtungen und den meisten Alternativen.

Auf die Vorteile der Kapillarsperre aufmerksam geworden, verfolgte z.B. der Landkreis Marburg-Biedenkopf die Entwicklung der neuen Technologie mit großem Interesse und Engagement. Auch die Genehmigungs- und Fachbehörden haben die Umsetzung der Kapillarsperre vorangetrieben und den Bau im Sommer 1998 genehmigt. Forschung und Entwicklung des Systems sowie die erforderlichen Baumaßnahmen wurden und werden vom Land Hessen maßgeblich gefördert. Finanzielle Unterstützung wurde auch durch den Bund gewährt [4].

Die gute Zusammenarbeit aller am Projekt beteiligten Stellen beschleunigte die Anwendung eines einfachen Kapillarsperrensystems auf der Deponie „Am Stempel" erheblich.

Der vorliegende Beitrag berichtet über die wesentlichen Erkenntnisse aus der Entwicklungsphase der Kapillarsperre auf der Deponie „Am Stempel", bautechnische Besonderheiten, das Langzeitverhalten von Kapillarsperren und Details der Sicherung einer Altlast am Beispiel der Deponie „Am Stempel". Hierbei wird vorausgesetzt, daß die Wirkungsweise der Kapillarsperre bekannt ist.

2 Deponiestandort

2.1 Lage und Topographie der Deponie

Die stillgelegte Deponie „Am Stempel" befindet sich rd. 3 Kilometer südöstlich der Stadt Marburg in einem Waldgebiet zwischen den Ortschaften Marburg-Cappel und Moischt. Sie wurde in einer ehemaligen Sandgrube als Hangdeponie auf einer Höhe zwischen rd. 330 mNN und 360 mNN eingerichtet. Die Deponiefläche beträgt ca. 5 Hektar. Auf dem Rücken der Deponie lag bis zur Profilierung des Deponiekörpers ein ausgeprägter Bereich mit sehr flachen Neigungen (Abb. 1). Die übrigen Böschungen des Abfallkörpers besaßen stark wechselnde Gefälle. Auf der Westflanke der Deponie befindet sich auf einer Fläche von rd. 3.500 m^2 ein im Jahre 1992 fertiggestelltes Kapillarsperrensystem.

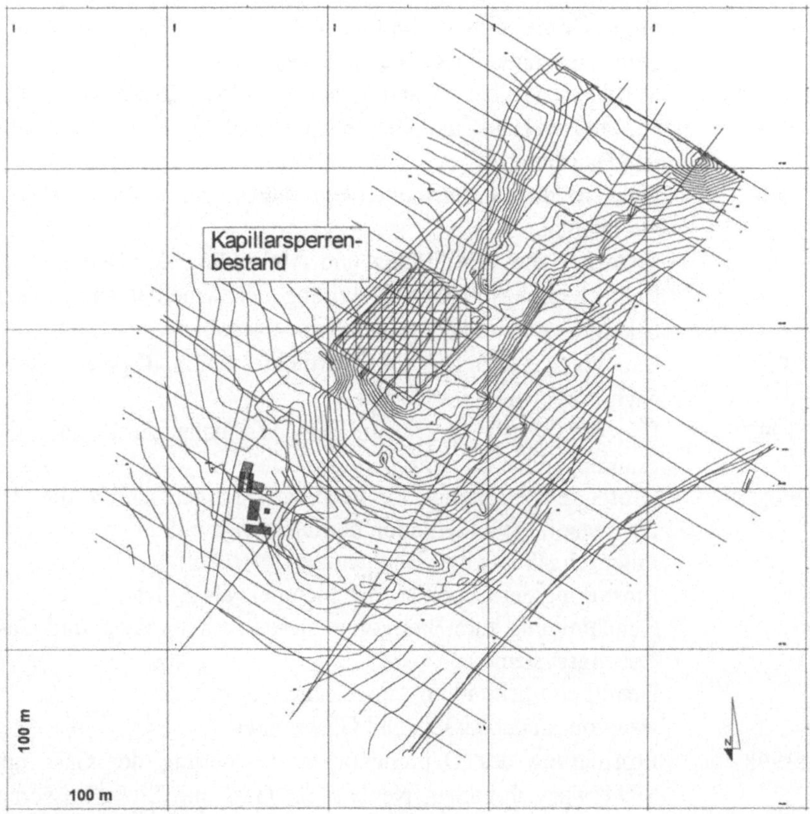

Abb. 1 Topographie der Deponie „Am Stempel" (Zustand vor der Profilierung)

2.2   Historie und Sanierungskonzept

Die Entwicklung der früheren Sandgrube zur heute als Altlast eingestuften Deponie „Am Stempel" und die bereits aufgenommenen Sanierungsmaßnahmen sind in Tabelle 1 zusammengestellt.

Tabelle 1 Historische Eckdaten der Deponie „Am Stempel"

Zeitraum	Ereignisse
bis 1973	Sandgrube einer lokalen Bauunternehmung
1973	Genehmigung der geordneten Ablagerung fester und schlammiger Gewerbe- und Siedlungsabfälle, keine Basisabdichtung, keine zusammenhängende geologische Barriere
1973 bis 1981	Mülldeponie des Landkreises Marburg-Biedenkopf, ca. 375.000 m^3 Haus- und Gewerbemüll, rd. 75.000 m^3 Erdaushub und Bauschutt.
nach 1981	gelegentliche Erdaushubeinlagerungen zur Vorprofilierung der Deponie
1983	Erste gezielte Profilierung und Abdeckung der Deponie mit Rekultivierungsböden, Einstellung der Arbeiten nach neuen Erkenntnissen und administrativen Vorgaben
seit 1985	Bau von Gasbrunnen und Verdichterstation, Gasverwertung nach Probeläufen verworfen
1991/1992	Bau der Kapillarsperre auf dem Westhang, Festlegung der grundlegenden Bauweisen und -verfahren.
seit 1992	Laufende Betreuung der Meßeinrichtungen durch die TU Darmstadt, Dokumentation der Dichtungswirkung
1994	Inbetriebnahme einer Hochtemperaturfackel
1994	Einstufung der Deponie „Am Stempel" als Altlast
1994	Genehmigung zum Bau von weiteren Sickerwasser- und Gasfassungssystemen
1997	Detaillierte Erkundung der Ablagerungsgrenze
1997	Bau von Sickerwasser- und Gasbrunnen
1997/1998	Profilierung des Deponiekörpers, Sicherung der Gas- und Sickerwasserbrunnen, Neubau der Gas- und Sickerwasserbehandlungsanlage
1998	Genehmigung der Oberflächenbarriere mit Kapillarsperre

Aus der zum gegenwärtigen Zeitpunkt noch nicht abschließend gesicherten Altlast „Am Stempel" können Sickerwässer noch über große Flächen der Deponiesohle ungehindert in den Untergrund gelangen. Die Deponie stellt außerdem einen erheblichen Eingriff in das Landschaftsbild und den umgebenden Wald dar.

Die Sanierung der Deponie „Am Stempel" wird in zwei Sanierungsabschnitten durchgeführt. Der erste Sanierungsabschnitt umfaßt die Profilierung des Deponiekörpers sowie die Sammlung und Behandlung von Deponiegas und lokal festgestelltem Deponiesickerwasser. Im zweiten Sanierungsabschnitt wird die Oberflächenbarriere als einfaches Kapillarsperrensystem aufgebracht und die Deponie rekultiviert.

Für die Profilierung der Deponie wurden u.a. rd. 35.000 m^3 leicht TNT-belastete Böden aus dem Rüstungsaltstandort Stadtallendorf/Hessen eingesetzt. Die Profilierung der Deponie wurde im Herbst 1998 abgeschlossen. Im Jahre 1999 wird die Oberflächenbarriere mit Kapillarsperre auf 5 Hektar Fläche gebaut. Im direkten Anschluß an die Herstellung werden die Rekkultivierungsmaßnahmen durchgeführt.

Die Planung der Oberflächenbarriere gründet maßgeblich auf Erkenntnisse, die in bautechnischen Vorversuchen und langjährigen in-situ-Messungen an großflächigen Einbaufeldern gewonnen wurden.

3 Pilotprojekt Kapillarsperre auf der Deponie „Am Stempel"

Im Herbst 1991 wurde auf der Westflanke der Deponie „Am Stempel" Hessens erste Kapillarsperre im großtechnischen Maßstab hergestellt. Der Bau war als Großversuch zur Bestimmung der Dichtungswirkung und Langzeitsicherheit unter natürlichen klimatischen Bedingungen und zur Prüfung der bautechnischen Realisierbarkeit einer Kapillarsperre auf unterschiedlich geneigten Deponiehängen geplant. Die Ergebnisse haben die zuvor hauptsächlich aus Laboruntersuchungen gewonnenen Erkenntnisse über Kapillarsperren erheblich verbessert. Das intensiv untersuchte System hat sich hierbei so gut bewährt, daß sein Aufbau für die Endabdichtung übernommen wurde und die bestehende Kapillarsperre in die Oberflächenbarriere integriert werden kann.

3.1 Systemaufbau

Als einfaches Kapillarsperrensystem besteht die Oberflächenbarriere auf der Deponie „Am Stempel" aus folgenden drei Schichten (Abb. 2):

- Rekultivierungsschicht (weit gestufter Boden 1,7 m + 0,3 m Oberboden)
- Kapillarschicht (Feinsand, Lahnsediment 0/1 mm, 0,4 m dick)
- Kapillarblock (Grobsand, Basaltsplitt 1/2 mm, 0,3 m mächtig)

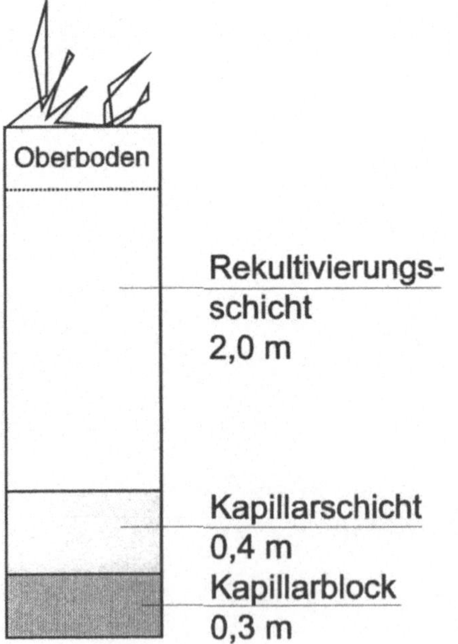

Auf die Verwendung von Geotextilien (Trennvliese) wurde verzichtet, da die verwendeten Materialien filterstabil aufeinander abgestimmt sind (Abb. 3).

Abb. 2 Aufbau des Kapillarsperrensystems auf der Deponie „Am Stempel"

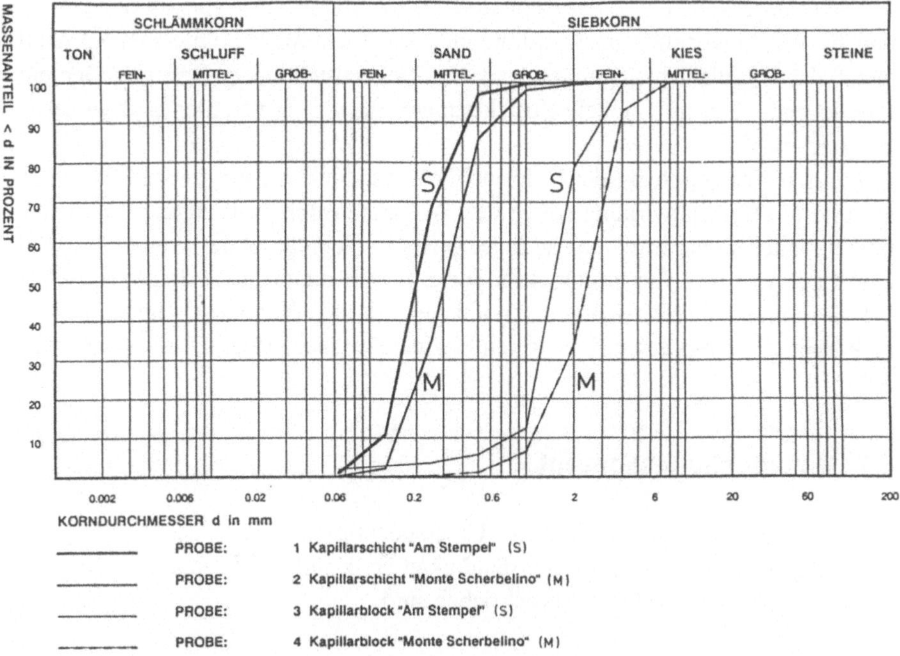

Abb. 3 Körnungslinien bewährter Kapillarsperrenmaterialien

Die Körnungslinien der bislang auf der Deponie „Am Stempel" als Kapillarschicht und Kapillarblock eingesetzten Materialien (S) markieren in etwa die Untergrenze, bis zu der die Kapillarschicht noch ein gutes laterales Abfuhrvermögen besitzt (Abb. 3). Zum Vergleich sind auch Körnungslinien eines weiteren Kapillarsperrenprojektes wiedergegeben (M, Deponie „Monte Scherbelino", Frankfurt/Main [3, 6]). Diese Materialkombination ist insgesamt etwas gröber. Als Kapillarschicht wurde hier Mittelsand (Rheinsediment), als Kapillarblock Feinkies (Schmelzkammergranulat) verwendet. Unter gewissen Einschränkungen kann das Material der Kapillarschicht (M) als zulässige Obergrenze für die Verwendung in Kapillarsperren angesehen werden. Die laterale Abfuhrkapazität der Kapillarschicht ist hoch und eine ausreichende Kapillarwirkung dennoch gegeben.

Die Schichtstärken wurden in Hinblick auf die Funktion der jeweiligen Bodenlagen gewählt. Bei einer Dicke der Rekultivierungsschicht von insgesamt 2 m (lagenweise verdichtet herzustellen) ist gewährleistet, daß die Zusickerung zur Kapillarschicht auf ein für die sichere Funktion verträgliches Maß gedämpft wird und ein großer Bodenwasserspeicher für die Evapotranspiration zur Verfügung steht. Hierfür reicht in der Regel bereits eine Dicke von rd. 1 m aus. Bei 2 m Mächtigkeit kann die Rekultivierungsschicht jedoch sehr abwechslungsreich bepflanzt werden. Die Windwurfgefahr ist dann auch bei höherem Gehölzbewuchs stark reduziert.

Die erforderliche Dicke der Kapillarschicht wurde in Laborversuchen bestimmt und für die Anwendung im Feld übernommen. Nur etwa die untersten 15 Zentimeter der Kapillarschicht tragen zu einem nennenswerten Abfluß bei. Der darüberliegende Teil hilft, lokale Zusickerungen flächig zu verteilen und weiter zu vergleichmäßigen.

Für den Kapillarblock, der hauptsächlich Stützfunktion für die Kapillarschicht hat und die Kapillarwirkung sowie den Wassertransport in Richtung des Abfallkörpers unterbindet, wäre aufgrund der geringen Kapillarität des groben Materials eine Lage von wenigen Zentimetern Dicke bereits ausreichend. Bautechnisch ist die Herstellung dieser wichtigen Trennlage zwischen Kapillarschicht und Deponiekörper allerdings erst bei mehreren Dezimetern Dicke (hier 0,3 m) sicher möglich.

3.2 Untersuchungskonzept

Das im Jahre 1992 aufgenommene Untersuchungsprogramm zur Kontrolle der Dichtungswirkung und Langzeitbeständigkeit der Kapillarsperre umfaßte folgende Hauptaspekte, die in [6] näher beschrieben sind:

- Analyse der Wasserbilanz
- Analyse des Temperatureinflusses von Atmosphäre und Deponiekörper
- Setzungskontrollen
- Beobachtung der Vegetationsentwicklung
- Erfolgskontrolle in Aufgrabungen und mikrobiologischen Analysen

Im Folgenden wird der Schwerpunkt auf die zentralen Anforderungen an die Zuverlässigkeit eines Barrieresystems - Wasserbilanz, Dichtungswirkung, Langzeitsicherheit - gelegt.

Für eine detaillierte Analyse der Wasserbilanz wurde eine 500 m² große Teilfläche des Gesamtareals seitlich und unter dem Kapillarblock in Kunststoffdichtungsbahnen eingefaßt (Südfeld in Abb. 4). Diese Vorkehrung unterbindet seitliche Zu- und Abflüsse und erlaubt ferner die Fassung und Messung der Restdurchsickerung des Systems (Abb. 5). Die im Südfeld nur zu Meßzwecken installierte Kunststoffdichtungsbahn ist *nicht* Bestandteil der Endabdeckung und wurde im Nordfeld, welches vornehmlich bautechnischen Untersuchungen diente, nicht eingesetzt.

Auf dem Westhang der Deponie betragen die Gefälle im unteren Bereich über eine Länge von rd. 30 m ca. 16 ° (1:3,5) und im oberen Bereich über eine Länge von rd. 20 m etwa 10 ° (1:5,7). Am Südfeld wurde am Neigungswechsel eine Zwischenwasserfassung für die Restdurchsickerung (Abflüsse aus dem Kapillarblock) installiert, um potentielle Durchsickerungen dem jeweiligen Neigungsbereich eindeutig zuordnen zu können.

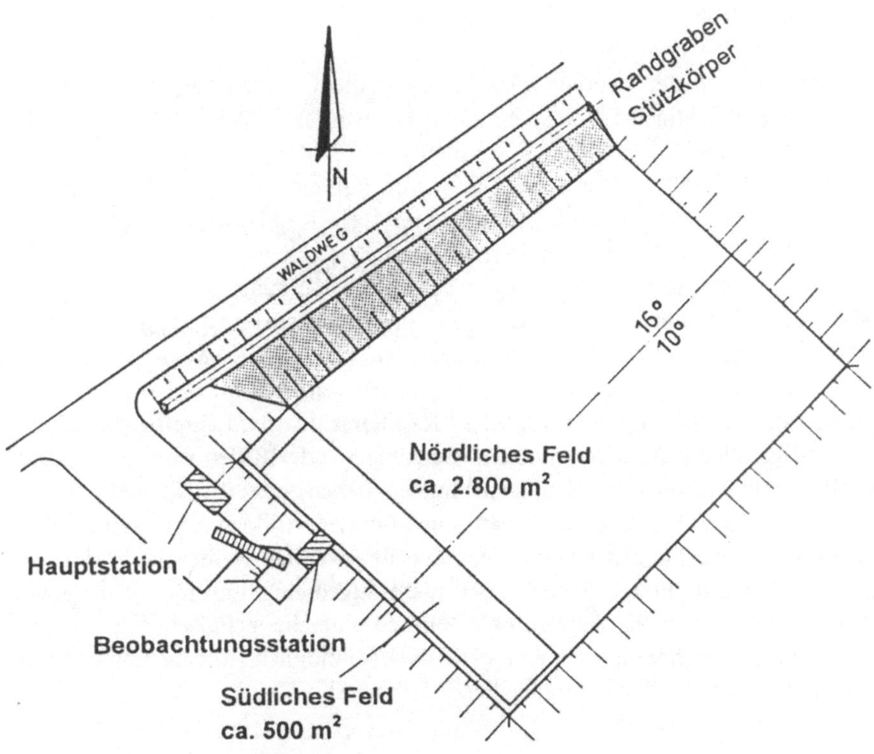

Abb. 4 Lageplanskizze des Probebaus

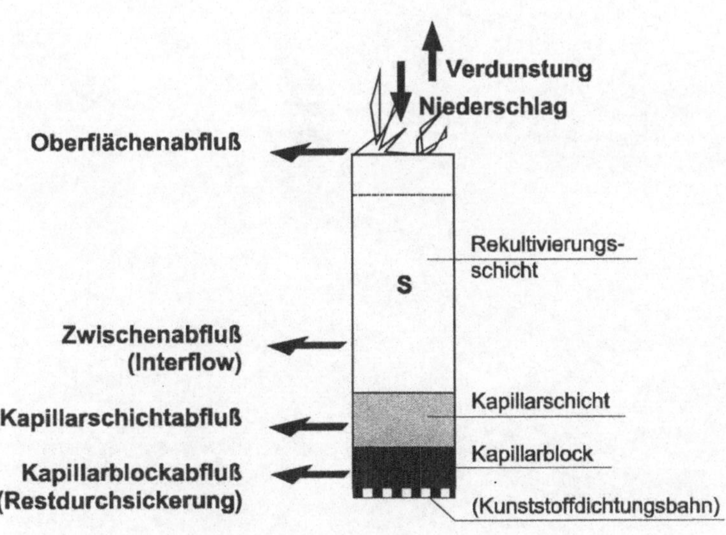

Abb. 5 Wasserbilanzglieder am einfachen Kapillarsperrensystem

3.3 Bautechnik

Die Testfelder auf der Deponie „Am Stempel" dienten auch zur Erprobung und Festlegung der richtigen Einbautechnik. Hierzu wurden zunächst Vorversuche im Probebau durchgeführt und die gewonnenen Erkenntnisse auf die großflächige Herstellung übertragen. Der Probebau wurde auf einem steilen Böschungsabschnitt begonnen. Hierzu wurde zunächst eine Lage Kapillarblockmaterial aufgeschüttet. Das Einbaufahrzeug hinterließ deutlich sichtbare Spuren auf der Kapillarblockoberfläche (Abb. 6). Wegen der steilen Körnungslinien von Kapillarschicht und -block können die Materialien - insbesondere das Grobmaterial - nicht gezielt verdichtet werden. Dies ist bautechnich von Vorteil, da die Herstellung beschleunigt und der Kontrollaufwand reduziert werden kann. Zu vermeiden ist jedoch, daß die Schichtgrenze zwischen Kapillarschicht und Kapillarblock nach ihrer Fertigstellung Durchmischungen, Sackungen oder Rillen quer zur Fallinie der Böschung aufweist. Laboruntersuchungen haben gezeigt, daß eine gewisse Aufrauhung der Schichtgrenze bei den ungesättigten Abflüssen im System ohne nennenswerte Erhöhung der Durchsickerung überwunden werden kann. Das zulässige Maß wurde hierbei jedoch noch nicht allgemeingültig und sicher eingegrenzt. Weitere Versuche zeigten, daß es durch einfache technische Maßnahmen ohne künstliche Sicherungselemente (Trennvliese) möglich ist, eine einwandfreie, ebene und dauerhafte Schichtgrenze herzustellen (Abb. 7).

Kapillarsperre; 03-06

Abb. 6 Abdrücke von Baumaschinenketten im Kapillarblock

Als optimales Verfahren stellte sich hierbei heraus, die Kapillarblockoberfläche in einem Arbeitsgang auf Endhöhe abzuziehen und gleichzeitig mit einer vorgehängten Walze leicht anzudrücken (Abb. 7).

Kapillarsperre; 03-07

Abb. 7. Abziehen des Kapillarblocks auf Endhöhe und Andrücken der Oberfläche mit vorgehängter Walze in einem Arbeitsgang

Die Einbaurichtung für die Herstellung der Kapillarsperre (Aufbau der Kapillarschicht) ist generell von verschiedenen Randbedingungen abhängig. Hierzu zählen das Einbaugerät, die Materialbeschaffenheit, der geforderte Leistungsansatz und die Böschungsneigung.

Auf der Deponie „Am Stempel" wurde als Einbaugerät eine herkömmliche Raupe gewählt. Der Einbau sollte ursprünglich aus Gründen einer zügigen Baustellenandienung von der Böschungsschulter in Richtung des Deponiefußes erfolgen. Diese Variante hätte gleichzeitig sichergestellt, daß die Randentwässerung beim flächigen Einbau der Kapillarsperre nicht überfahren werden muß. Der erdfeuchte Feinsand der Kapillarschicht wurde beim Einbau von oben infolge der großen Leistung der Baumaschine jedoch mit einem hohen Impuls auf die Kapillarblockoberfläche aufgebracht. Die Materialien vermischten sich hierdurch an der Schichtgrenze in unerwünschter Weise. Quer zur Fallinie der Böschung stellten sich Vertiefungen ein. Beide Phänomene wurden beim Abziehen der Kapillarschicht (Abb. 8) und bei Aufgrabungen sichtbar (Abb. 9).

Abb. 8 Durchmischung von Kapillarschicht- und Kapillarblockmaterial beim Einbau der Kapillarschicht in Richtung des Böschungsfußes mit herkömmlichem Baugerät

Abb. 9 Senken und Querrillen an der Schichtgrenze nach dem Einbau der Kapillarschicht von oben in Richtung des Böschungsfußes

Als Konsequenz wurde der Einbau von unten vor Kopf gegen den Hang angeordnet (Abb. 10). Diese Einbaurichtung gestattete einen schonenden Einbau und eine klar definierte Schichtgrenze zwischen Kapillarblock und -schicht.

Kapillarsperre; 03-10

Abb. 10 Schonender Einbau der Kapillarschicht über den Kapillarblock gegen den Hang

Nach dem Aufbringen der Kapillarschicht besaß die Schichtgrenze bereits eine sehr hohe Stabilität gegenüber mechanischen Beanspruchungen, da der Kapillarblock unter der Kapillarschicht eingespannt war und nicht mehr seitlich ausweichen konnte. Selbst die Spuren von schwer beladenen radbetriebenen Fahrzeugen hatten keinen nennenswerten Einfluß auf die Qualität der Schichtgrenze (Abb. 11).

Die Oberfläche der Kapillarschicht bedarf keiner weiteren Glättung oder Verdichtung. Über der Kapillarschicht wird im nächsten Arbeitsgang direkt die Rekultivierungsschicht lagenweise eingebaut (Abb. 12). Die Rekultivierungsschicht kann dynamisch verdichtet werden. Anfängliche Befürchtungen, daß sich Materialien an der Schichtgrenze vermischen könnten, wurden bei Arbeiten am Kapillarsperrensystem auf der Deponie „Monte Scherbelino" nach intensiver dynamischer Verdichtung einer über der Kapillarsperre angeordneten bindigen mineralischen Dichtung nicht bestätigt [6].

Kapillarsperre; 03-11

Abb. 11 Schichtgrenze nach Überfahrung der Kapillarschicht mit radgetriebenem Baufahrzeug

Werktäglich sollte als Schutz vor Erosionen der Kapillarschicht durch Niederschlagseintrag jedes Baufeld mit mindestens einer Lage Rekultivierungsschicht abgedeckt sein. In der Regel wird eine Befahrung der Kapillarsperre aus Sicherheitsgründen erst nach dem Aufbringen dieser ersten Lage Rekultivierungsboden zugelassen.

Die Einbauleistung für die Herstellung einer einfachen Kapillarsperre ist naturgemäß sehr stark abhängig von den örtlichen Gegebenheiten. Als Richtwert für die Herstellung von Kapillarblock, Kapillarschicht und einer Lage Rekultivierungsboden können rd. 1.000 m² bis 1.500 m²/Tag angegeben werden.

Der großflächige Bau der Kapillarsperre wurde auf der Deponie „Am Stempel" bis weit in den Spätherbst hinein durchgeführt. Erst längere Niederschläge führten zu einem winterlichen Stillstand der Bauarbeiten.

Die im Rahmen der Qualitätskontrolle durchzuführenden Felduntersuchungen beim Kapillarsperrenbau beschränken sich auf regelmäßige Materialkontrollen (Körnungslinien) sowie visuelle Kontrollen der Schichtgrenze und Schichtmächtigkeit in Aufgrabungen. Aufwendige Verdichtungskontrollen, Wassergehaltsbestimmungen und Durchlässigkeitsprüfungen fallen beim Bau einer Kapillarsperre nicht an.

Kapillarsperre; 03-12

Abb. 12 Großflächiger Einbau von Kapillarschicht und Rekultivierungsschicht mit herkömmlichem Baugerät

Wie bei anderen Barrieresystemen ist auch beim Bau der Kapillarsperre grundsätzlich ein Probebau zu empfehlen, um die Bautechnik auf die Material- und Geräteparameter abzustimmen. Prinzipiell ist auch bei steilen Hängen der Materialeinbau von oben gegen den Böschungsfuß möglich, sofern leichteres Gerät (Pistenraupe, Moor-Raupe) eingesetzt wird, mit dem pro Arbeitsgang nur geringere Mengen an Kapillarschichtmaterial aufgebracht werden.

3.4 Dichtungswirkung unter natürlichen klimatischen Bedingungen

Das einfache Kapillarsperrensystem auf der Deponie „Am Stempel" wird seit April 1992 kontinuierlich beobachtet. Von besonderem Interesse für die Beurteilung der Dichtungswirkung des Systems sind hierbei die Feldabflüsse Oberflächenabfluß, Zwischenabfluß, Kapillarschichtabfluß und die Restdurchsickerung des Systems. Diese werden getrennt in einer Abflußmeßstation gesammelt und registriert (Bild 13). Die Trennung der einzelnen Bodenschichten am Entwässerungssystem ist in [6] detailliert beschrieben.

Die eingebaute Meßeinrichtung ist robust und einfach zu warten, dabei aber so empfindlich, daß selbst temperaturinduzierte Wasserbewegungen nachweisbar sind [6].

Kapillarsperre; 03-13

Abb. 13 Abflußmeßeinrichtungen auf der Deponie „Am Stempel"

Der Wassergehalt im Gesamtsystem wird in regelmäßigen Abständen mit Neutronensondenmessungen kontrolliert. Kurzfristige Veränderungen des Wassergehaltes nach Starkniederschlägen sowie der Feuchtegrad der Kapillarsperre werden mit elektronischen Sensoren an einer Macrolonscheibe erfaßt, die auch einen Blick auf den Schichtaufbau ermöglicht (Abb. 14).

Abb. 14 Kapillarsperrensystem auf der Deponie „Am Stempel" hinter Macrolonsichtscheibe (TDR-Meßgeräte und Tensiomter)

Die Auswertung der Messungen wird dem hydrologischen Jahr folgend jeweils für Bilanzjahre durchgeführt, die am 1. November eines Jahres beginnen und am 31. Oktober des Folgejahres enden. Die Zeit nach Fertigstellung der Kapillarsperre bis zum Beginn des ersten Bilanzjahres am 1. November 1992 wird als Anlaufphase verstanden und nicht bilanziert.

Im langjährigen Mittel beträgt der Jahresniederschlag am Standort etwa 650 mm. Im Bilanzjahr 1993 (630 mm) wurde dieser Wert nicht erreicht. Die Folgejahre 1994 und 1995 waren jedoch mit Niederschlägen von 900 mm bzw. 850 mm ausgesprochene Naßjahre, die für eine frühe Beurteilung der Dichtungswirkung sehr wertvoll waren.

Die Ganglinien der Wasserbilanzglieder Niederschlag, Oberflächenabfluß, Zwischenabfluß und Kapillarschichtabfluß sind in Abb. 15 für den besonders interessanten, relativ nassen Zeitraum wiedergegeben.

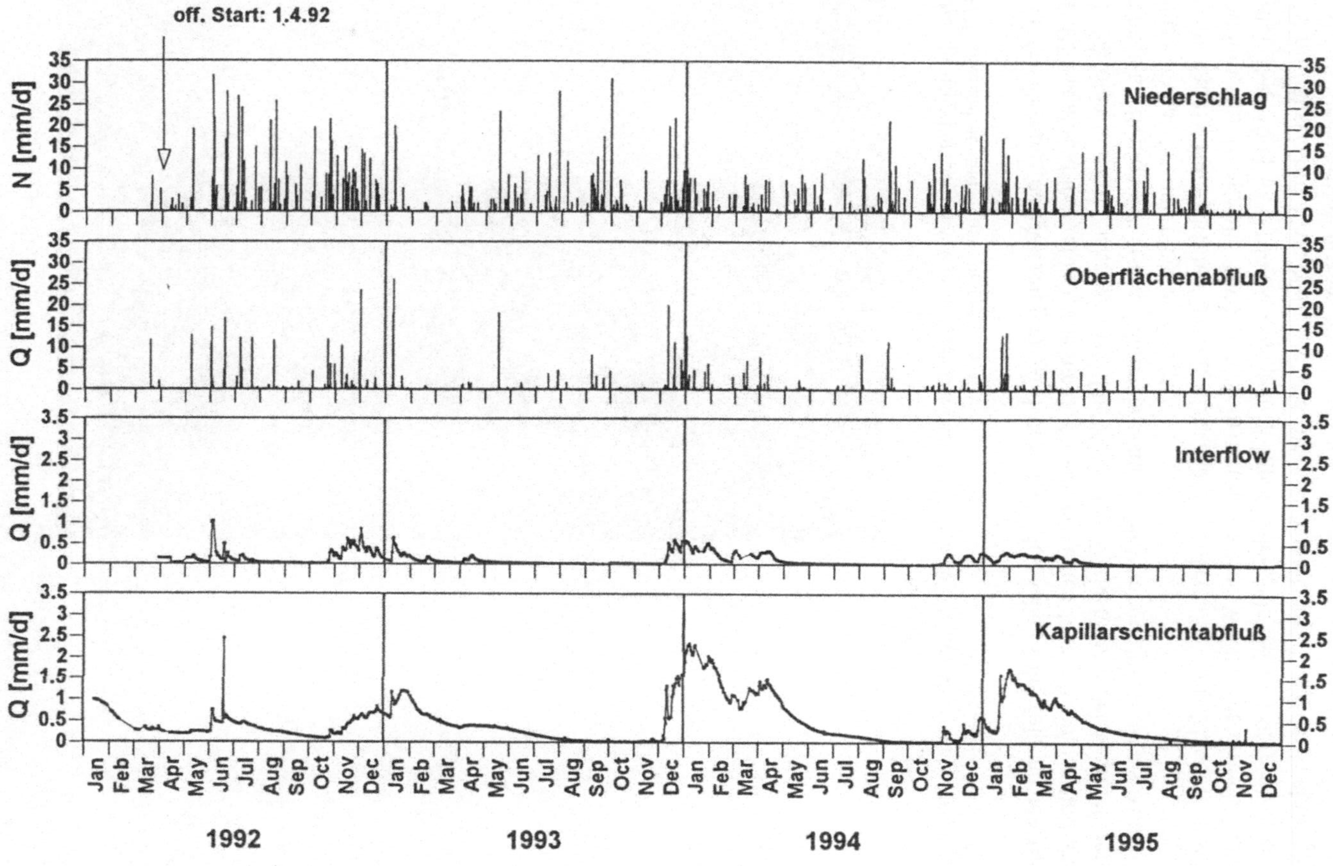

Abb. 15 Tagessummen von Niederschlag, Oberflächenabfluß, Zwischenabfluß und Kapillar-schichtabfluß in Naßjahren - einfaches Kapillarsperrensystem auf der Deponie „Am Stempel"

Aufgrund der steilen Böschungen, des in Bodennähe nicht geschlossenen Bewuchses und des bindigen Oberbodens treten bei Starkniederschlägen in der Regel hohe Oberflächenabflüsse auf. Der Zwischenabfluß aus der Rekultivierungsschicht ist gegenüber den übrigen Abflüssen wegen der feinen Textur des Bodens nur von untergeordneter Bedeutung.

Die Zusickerungen zur Kapillarschicht werden bei der Passage durch die Rekultivierungsschicht deutlich gedämpft. Selbst bei Tagesniederschlägen von über 30 mm wird ein Kapillarschichtabfluß von 2,5 mm/d nicht überschritten.

Eine Durchsickerung der Kapillarsperre (Auftreten von Kapillarblockabflüssen) wurde nur in seltenen Extremfällen beobachtet. Die in diesen Fällen über die Schichtgrenze aus der Kapillarschicht in den Kapillarblock eintretenden sehr geringen Wassermengen sind in Abb. 16 als Monatssummen des Kapillarblockabflusses wiedergegeben. Die Darstellung zeigt, daß die höchste Durchsickerung im Januar 1994 gemessen wurde und insgesamt rd. 1.230 Liter betrug. Umgerechnet auf die angeschlossene Einzugsfläche von ca. 440 m² entspricht dies einer Durchsickerung von lediglich 2,8 mm. Diese Summe stellte zugleich bereits nahezu die gesamte Jahresmenge der Restdurchsickerung dar.

Der bei weitem größte Anteil der Restdurchsickerung stammt aus dem steilen unteren Abschnitt der Böschung, wo sich die Abflüsse akkumulieren. Offensichtlich wurde die Leistungsgrenze der Kapillarsperre im oberen Bereich trotz der hier nur flachen Neigung nicht erreicht.

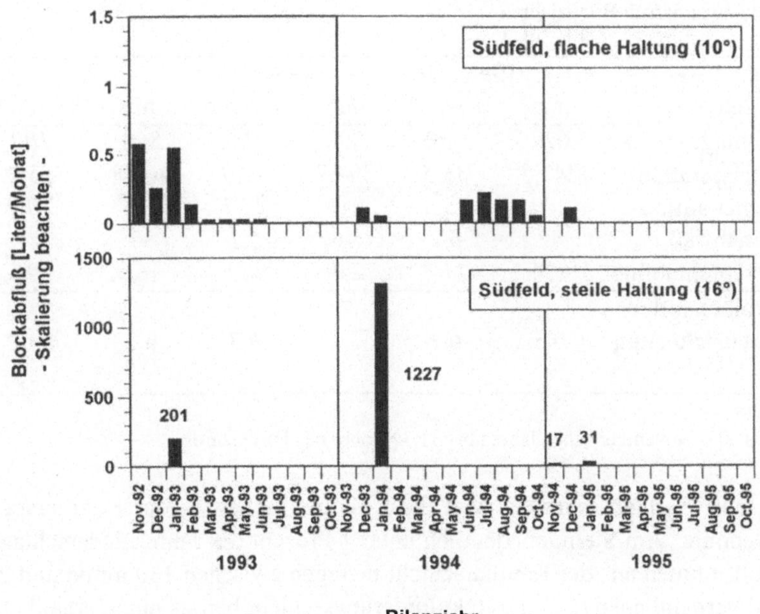

Abb. 16 Monatssumme der Kapillarblockabflüsse (Restdurchsickerung) - Deponie „Am Stempel"

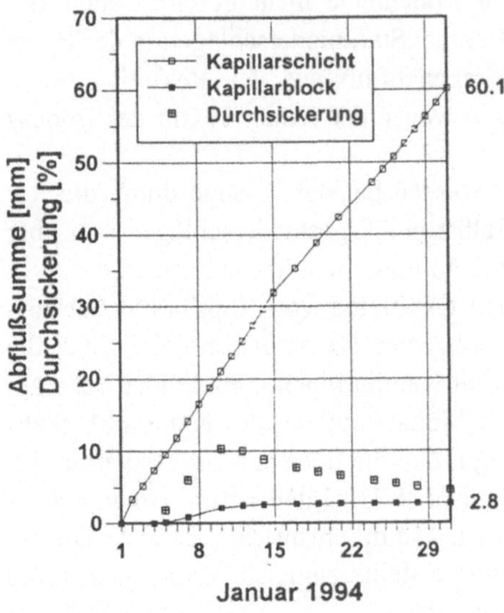

Kurz nach dem Durchbruchsereignis im Januar 1994 gingen die von einem Extremniederschlag hervorgerufenen Kapillarblockabflüsse wieder schnell zurück. Die Kapillarsperre fiel nach kurzfristig hoher Belastung wieder schnell in einen stabilen Betriebszustand. Dies belegen auch die Tagessummen von Kapillarschicht- und Kapillarblockabfluß zu dem nur wenige Tage dauernden Ereignis (Abb. 17)

Abb. 17 Summenlinien von Kapillarschicht- und Kapillarblockabfluß sowie prozentuale Durchsickerungsrate der Kapillarsperre

Die tabellarische Zusammenstellung des Wasserhaushaltes am einfachen Kapillarsperrensystem beweist die Effizienz der Oberflächenbarriere auch bei hohen Niederschlägen (Tab. 2).

Tabelle 2 Wasserbilanz des Kapillarsperrensystems auf der Deponie „Am Stempel" in einem Normal- und zwei nassen Bilanzjahren

| Bilanzjahr * → | 1993 | | 1994 | | 1995 | |
Bilanzgröße ↓	mm	% von N	mm	% von N	mm	% von N
Niederschlag	627	*100*	898	*100*	850	*100*
Evapotranspiration	241,5	*38,5*	394,2	*43,9*	468,8	*55,2*
Oberflächenabfluß	209	*33,3*	216	*24,1*	178	*20,9*
Zwischenabfluß	42	*6,7*	46	*5,1*	37	*4,4*
Kapillarschichtabfluß	134	*21,4*	239	*26,6*	166	*19,5*
Kapillarblockabfluß						
Restdurchsickerung	0,5	***0,1***	2,8	***0,3***	0,2	***0,02***

* Bilanzjahr: 01. November eines Jahres bis 31. Oktober des Folgejahres

Auch in sehr feuchten Perioden liegt die Restdurchsickerung der Kapillarsperre auf der Deponie „Am Stempel" deutlich unter 1 Prozent des Jahresniederschlages. Die Abflußsummen aus der Kapillarschicht betragen zwischen 130 mm/a und 240 mm/a und verdeutlichen, daß die Rekultivierungsschicht bereits einen erheblichen Einfluß auf die Reduktion der Absickerung von Niederschlagswasser in Richtung des Deponiekörpers besitzt.

Andererseits zeigen diese Summen jedoch auch, daß eine gezielte Abschirmung des Abfallkörpers durch eine reine Bodenabdeckung ohne Drän- und/oder Dichtungssysteme unter den örtlichen Verhältnissen nicht möglich ist.

3.5 Langzeitsicherheit

Vier Jahre nach Fertigstellung wurde das Kapillarsperrensystem auf der Deponie „Am Stempel" freigelegt, um die Qualität der Bodenschichten, die Durchwurzelungstiefe und ggf. eingetretene mikrobiologische Auffälligkeiten zu untersuchen (Abb. 18).

Kapillarsperre; 03-18

Abb. 18 Aufgrabung des Kapillarsperrensystems auf der Deponie „Am Stempel"

Bei der Aufgrabung wurde eine Durchwurzelungstiefe von nur ca. 0,6 m festgestellt. Eine hohe Durchwurzelungsintensität war lediglich in den obersten zwei Dezimetern zu beobachten. Die prinzipiell gegenüber Wurzeleinwirkung unempfindliche Kapillarsperre wurde im vorliegenden Fall von den Pflanzen nicht erreicht. Offensichtlich wurde eine tiefe Durchwurzelung durch die Qualität der

Rekultivierungsschicht verhindert. Die ursprünglich als Erosionsschutz ange-
spritzte Rasenansaat war von natürlichem Anflug (vornehmlich bestehend aus
Gräsern und Kräutern) bereits verdrängt. Gehölze traten nur vereinzelt auf.

Die freigelegte Kapillarsperre zeigte keinerlei visuell feststellbare Besonderheiten (Abb. 19). Die Schichten waren nach wie vor homogen und mechanisch
sicher voneinander getrennt. Durchmischungen waren nicht feststellbar. Eine
Umlagerung oder Auswaschung von Feinbestandteilen wurde auch in der Ab-
flußmeßeinrichtung nicht beobachtet.

Kapillarsperre; 03-19

Abb. 19 Schichtgrenze zwischen Kapillarschicht und -block nach mehreren Betriebsjahren

Aus der Kapillarschicht und dem Kapillarblock wurden mehrere Bodenproben
entnommen und einer mikrobiologischen Untersuchung unterzogen [7]. Die Untersuchung sollte klären, ob sich insbesondere in der Kapillarschicht eine starke
Entwicklung von Bodenorganismen (Pilze und Bakterien) einstellen konnte, die
einen ungehinderten Abfluß gefährden kann und ob der Zutritt von Deponiegas
die Entwicklung von speziellen Bodenorganismen ggf. sogar fördert.

Das Ergebnis der unveröffentlichten Studie ist in [6] wiedergegeben. Es konnte
hierbei nachgewiesen werden, daß Bodenpilze und -bakterien in der Kapillarsperre in deutlich geringerer Anzahl auftraten, als dies in gewachsenen Böden in der
Regel der Fall ist.

4 Gesamtabdeckung mit Kapillarsperrensystem

Die Genehmigung für die Herstellung der Oberflächenbarriere auf der Altlast „Am Stempel" wurde vom Regierungspräsidium Gießen im Juli 1998 ausgesprochen. Die Bauarbeiten werden 1999 aufgenommen und sollen noch im gleichen Jahr abgeschlossen sein.

4.1 Planerische Randbedingungen

Die Genehmigung der Oberflächenbarriere war an die Forderung gebunden, die vorhandene Kapillarsperre (Versuchsfelder) in die gesamte Oberflächenabdichtung zu intergrieren, um den heutigen Bestand einschließlich der Meßeinrichtungen zur Eigenkontrolle des Betreibers weiter nutzen zu können. Hierzu wird die Kapillarsperre an Hochpunkten direkt an den Bestand angeschüttet. An einer Verschneidungslinie trennt ein Fangdrän das Meßfeld hydraulisch von der Gesamtabdeckung.

Bezüglich der maximalen Endhöhe bestehen für die Deponie „Am Stempel" keine zwingenen Vorgaben. Es wird jedoch gefordert, die Deponie wieder in das umgebende Gelände einzugliedern und den vor dem Sandabbau vorhandenen Bergrücken nahezu wiederherzustellen.

Die Köpfe von rd. 25 auf der Deponie vorhandenen Gas- und Sickerwasserbrunnen müssen im Zuge des Barrierenbaus angehoben werden. Die Integration der Brunnen in die Kapillarsperre ist problemlos, da das rollige Material der Kapillarsperre einfach an die aufsteigenden Brunnenrohre angeschüttet werden kann. Die in der Kapillarschicht gehaltenen Wässer umfließen als ungesättigte Strömung die Brunnenrohre schadlos. Eine direkte Absickerung von Niederschlagswasser an den Rohren muß allerdings im oberen Bereich der Rekultivierungsschicht durch einfache Sickerwegverlängerungen an den Brunnenrohren verhindert werden.

Insbesondere zur Auffüllung von Setzungsmulden an der Ostböschung im Rahmen der Profilierung des Deponiekörpers waren zusätzliche Bodenanlieferungen notwendig. Ein großer Teil dieser Böden stammt aus dem Zwischenlager für TNT-belastete Böden in Stadtallendorf. Aufgrund der relativ großen Einbaumassen und des kompressiblem Deponiekörpers werden weitere Setzungen erwartet, die an einigen Bereichen bis zu 3,5 m betragen können. In Anbetracht der Tatsache, daß die Deponiesohle Zwischenplateaus aufweist, an denen der frühere Sandabbau auf Felsbänke stieß, sind die erwarteten Setzungen nicht überall homogen. Auch dieser Sachverhalt empfiehlt die Anwendung der Kapillarsperre als Oberflächenbarriere für die Deponie, da sie mechanischen Verformungen in weiten Grenzen ohne Schaden folgen kann.

4.2 Dimensionierung

Die Leistungsfähigkeit eines einfachen Kapillarsperrensystems wird durch eine Vielzahl von Parametern bestimmt. Hierzu zählen neben den klimatischen Gegebenheiten und den zur Verfügung stehenden Materialien insbesondere die Neigung des Deponiehanges und die hierfür zulässige Haltungs- oder Abschlagslänge. Der Begriff „Haltungslänge" bezeichnet hierbei den Abstand L zwischen einem Entwässerungssystem und einem Hochpunkt bzw. einer Zwischenrigole in der horizontalen Projektion (vgl. Abb. 20).

Aus den Ergebnissen von diversen Feld- und Laboruntersuchungen, zu denen insbesondere auch die Langzeitstudien auf der Deponie „Am Stempel" und der Deponie „Monte Scherbelino" gehören [6], wurde die neigungsabhängige „Dränkapazität" oder Ableitungsfähigkeit der Kapillarsperre für Wasser, welches aus der Rekulitivierungsschicht zusickert, bestimmt.

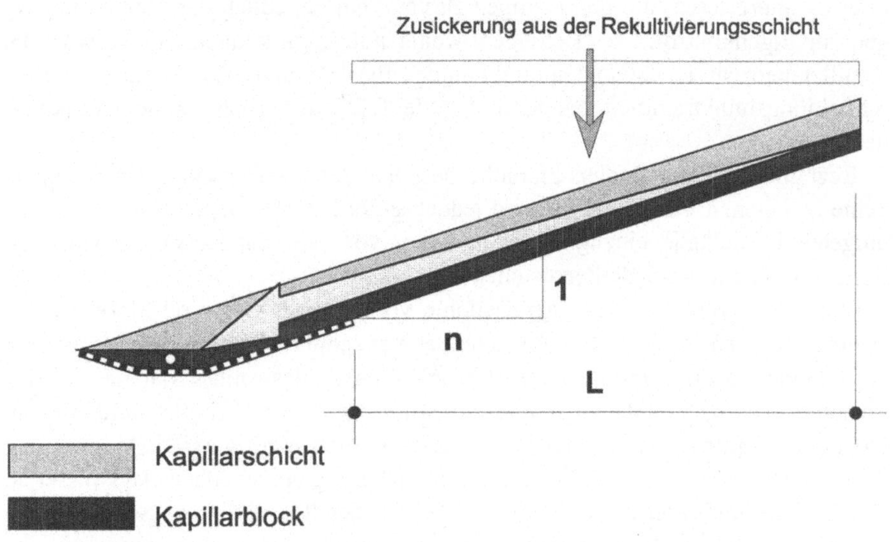

Abb. 20 Prinzipskizze zur Dimensionierung von Kapillarsperren

Mit der Kenntnis der durchströmten Fläche in der Kapillarschicht sowie dem Gradienten der Strömung (maßgeblich geprägt durch die Böschungsneigung) kann eine materialabhängige Kurve für jede bekannte Materialkombination erstellt werden. Wichtig hierbei ist, daß die Zusickerung aus der Rekultivierungsschicht sicher abgeschätzt werden kann. Hierzu eigenen sich insbesondere Ergebnisse aus Lysimeterbetrachtungen, die jedoch nicht überall in der gewünschten Form vorliegen. Numerische Wasserhaushaltsmodelle können in diesen Fällen hilfreich sein. Technisch ist sicherzustellen, daß je nach Bodenart und Einbauverfahren die maximal zulässige Zusickerung nicht überschritten werden kann. In der Regel wird ein Sicherheitsfaktor eingefügt.

Für die beiden weiter oben beschriebenen Materialkombinationen sind die Einsatzkennlinien für eine maximale Zusickerung aus der Rekultivierungsschicht von 2 mm/d in Abb. 21 dargestellt.

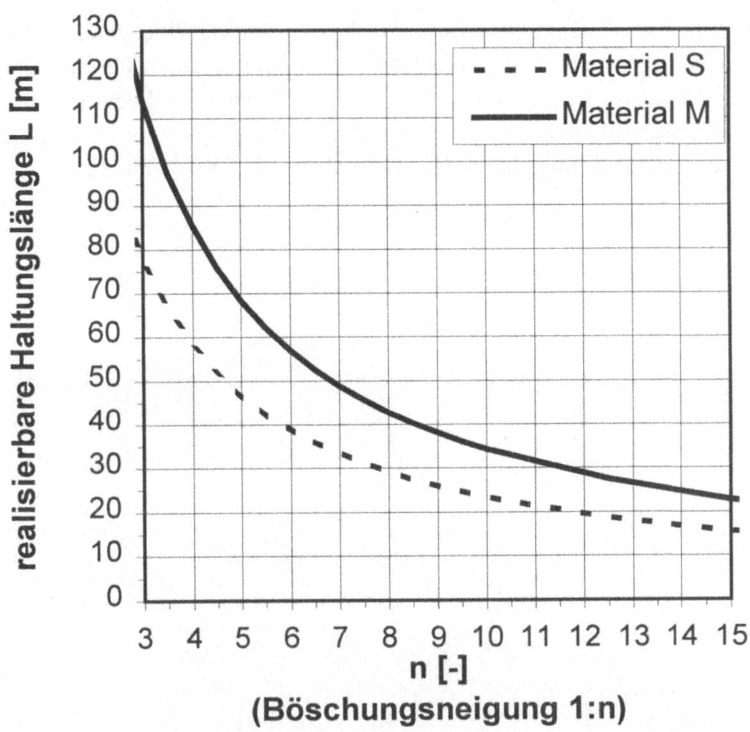

Abb. 21 Realisierbare Haltungslängen in Abhängigkeit von Böschungsneigung und Materialien (bei einer vorgegebenen Zusickerung aus der Rekultivierungsschicht!)

Die Abbildung zeigt, daß die feine Materialkombination „S" weniger leistungsfähig ist als die Materialkombination „M". Dies überrascht nicht, da die Durchlässigkeit des in „M" verwendeten Mittelsandes auch unter ungesättigten Bedingungen deutlich über der des Feinsandes in „S" liegt. Für die technische Umsetzung bedeutet dies, daß mit der Materialkombination „S" unter sonst gleichen Randbedingungen nur geringere Haltungslängen realisierbar sind. Anders ausgedrückt kann bei der Materialkombination „S" bei längeren und relativ flachen Hängen eine Zwischenrigole erforderlich werden.

Die in Abb. 21 gezeigten Leistungskurven dürfen *keinesfalls* direkt auf andere Projekte übertragen werden, ohne die Ausgangssituation (Bodenparameter, Rekultivierungsschicht, Klima, Exposition etc.) genau zu vergleichen. Leistungskurven müssen vielmehr material- und standortspezifisch aufgestellt werden.

4.3 Deponieentwässerung und -topographie

Die Gestaltung der Oberflächenbarriere wurde aus den verschiedenen Anforderungen mehrfach optimiert (verfügbare Böden und Anlieferungswünsche, Umgestaltung des Plateaus, Integration des Bestandes, Wiedereingliederung in die Landschaft, Wirtschaftlichkeit etc.). Das Ergebnis der Optimierung ist eine Oberfläche mit zwei Kämmen und einem dazwischenliegenden Tal (Abb. 22).

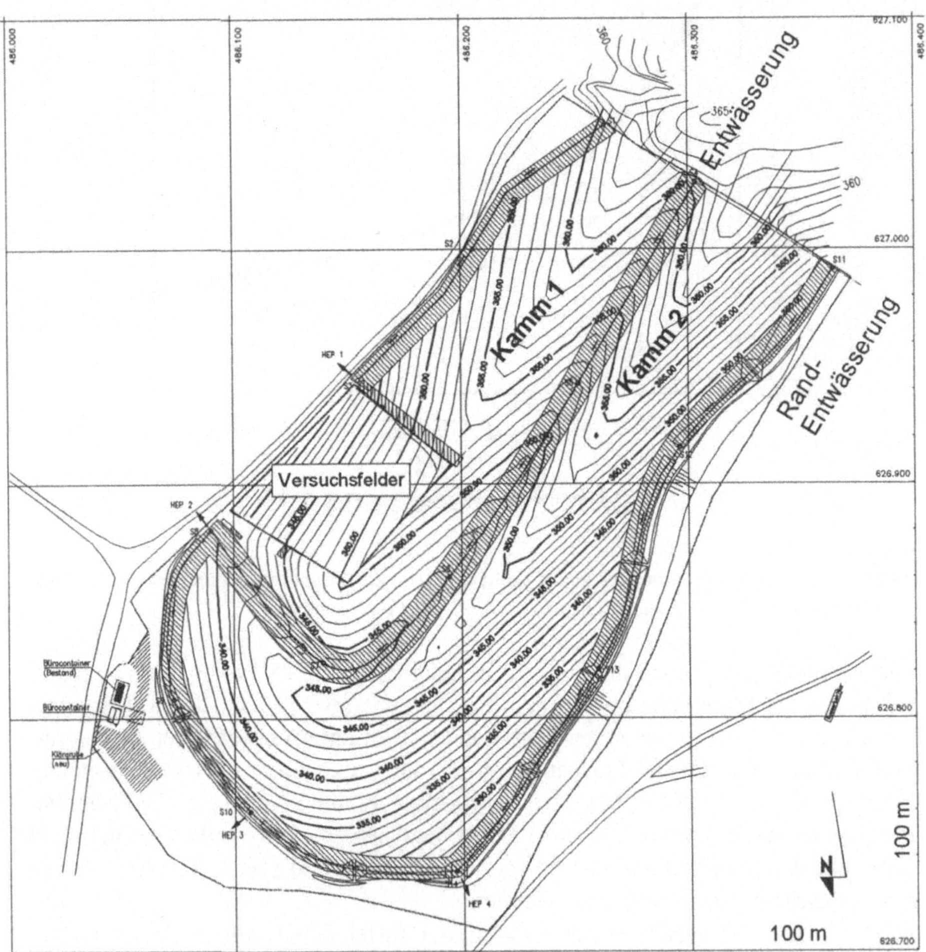

Abb. 22 Topograhie der Deponie „Am Stempel" nach Fertigstellung der Oberflächenbarriere

Rings um die Deponie wird eine Randentwässerung nach Abb. 23 auf setzungsfreiem Untergrund außerhalb der Ablagerungsgrenze hergestellt. In dem durch Umlagerung aus dem Plateaubereich entstandenen Tal wird eine Mittelrigole liegen, die mit der technischen Gestaltung der Randentwässerung prinzipiell identisch ist, jedoch von beiden Hangseiten angeströmt wird (Abb. 24).

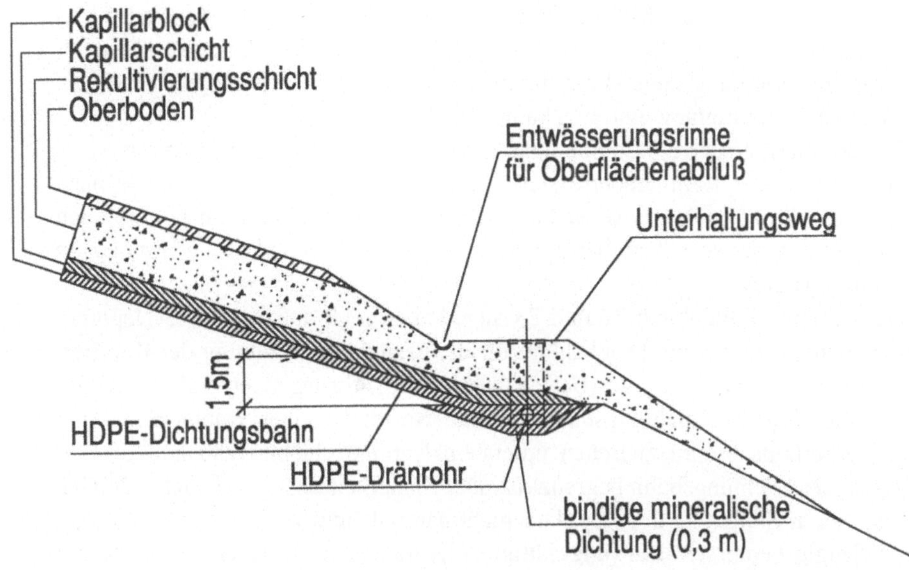

Abb. 23 Randentwässerung eines einfachen Kapillarsperrensystems

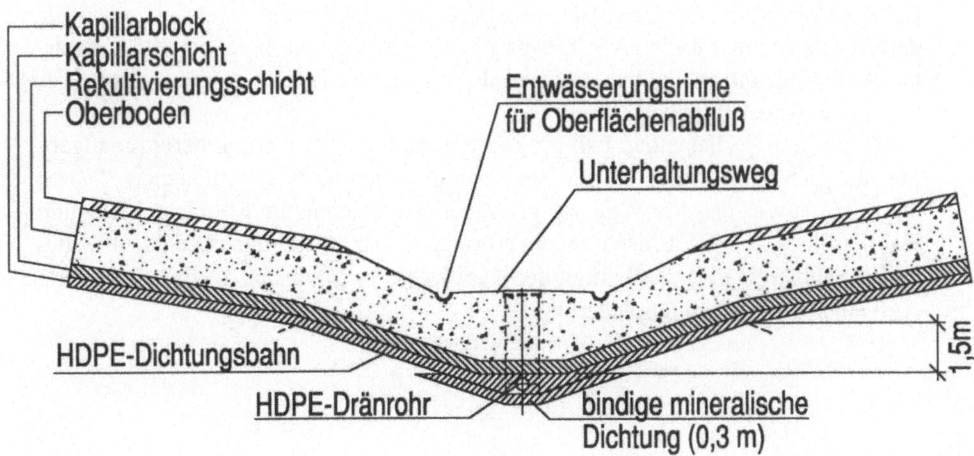

Abb. 24 Zweiseitig angeströmte Wasserfassung beim einfachen Kapillarsperrensystem

Die Wasserfassungen für Kapillarsperrensysteme unterscheiden sich zur Berücksichtigung der ungesättigten Strömung strenggenommen nur in einem, jedoch sehr wesentlichen Punkt von den herkömmlichen Systemen. Wasser kann nicht durch ein einfaches Dränrohr direkt aus einem wasserungesättigten Boden entnommen werden, da sich gegen die Luft im Dränsystem infolge der Kapillarität des Bodens Menisken ausbilden, die das Bodenwasser zurückhalten. Dies dauert so lange an, bis sich am Übergang zum Dränrohr nahezu gesättigte Bedingungen einstellen und Wasser in die Leitung eintreten kann.

Bei der Kapillarsperre bestünde dann die Gefahr, daß sich kurz oberhalb einer Dränleitung in der Kapillarsperre stark gesättigte Zonen einstellen, die je nach Böschungsneigung mehrere Meter hangaufwärts reichen. Hierdurch könnte auch eine optimal bemessene Kapillarsperre noch vor der Wasserfassung unnötig an Effizienz verlieren.

Wie in den Abbildungen 22 und 23 angedeutet, muß außerhalb des Deponiekörpers daher eine sichere Möglichkeit für die gezielte Aufsättigung der Kapillarsperre über dem Dränrohr geschaffen werden. Im vorliegenden Fall wird dies durch eine Kunststoffdichtungsbahn erreicht. Sie bildet einen Raum, der durch einen Sicherheitsabstand zwischen unterstem Kapillarschichtniveau und Einbindegraben der Dichtungsbahn begrenzt ist. Der Sicherheitsabstand richtet sich nach der kapillaren Steighöhe des Kapillarschichtmaterials und wird in der Regel relativ großzügig bemessen. Ein (ungesättigter) hydraulischer Kurzschluß kurz oberhalb der Wasserfassung ist somit ausgeschlossen. Die Wasserfassungen können in der skizzierten Form gasdicht ausgeführt werden und sind überfahrbar.

Die Abflüsse vom Barrieresystem werden zu einem Rückhalte- und Versickerungsbecken in einem Waldstück geführt.

4.6 Kosten

Bei der Herstellung der Oberflächenbarriere mit Kapillarsperre werden gegenüber den Regelsystemen nach TASI Einsparungen in Höhe von 25 % bis 30 % erwartet. Aufgrund unterschiedlicher Materialverfügbarkeit ist eine exakte Angabe der Herstellungskosten jedoch schwierig.

Die für den vorliegenden Fall prognostizierte hohe Einsparung beruht maßgeblich auf dem einfachen Aufbau des Dichtungselementes „Kapillarsperre" (vgl. Abb. 25) sowie der Verwendung günstiger Materialien für Kapillarschicht und Kapillarblock. Große Einsparungen erbringt ferner die einfache, nahezu witterungsunabhängige Herstellbarkeit der Kapillarsperre sowie der deutlich reduzierte Aufwand für die Qualitätssicherung.

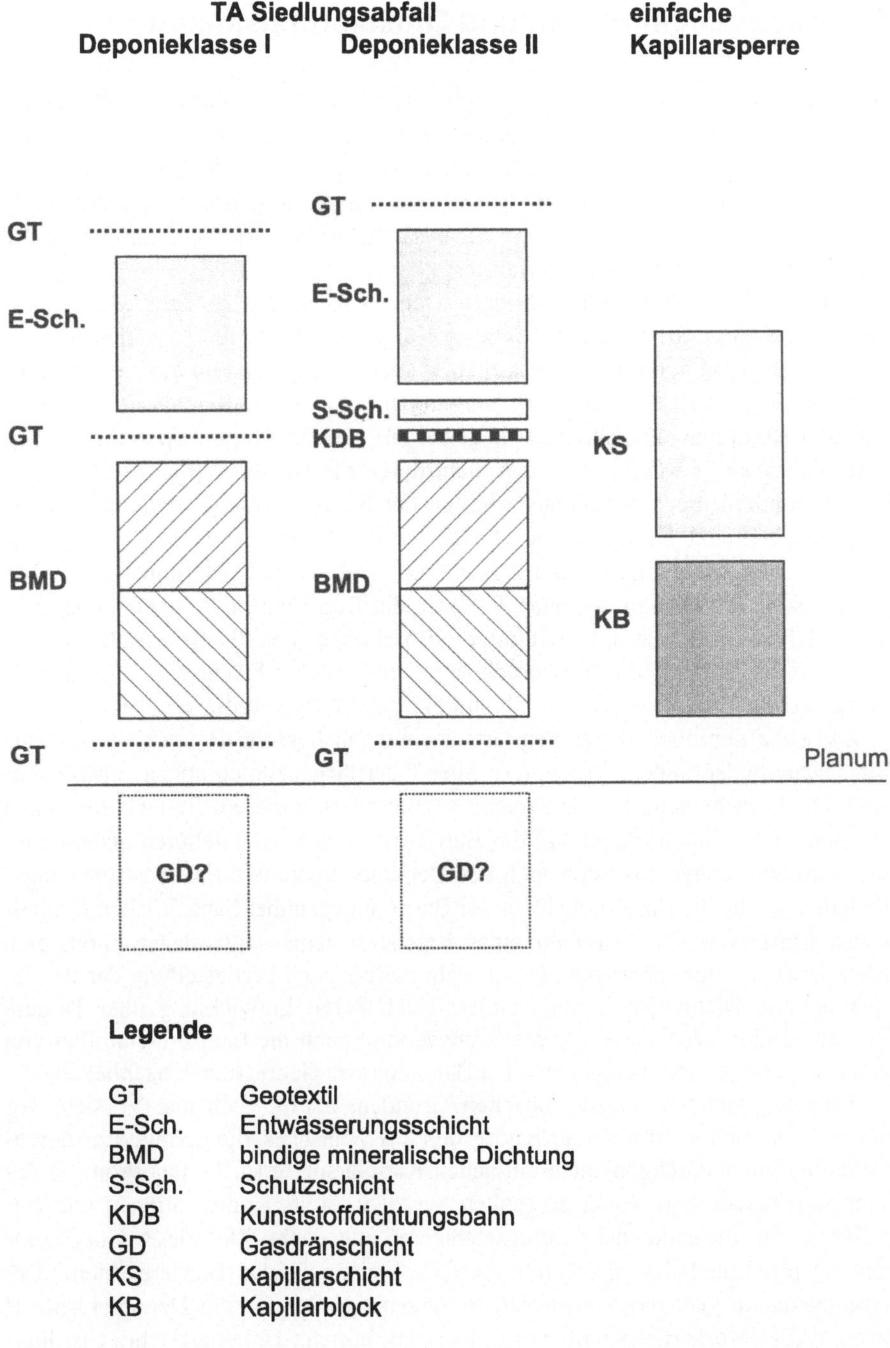

Abb. 25 Aufgelöste Darstellung von Dichtungselementen in Oberflächenbarrieren (ohne Rekultivierungsschicht)

5 Anwendungsgrenzen und Optimierungsansätze

Gegenüber herkömmlichen Oberflächenbarrieren entfalten Kapillarsperrensysteme mit zunehmender Hangneigung ihre wirtschaftlichen und technischen Vorteile. Bei flachen Böschungen sind auch Kapillarsperren grundsätzlich noch wirksam. Die geringen Neigungen erlauben jedoch nur vergleichsweise kurze Feldlängen. Hierdurch erhöht sich der Aufwand für zusätzliche Wasserfassungen, welche die Wirtschaftlichkeit des Systems gefährden können.

Herkömmliche Oberflächenbarrieren nach TASI werden ab einer Mindestneigung von 5 % (1:20) realisiert. Einfache Kapillarsperrensysteme werden je nach Materialeigenschaften und Systemaufbau erst ab Neigungen von rd. 1:15 bis 1:10 wirtschaftlich. Die Obergrenze der Neigungen für bindige mineralische Dichtungen und Kombinationsdichtungen liegt bei rd. 1:3. Bei Kapillarsperrensystemen wird die zulässige Maximalneigung nicht durch die Dichtung (hier die Kapillarsperre) sondern die Materialeigenschaften der Rekultivierungs- und Ausgleichsschichten begrenzt. Neigungen von bis zu 1:2 sind technisch realisierbar. Zumeist sind Böschungsneigungen von 1:2,5 bereits ein Ausschlußkriterium für die Anwendbarkeit von Dichtungen nach TASI. In der Regel wird der Deponiekörper in diesen Fällen massiv umprofiliert, um die Böschungen abzuflachen. Häufig ist mit dieser Umprofilierung die Inanspruchnahme zusätzlicher Flächen am Böschungsverfuß verbunden, die wirtschaftlich und ökologisch fragwürdig sein kann.

Zwischen den oben skizzierten Grenzneigungen liegt ein Bereich, in dem aus Standsicherheitsgründen prinzipiell alle Oberflächenabdichtungen anwendbar sind. Die Entscheidung für ein System ist zumindest in diesem Bereich zu stützen auf potentielle Einwirkungen auf das Barrieresystem. Hierzu gehören insbesondere die Einwirkungen aus Setzungen des Deponiekörpers und das Austrocknungsverhalten sowie die Empfindlichkeit der Barriere gegenüber bauzeitlichen klimatischen Einflüssen. Die Auswahl eines Barrieresystems sollte daher durch eine Risikoanalyse abgesichert sein, in der nicht nur die nach Fertigstellung der Barriere mögliche Dichtungswirkung sondern auch deren Entwicklung über längere Zeiträume abgeschätzt wird. Diese Analyse muß auch die Langzeit-stabilität von zunächst untergeordnet erscheinenden Bauteilen wie Geotextilen einschließen.

Teils aus genehmigungstechnischen Gründen, häufig auch aus Vorsicht vor neuer Technologie, mitunter auch aufgrund des Wunsches, die geringe Restdurchsickerung einer durchgeplanten einfachen Kapillarsperre (u. U. nur Promille des Jahresniederschlages) weiter zu senken, wurden bereits Kombinationen von Kapillarsperren mit anderen Dichtungselementen angedacht. Ziel dieser Überlegungen ist prinzipiell die Installation von Redundanz in das Barrieresystem. Der Grundgedanke geht davon aus, daß Redundanz in der für die Deponieklasse II nach TASI geforderten Kombinationsdichtung besteht. Unberücksichtigt ist hierbei die Tatsache, daß auch die Kombinationsdichtung noch Restdurchlässigkeiten aufweist und daß das Austrocknungsverhalten der bindigen mineralischen Komponente unter der Kunststoffdichtungsbahn noch nicht abgesichert erforscht ist.

Ein Kapillarsperrensystem besteht aus den zwei Hauptkomponenten Kapillarsperre und Rekultivierungsschicht und ist somit ebenfalls prinzipiell zweistufig aufgebaut. Die obersten Dezimeter der relativ mächtigen Rekultivierungsschicht werden dem Einfluß der Witterung und des Bewuchses ausgesetzt. Die Anforderungen an eine konstante Materialqualität sind vergleichsweise gering. Der untere Bereich der Rekultivierungsschicht entzieht sich jedoch einer direkten und massiven Einwirkung von Wurzeln sowie Niederschlagsspitzen und stellt somit gewissermaßen eine mineralische Barriere mit geringen Qualitätsansprüchen dar, die absickernde Wässer aus Niederschlägen vergleichmäßigt nach unten weitergibt. Die gemessenen Kapillarschichtabflüsse zeigen, daß die jährlichen Durchsickerungen der Rekultivierungsschicht in der Größenordnung liegen, die für eine einfache mineralische Barriere nach TASI zulässig sind. Erst die Kapillarsperre reduziert die Restdurchsickerung auf das oben genannte geringe Maß.

In Anbetracht der Tatsache, daß derzeit noch nicht sicher angegeben werden kann, welche lokale Zusickerung eine Kapillarsperre schadlos aufzunehmen vermag, sollten Dichtungselemente, die lokale Schäden aufweisen können (Dichtungsbahnen, bindige austrocknungsgefährdetete mineralische Dichtungen, etc.) nicht über sondern unter Kapillarsperren eingebaut werden. Gelegentlich wird als Begründung für den obenliegenden Einbau einer Dichtungsbahn die wurzelhemmende Wirkung dieses Elementes genannt. Diese Begründung erscheint angesichts der Tatsache, daß Wurzeln die Kapillarsperre nicht zerstören und daß sich bei geeigneter Auslegung der Rekultivierungsschicht (Qualität und Mächtigkeit) kein tiefes Wurzelwachstum einstellt, nicht sinnvoll.

6 Zusammenfassung und Ausblick

Als Oberflächenbarriere für die gesamte 5 Hektar große ehemalige Hausmülldeponie „Am Stempel" des Landkreises Marburg-Biedenkopf wurde im Sommer 1998 ein einfaches Kapillarsperrensystem bestehend aus 0,3 m Kapillarblock, 0,4 m Kapillarschicht und 2 m Rekultivierungsboden genehmigt. Die erstmals in Hesssen ausgesprochene Genehmigung einer Kapillarsperre für eine Gesamtdeponie basiert auf einer Planung, in der alle standortspezifischen Gegebenheiten der Altlast „Am Stempel" berücksichtigt wurden. Die hauptsächlich auf der Verwendung von rolligen Materialien beruhenden besonderen Eigenschaften des einfachen Kapillarsperrensystems finden hierbei eine gezielte Anwendung:

- standsichere Herstellung der Oberflächenbarriere auf steilen Hängen
- ausgedehnter Bauzeitraum vom Frühjahr bis Spätherbst durch nahezu witterungsunempfindliche Herstellbarkeit
- Verzicht auf Geotextilien zur Trennung von einzelnen Bodenlagen durch komplett filterstabilen Aufbau der Barrierekomponenten
- einfache Realisierung von Barriereanschlüssen an den heutigen Bestand und das umgebende Gelände durch Anschüttung, teilweise Dränmaßnahmen

- einfache Integration von rd. 25 Gas- und Sickerwasserbrunnen
- gasdichter Abschluß der Oberflächenbarriere durch überlagernde Rekultivierungsschicht, Möglichkeit der Nutzung der Kapillarsperre als Gasdrän nach Stillegung der heutigen Gaserfassungssysteme

Die Profilierung des Deponiekörpers wurde im Herbst 1998 abgeschlossen. Nach Fertigstellung der Anlagen zur Gas- und Sickerwasserbehandlung wird der Bau der Oberflächenbarriere im Jahre 1999 aufgenommen. Im direkten Anschluß an den Barrierebau ist noch für 1999 die Rekultivierung der Deponie geplant.

Das Beispiel der Deponie „Am Stempel" verdeutlicht, daß sich ein einfaches Kapillarsperrensystem hervorragend zur Oberflächenabdichtung von Deponien und Altlasten eignet, sofern die Topographie des Abfallkörpers ausreichende Neigungen besitzt und damit eine wirtschaftliche Installation der Barriere ermöglicht. Unter diesen Voraussetzungen sind Kosteneinsparungen von bis zu rd. 30 % gegenüber vergleichbaren Barrieren nach TA Siedlungsabfall möglich. Die Übertragung der beschriebenen Erkenntnisse auf andere Standorte ist prinzipiell möglich, im Einzelfall jedoch sorgfältig zu prüfen.

Grundsätzlich sollten Regelsysteme nicht als absolut zwingend aufgefaßt werden. Vielmehr sollte die Gesamtwirkung einer Barriere unter dem Aspekt der Gefahrenabwehr eingeschätzt werden. Durch Messungen auf der Deponie „Am Stempel" ist belegt, daß ein einfaches Kapillarsperrensystem die Dichtungswirkung redundanter Systeme nach TASI ereichen kann. Die Effizienz einer Oberflächenbarriere sollte generell möglichst durch Messungen der Restabsickerung zum Deponiekörper laufend kontrolliert werden. Hierfür eignen sich insbesondere Lysimeter in ausgesuchten Teilflächen, die mit dem Bau der Barriere hergestellt und im Rahmen der Eigenkontrollen des Betreibers kontinuierlich beobachtet werden.

7 Literatur

[1] Bundesanzeiger (1993): TA Siedlungsabfall - Dritte Allgemeine Verwaltungsvorschrift zum Abfallgesetz - Technische Anleitung zur Verwertung, Behandlung und sonstigen Entsorgung von Siedlungsabfällen.

[2] Jelinek, D. (1993): Probebau einer Kapillarsperre auf der Deponie „Am Stempel", Wasser und Boden 45, H. 4, S. 242 - 264.

[3] Jelinek, D.; von der Hude, N. (1994): Kapillarsperrensysteme auf der Deponie „Monte Scherbelino" - vier Alternativen im Test, Wasser und Boden 46, H. 11, S. 60 - 65.

[4] Jelinek, D. (1994): Pilotprojekt Kapillarsperre auf der Altdeponie „Am Stempel" - Felduntersuchungen zur Langzeitsicherheit eines einfachen Kapillarsperrensystems. Status-Seminar Sicherung von Altlasten - Erfahrungen und Empfehlungen, 5. bis 7. September 1994, BMFT-UBA-Bundesumweltministerium, Hamburg.

[5] Jelinek, D. (1995): Sealing properties of five different capillary barrier systems on German landfills under natural climatic conditions. Sardinia ´95, fifth international landfill symposiom, proceedings, Vol. II, S. 555 - 564.

[6] Jelinek, D. (1996): Die Kapillarsperre als Oberflächenbarriere für Deponien und Altlasten - Langzeitstudien und praktische Erfahrungen in Feldversuchen. Dissertation im Fachbereich Bauingenieurwesen der TU Darmstadt, Mitteilungen des Instituts für Wasserbau und Wasserwirtschaft der TU Darmstadt, H. 97.

[7] Korn-Wendisch, F.; Pfeifer, F. (1996): Mikrobiologische Untersuchung der Kapillarsperre auf der Deponie „Am Stempel". Bericht des Instituts für Mikrobiologie und Genetik der TU Darmstadt für das Institut für Wasserbau und Wasserwirtschaft, unveröffentlicht.

[8] Melchior, S. (1993): Wasserhaushalt und Wirksamkeit mehrschichtiger Abdecksysteme für Deponien und Altlasten. Dissertation im Fachbereich Geowissenschaften der Universität Hamburg, Hamburger Bodenkundliche Arbeiten, 22.

Erfahrungen bei dem 3-jährigen Betrieb des Kapillarsperren-Testfeldes auf der Deponie Karlsruhe-West

Zischak, R., Dr. rer. nat.
Baugrundinstitut
Dr.-Ing. Georg Ulrich
früher:
Lehrstuhl für Angewandte Geologie
Abteilung Hydrogeologie
Universität Karlsruhe

1 Einleitung

1.1 Administrative Regelungen

Die TA Siedlungsabfall (TA-Si BMFT 1993) reguliert in der Bundesrepublik Deutschland die Abdichtung von Deponien und Altlasten nach dem Stand der Technik. Die Abdichtung an der Oberfläche, der Grenzfläche zur Atmosphäre, soll gemäß den Vorgaben der TA-Si innerhalb des Multibarrierenkonzepts mittels eines Abdichtungssystems erfolgen, das als Kernelement die Kombinationsabdichtung -eine mineralische Dichtung mit einer im Preßverbund aufliegenden Kunststoffdichtungsbahn (KDB)- beinhaltet. Die Hauptzielsetzungen sind die Unterbindung bzw. Minimierung von gasförmigen Emissionen in die Atmosphäre und von Immissionen des Niederschlags in den Deponiekörper. Zur Verwirklichung dieser Ziele wurde als Stand der Technik die Kombinationsabdichtung als redundantes Regelsystem vorgeben, da die KDB als absolute Kovektionssperre sowohl für Infiltrationswasser als auch für Gasemissionen dient. Bei einem Verlust der Funktionsfähigkeit der KDB soll die darunter liegende mineralische Dichtungskomponente diese Aufgaben über lange Zeiträume wahrnehmen.

1.2 Alternative Systeme

Die TASi erlaubt ausdrücklich unter 10.4.1.1 den Einsatz von gleichwertigen Abdichtungssystemen. Die Definition der Gleichwertigkeit bzw. der Nachweis der Gleichwertigkeit ist seit langer Zeit ein Diskussionspunkt in der Deponietechnik.

Die Grundsätze für den Eignungsnachweis von Dichtungselementen in Deponieabdichtungssystemen (DIBt 1995) konnten mehr Klarheit verschaffen und können
den bauausführenden Ingenieuren und den Genehmigungsbehörden als Orientie-
rungsgrundlage dienen. Dennoch besteht in der Realität weiterhin im Hinblick auf
die Vorgaben der TA-Si eine Entscheidungsunsicherheit oder ein Handlungsvaku-
um hinsichtlich der Verwirklichung von alternativen System-Kombinationen.

Generell resultiert das Bestreben ein alternatives Oberflächenabdichtungssystem zu projektieren aus technischen und finanziellen Randbedingungen. Zum
einen können spezielle vor-Ort-Gegebenheiten die Realisierung des Regelsystems
der TASi behindern, wie z.B. Steilheit der Böschungsflanken, Einhalten von topo-
graphischen Vorgaben und auch die Materialverfügbarkeit für die mineralische
Dichtungskomponente. Der letzt genannte Punkt involviert bereits die ökonomische Seite einer Abdichtungsmaßnahme. Das Aufbringen einer Oberflächenabdichtung gemäß der TASi stellt einen der kostenintensivsten Schritte zur Sicherung
einer Deponie dar. Die Kosten schätzen BURKHARDT & EGLOFFSTEIN (1994) auf
177 DM/m² incl. Qualitätssicherung. Vor dem Hintergrund leerer Haushaltskassen
richtet sich das Augenmerk auf kostengünstigere, alternative Systeme. Theoretisch
denkbar ist jede Kombination von Elementen, die eine Abdichtungswirkung bei
gleichzeitiger Erfüllung der übrigen Vorgaben aufzeigen. Die Kapillarsperre ist
eine kostengünstige und wirkungsvolle Alternative zur Abdichtung von Deponien.
Zur Steigerung der Akzeptanz von Kapillarsperrensystemen sind praktische Erfah-
rungsberichte unverzichtbar.

2 Fallbeispiel Hausmülldeponie Karlsruhe-West

2.1 Historie und Problemstellung

Die Hausmülldeponie (HMD) Karlsruhe-West ist die zentrale Hausmülldeponie
der Stadt Karlsruhe. Sie wurde in der Rhein-Niederung ca. 2 km oberstromig vom
Rhein als Vorfluter ohne Basisabdichtung angelegt. Das hydrogeologische Setting
hat bei Grundwasserhochständen ein aktives Durchfließen der tiefsten Deponiebereiche zur Folge. Daraus resultierend wurden abstromig deponiebürtige Grundwas-
serkontaminationen detektiert, worauf ein umfassendes Sicherungs- und Sanie-
rungskonzept für die Deponie entworfen wurde. Darin kommt der Abdeckung der
verfüllten Deponiebereiche mit einem Oberflächenabdichtungssystem eine zentrale
Bedeutung zu.
Die durchschnittlichen Neigungswinkel der Deponieböschungen betragen 1:2,3
(23,5°), wodurch die Hangstabilität einer Kombinationsabdichtung nicht ausreichend gewährleistet ist. BURKHARDT & EGLOFFSTEIN (1994) UND MÜLLER &
AUGUST (1996) geben die Grenzneigung für die Ausführung einer Kombinationsdichtung bei ausreichender Sicherheit mit 1:2,5 (21,7°) an. Aus diesem Grund
entschloß sich die Stadt Karlsruhe eine alternatives System zur Abdichtung aufzubringen.

2.2 Alternatives Oberflächenabdichtungssystem

Auf der Basis einer umfassenden Vorstudie (INGENIEURBÜRO ROTH & PARTNER 1991) entschied sich die Stadt Karlsruhe (Amt für Abfallwirtschaft) ein Oberflächenabdichtungssystem mit einer verstärkten mineralischen Dichtung und einer untenliegenden Kapillarsperre (Abb. 2.1) zu projektieren. Weiterhin abweichend zu den Vorgaben der TA-Si wurde die Mächtigkeit des oberen Kiesflächenfilters von 30 cm auf 15 cm reduziert.

Zentraler Bestandteil des geforderten Nachweises der Gleichwertigkeit ist eine Wasserbilanz des alternativen Systems. Zu diesem Zweck wurde in einem 1993 erstellten 2,2 ha großen Testfeld ein Großlysimeter von 400 m² integriert.

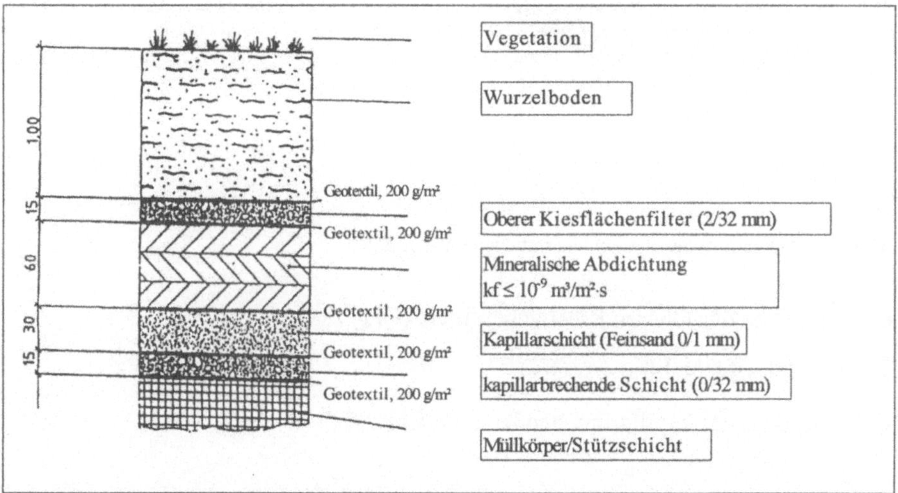

Abb. 2.1 Projektierter Regelaufbau des alternativen Abdichtungssystems

Der Lysimeter (Abb. 2.2) wurde mit diversen Meßeinrichtungen zur Erfassung definierter Schichtabflüsse, der Bodenfeuchte und des Niederschlagsinputs ausgestattet. Die Messungen begannen im Herbst 1993 und wurden kontinuierlich bis heute fortgeführt. Hier werden die Ergebnisse der 3-jährigen Meßperiode von 1994 bis 1996 vorgestellt.

2.3 Ergebnisse

2.3.1 Abflußregime

Die Abflußmessungen beschränkten sich auf die Erfassung des

- Oberflächenabflusses (Q_{Surf})

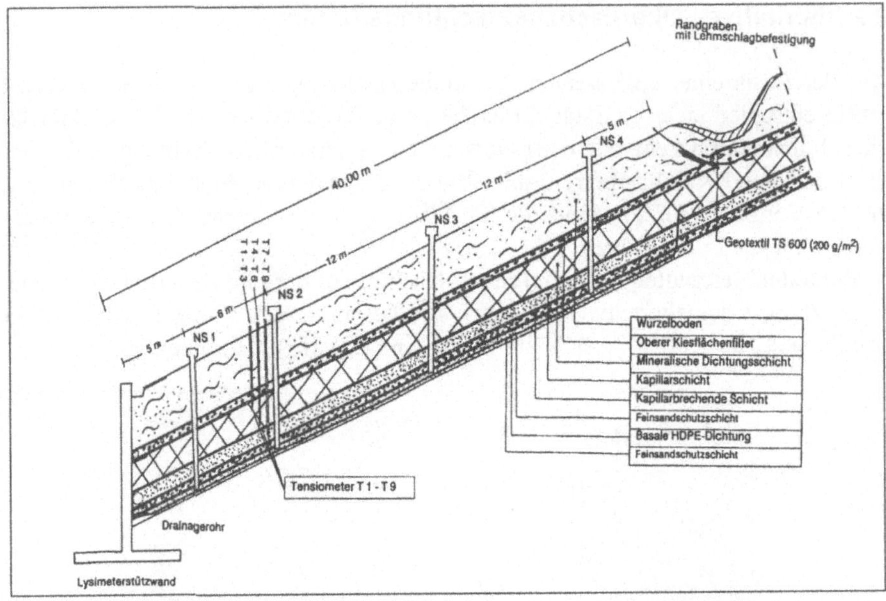

Abb. 2.2 Querschnitt des Lysimeters mit Meßeinrichtungen

- Abflusses des Oberen Kiesflächenfilters (Q_{OKF})

- Kapillarschichtabflusses (Q_{KS})

- Abflusses der kapillarbrechenden Schicht (Q_{KBS}).

In Abb. 2.3 sind alle Abflußkurven einschließlich der Anfangsphase (Herbst 1993) in Relation zu der Niederschlagsverteilung wiedergegeben.

Trotz der steilen Böschungen treten nur über die Sommermonate signifikante Oberflächenabflüsse auf, die aus diskreten Starkregenereignissen resultieren. Dies liegt zum einen darin begründet, daß die Lysimeterfläche sehr früh und intensiv begrünt wurde und der oberflächenparallele Interflow, der hydrologisch zum Oberflächenabfluß zu zählen ist, nicht separat, sondern zusammen mit dem Abfluß aus dem oberen Kiesflächenfilter erfasst wird.

Der hydraulische Nachweis zur Dimensionierung der reduzierten Mächtigkeit (s. Kap. 2.2) wurde bereits im Genehmigungsverfahren und im Nachweis der Systemgleichwertigkeit (Stadt Karlsruhe 1994) mit einer 18-fachen Sicherheit geführt. Hydraulische Flutungsversuche zur Untersuchung potentieller Randumläufigkeiten zeigten bei einer 7,5-fachen Belastung der maximal gemessenen Abflußintensitäten (70 l/10 min) keinerlei Auf- oder Rückstau im Flächenfilter, was als experimenteller Nachweis für die ausreichende Dimensionierung zu werten ist.

Über die gesamte Meßperiode fließen im oberen Kiesflächenfilter durchschnittlich 11,2 % des Gesamtniederschlags ab.

Resümierend kann festgehalten werden, daß die verringerte Mächtigkeit des Kiesflächenfilters zur sicheren Dränierung ausreichend ist und die hydraulische Belastung auf die mineralische Dichtungsschicht und dadurch die potentielle Durchsickerung signifikant minimiert.

Die aus homogenem Feinsand (Körnung 0/1) mit steiler Sieblinie bestehende Kapillarschicht hat die Aufgabe, möglichst 100 % der Durchsickerung durch die mineralische Dichtungsschicht abzuführen. Damit sollte sie den optimalen Kompromiß zwischen den konkurrierenden Eigenschaften Sickerwasserretention und hydraulische Leitfähigkeit darstellen.

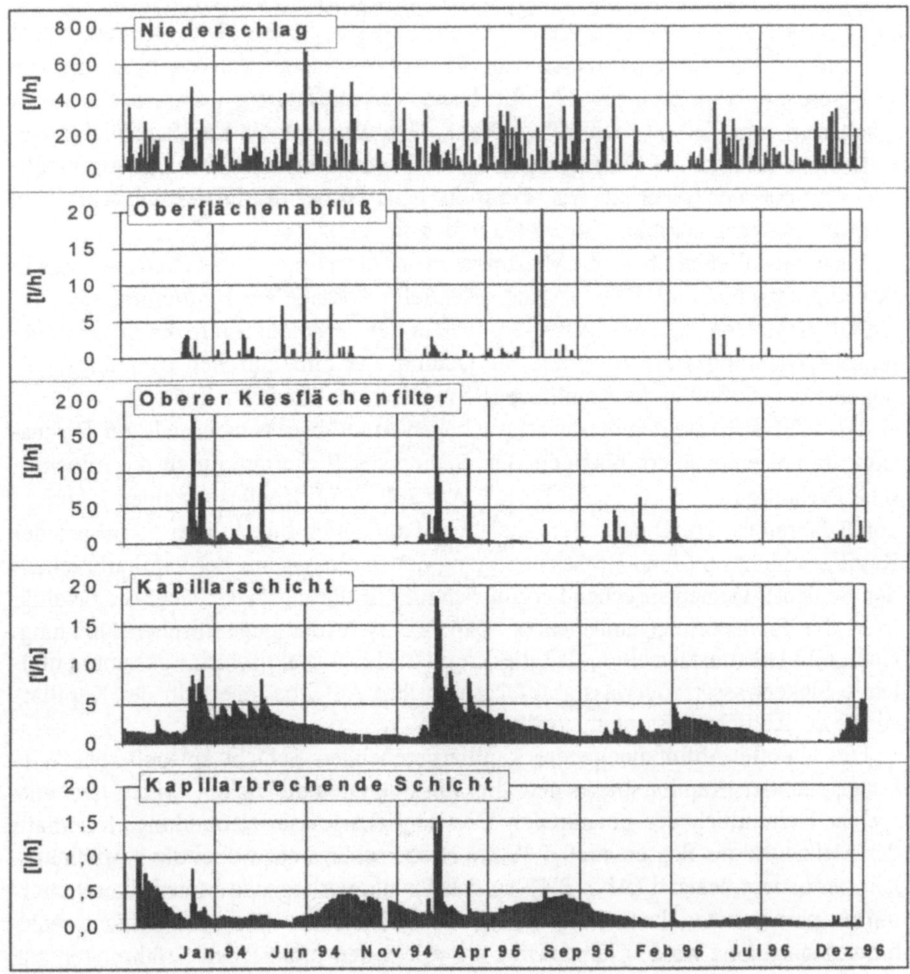

Abb. 2.3 Gesamtes Abflußgeschehen des alternativen Systems der HMD Karlsruhe-West in l/h (mit unterschiedlicher Skalierung der Abflußintensität)

Abb. 2.3 und 2.4 zeigen die Abflußganglinie der Kapillarschicht über den gesamten Meßzeitraum. Deutlich bildet sich ein jahreszeitlicher Gang derart ab, daß über die Hauptniederschlagsperiode (Nov/Dez bis April) die höchsten Abflußintensitäten vorliegen. Hierbei zeigt sich ein diskontinuierlicher Verlauf, der auf Niederschlags- bzw. Sickerwasseraktivität unterschiedlicher Intensität zurückzuführen ist. Im Anschluß an diese hohe Abflußaktivität kommt es zu einem Abflußverhalten, das mit einer Speicherleerlaufkurve zu vergleichen ist (Mai bis Okt/Nov). Im Winterhalbjahr deutet sich dies ebenfalls über kürzere Zeiträume nach Abklingen von singulären Spitzen an.

Die Abschätzung des durchflußwirksamen, nutzbaren Porenvolumens aus der Speicherleerlaufkurve ergibt Werte zwischen 10,2 und 9,2 Vol-%. Dies entspricht bei einem Gesamtporenvolumen von 45 Vol-% einem relativen hydraulischen Dränpotential von 20,4 bis 22,7 %. Diese verhältnismäßig geringen Potentiale resultieren zum Teil aus dem relativ hohen Schluffanteil des Kapillarschichtmaterials. Eine quantitative Verbesserung dieses Parameters stellt ebenfalls ein mögliches Optimierungskriterium dar und sollte generell bei der Dimensionierung von Kapillarsperrenmaterialien Berücksichtigung finden (ZISCHAK 1997).

Insgesamt fließen über den Meßzeitraum im Mittel 6,4 % des Niederschlags in der Kapillarschicht ab. Dies ist eine essentielle Aussage zur Beurteilung des Abdichtungssystems, da dieser Anteil äquivalent der Perkolationsrate durch die mineralische Dichtungsschicht ist, d.h. die Qualität der mineralischen Dichtungskomponente den Zufluß in die Kapillarsperre reguliert und limitiert. ZISCHAK & HÖTZL (1994, 1996 a+b) stellten diesen relativ hohen Anteil bereits mehrmals zur Diskussion, da bei einer überschlägigen Berechnung der Sickerrate durch die mineralische Dichtung ($k_f = 5 \cdot 10^{-10}$ m/s; i = 1,1; A = 360 m² horizontal) für einen Zeitraum von 3 Jahren ca. 20 m³ perkolieren dürften. Tatsächlich flossen aber 59 m³ aus der Kapillarschicht ab (ohne Berücksichtigung des Abflusses aus der kapillarbrechenden Schicht). Dementsprechend ergibt sich hier Erklärungsbedarf über die Qualität bzw. die Transportmechanismen (s. Kap. 2.3.3) in der mineralischen Dichtung. Generell bleibt festzustellen, daß die Kapillarschicht praktisch das gesamte anfallende Sickerwasser zuverlässig abführt und ihre Aufgabe innerhalb der Kapillarsperre als Abdichtungssystem erfüllt.

Die laterale Abflußmenge der kapillarbrechenden Schicht spiegelt den Wirkungsgrad der Kapillarsperre und die Gesamtsystemdichtigkeit wider und entspricht letztendlich der potentiellen Deponiesickerwasser-Neubildung. Innerhalb des Meßzeitraums flossen ca. 0,5 % des Niederschlags ab, wobei die Abflußtätigkeit permanent bestand (Abb. 2.4), so daß für die vorliegende Materialkombination ein permanenter, latenter Übertritt von Sickerwasser über die Schichtgrenze hinweg postuliert werden kann. Dies entspricht den praktischen Erfahrungen zur Funktionsweise einer Kapillarsperre, obwohl bei einer optimalen Dimensionierung der Materialien nur geringste Sickerwassermengen die Grenzschicht passieren und lediglich das Adhäsionswasser ergänzen. Ein meßbarer Abfluß sollte ausschließlich durch ein Versagen bei hydraulischer Überlastung auftreten. Der Mechanismus für den latenten Übertritt ist noch nicht erforscht. Zur Diskussion stehen einzelne, mikroskopisch kleine Wasserwegigkeiten oder hydraulisch verbundene

Wasserfilme um die Körner der Schichten. Denkbar ist für die Deponie-West, daß durch die zu großen Schluffanteile und das zu breite Körnungsband der kapillarbrechenden Schicht (Körnung 0/32 mm) eine gewisse Homogenisierung des Porensprungs vorliegt und dadurch die Wasserhüllen beider Schichten eine bessere hydraulische Verbindung besitzen. Dies trägt maßgeblich zu der sinusförmigen Erhöhung der Abflußintensitäten über den Sommer bei, wo ein temperaturinduzierter Wasserdampftransport über die Schichtgrenze hinweg zu erhöhten Abflüssen aus der kapillarbrechenden Schicht führt (KÄMPF 1995; KÄMPF & v.d. HUDE 1995 und ZISCHAK & HÖTZL 1994).

Extremereignisse, die einen Durchbruch und das Versagen der Kapillarsperrenwirkung anzeigen, traten während der Meßperiode parallel zu den Spitzenabflußintensitäten der Kapillarschicht auf. Lediglich ein Extremniederschlagsereignis vom Juli 1995 (s. Abb. 2.4) zeigt einen Durchbruch während des Sommerhalbjahres an.

2.3.2 Kapillarsperre

Die Kapillarsperre als innovatives, alternatives Abdichtungselement in der Deponietechnik soll an dieser Stelle einer gesonderten Betrachtung unterzogen werden. Die bodenphysikalischen Randbedingungen zur Dimensionierung einer Kapillarsperre sind aus theoretischen Laboruntersuchungen bis auf Detailprobleme weitestgehend bekannt (v.d. HUDE 1991, JELINEK 1996, MELCHIOR et al. 1995 und 1996, WOHNLICH 1991), so daß in Zukunft das Hauptaugenmerk auf Untersuchungen unter realen Feldbedingungen liegen wird. Aus den veröffentlichten Felduntersuchungen (Jelinek 1996, MELCHIOR 1993, SCHNATMEYER & WAGNER 1996, ZISCHAK 1997) läßt sich in Abhängigkeit von den ortsspezifischen Randbedingungen eine generelle gute Funktionalität der Kapillarsperren als Abdichtungssystem ableiten.

Die Kapillarsperre auf der Deponie-West zeigt über den Bilanzierungszeitraum einen durchschnittlichen Wirkungsgrad von 87 %.

Trotz der aufgezeigten Phänomene vor dem Hintergrund der nicht optimal dimensionierten Kapillarsperrenmaterialien und den singulären Durchbruchsereignissen kann festgestellt werden, daß die Kapillarsperre auf der Deponie-West ihre Funktion als nachgeschaltete Abdichtungskomponente erfüllt.

2.3.3 Synchrones Abflußverhalten über die mineralische Dichtung

Die mineralische Dichtungskomponente stellt in der Deponietechnik die zentrale Abdichtungseinheit und Schadstoffbarriere dar. Sie ist in den Regelwerken zur Abdichtung von Deponien (TA-Abfall und TA-Siedlungsabfall) wegen ihrer universellen Akzeptanz in jeder Systemvariante vertreten. Aus diesem Grund wurde auch die Kapillarsperre in Karlsruhe in Redundanz mit einer mineralischen Dichtungskomponente ausgeführt, um die genehmigungsrechtliche Aktzeptanz des alternativen Systems zu erhöhen.

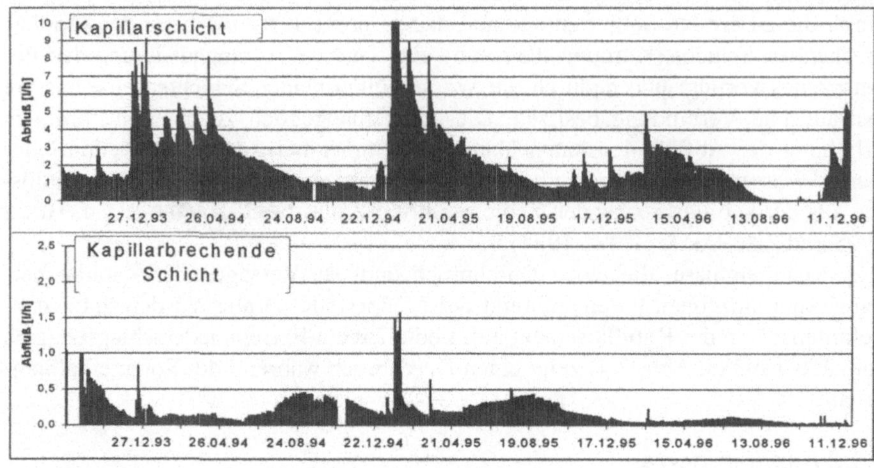

Abb. 2.4 Abflüsse aus der Kapillarsperre in l/h

In den letzten Jahren beschäftigten sich vermehrt Untersuchungen mit dem Austrocknungsverhalten von mineralischen Dichtungen in Oberflächenabdichtungssystemen (Melchior et al. 1994, Vielhaber 1995) und in Basisabdichtungen (Gottheil & Brauns 1995, Stoffregen et al. 1995), da eine Wassergehaltsabnahme der mineralischen Dichtungskomponente zum Versagen der Dichtwirkung durch Schrumpfrißbildung führt. Vor dem Hintergrund dieser Diskussion soll an dieser Stelle das bereits in Kap. 2.3.2 erwähnte Perkolationsverhalten der mineralischen Dichtungsschicht detaillierter erörtert werden. Die Qualitätssicherung während des Einbaus zeigte einen durchschnittlichen k_f-Wert von $4{,}6 \cdot 10^{-10}$ m³/m²·s.

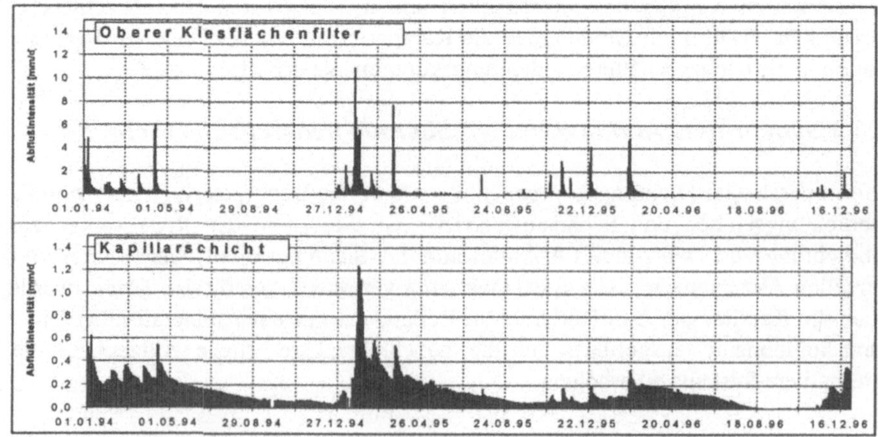

Abb. 2.5 Abflußverhalten von Kapillarschicht und oberen Kiesflächenfilters

Insgesamt fließen unter der mineralischen Dichtung 58,7 mm/3a oder 6,9 % des Gesamtniederschlags ab. Abb. 2.5 zeigt indirekt das Perkolationsverhalten der mineralischen Dichtungsschicht durch die Gegenüberstellung der Abflußkurven von Kapillarschicht und Oberen Kiesflächenfilter. Deutlich zeichnet sich ein synchrones Abflußverhalten beider Schichten ab, das lediglich einer zeitlichen Phasenverschiebung von 6-8 Stunden unterliegt. Naheliegende Wirkungsmechanismen für diese Abflußcharakteristik wären zum einen Randumläufigkeiten an Grenzflächen des Lysimeters oder Makroporenfluß, wie es Wohnlich (1987) oder Melchior (1993) beschrieben haben.

Randumläufigkeiten können theoretisch primär an jedem technischen Bauwerk vorhanden sein oder durch sekundäre, differentielle Setzungsprozesse und Makroporenbildung entstehen (Wohnlich 1987). Die Markierungsversuche und hydraulischen Tests konnten keine signifikante Relevanz von Randumläufigkeiten oder Makroporenfluß nachweisen (Zischak 1997). Die Negation einer austrocknungsbedingten Reduzierung der Dichtigkeit wie in Georgswerder (Melchior 1993) wird durch die Messung der Bodenfeuchte innerhalb der mineralischen Dichtung (vgl. Kap. 2.3.4) untermauert.

Die Perkolation durch die mineralische Dichtungsschicht bzw. die Abflußganglinie der Kapillarschicht zeigt ein bimodales Abflußverhalten. Zum einen das synchrone an den Abfluß über der mineralischen Dichtung gekoppelte Fließen mit diskreten Spitzenereignissen und zum anderen das gleichmäßige, unbeeinflußte Leerlaufverhalten der Kapillarschicht (vgl. Kap. 2.3.2). Durch zeitliche Diskretisierung, Abtrennung eines Basisabflusses entsprechend der Leerlaufbeziehung und der Integration der Spitzenabflüsse läßt sich für die Einzelereignisse eine Sickerrate bestimmen. Diese variiert zwischen 1,5 und $5{,}4 \cdot 10^{-10}$ m³/m²·s und liegt damit exakt im Bereich der während des Einbaus bestimmten Rate von $4{,}6 \cdot 10^{-10}$ m³/m²·s, was der gesättigten hydraulischen Leitfähigkeit entspricht (SCHNELL 1996, ZISCHAK & HÖTZL 1994). Die mineralische Dichtung reagiert wie ein quasi-gesättigtes, elastisches System, das bei einer Beaufschlagung mit Sickerwasser von oben an seiner Unterkante Wasser abgibt. Geschieht dies während der Winterperiode, wo das gesamte Bodenprofil im Bereich der Feldkapazität aufgesättigt ist, kommt es in der Kapillarschicht zu einer diskreten Abflußerhöhung. Dem gegenüber führen vergleichbare Ereignisse über die Sommerperiode zu einem Ausgleich des eventuell vorhandenen Bodenfeuchtedefizits in der mineralischen Abdichtung bzw. lediglich zur partiellen Aufsättigung der Kapillarschicht, die aber aufgrund ihres Sättigungsdefizits das Sickerwasser speichert und nicht als Abfluß abgibt. In Laborversuchen mit Triaxialzellen konnte dieses Verhalten unter quasi-gesättigten Bedingungen bei Gradienten von i = 6-14 mit einer zeitlichen Phasenverschiebung von 1,2-2,5 Stunden bei einer Schichtdicke von 12 cm nachvollzogen werden. Extrapoliert man diese Zeitspanne auf die 60 bzw. 65 cm vertikal mächtige, mineralische Dichtungsschicht ergibt sich eine zeitliche Phasenverschiebung von 5,5-13,5 Stunden, was gut mit der im Feld gemessenen übereinstimmt. Ähnliche Verhaltensmuster beschreiben HEYER & FLOSS (1995) und DVORACEK & KUCKELKORN (1995) in Laborversuchen für die Phase vor Erreichen stationärer Bedingungen bzw. vollkommener Sättigung. Eine physikalisch begründete, hydrodynamische Beschreibung dieses hydraulischen Austauschprozesses ist z. Zt. noch nicht möglich.

2.3.4 Bodenwasserspeicherung

Die Erfassung der temporären Änderung der Bodenfeuchte erfolgte mittels Neutronensondenmessungen. Hierzu waren auf dem Lysimeter 4 Meßstellen in der Hangmitte eingebracht worden, die zur wöchentlichen Messung herangezogen wurden. Die Bestimmung der Bodenfeuchteänderung erfolgte nach einem Verfahren von BOHLEBER (1992), das auf die Bilanzierung und Darstellung von Bodenfeuchte-Ganglinien über die Differenzen zurückgreift (Abb. 2.6).

Der jahreszeitliche Gang der Austrocknung des Wurzelbodens (bis ca. 110 cm u. GOK) läßt sich sehr gut verfolgen. Die Dämpfung der Austrocknungsperiode zur Tiefe hin äußert sich in einer zeitlichen Verschiebung der Abnahme und in einer Verringerung der Bodenfeuchte-Differenz. Der Bereich des oberen Kiesflächenfilters bildet sich deutlich durch den unruhigen Ganglinienverlauf in einer Tiefe von ca. 120 cm u. GOK ab.

Bedeutend für den Gesamtwasserhaushalt sind die gleichförmigen Ganglinien im zentralen Bereich der mineralischen Dichtung (140 bis 170 cm u. GOK), was einen konstanten Wassergehalt widerspiegelt. Die parallel durchgeführten Tensiometermessungen zeigten nahezu über den gesamten Meßzeitraum positive hydraulische Gradienten, d.h. einen nach unten gerichteten Wassertransport, in der mineralischen Dichtungsschicht. Lediglich im trockenen Jahr 1996 traten über 30 Tage hydraulische Gradienten bis zu -10 auf, die einen nach oben gerichteten Transport, d.h. eine Wasserabgabe aus der Dichtungsschicht, anzeigten. Die damit verbundene Gefahr der Austrocknung und Schrumpfrißbildung kann daraus resultierend für den Untersuchungszeitraum weitestgehend negiert werden (ZISCHAK 1997).

Die bereits gemachten Aussagen über das gravitative Entwässerungsverhalten in der Kapillarschicht werden ebenfalls von den Bodenfeuchtemessungen bestätigt. Über die Sommermonate bildet sich deutlich eine Abnahme des Wassergehaltes im Bereich der Kapillarschicht (190 bis 200 cm u. GOK) ab, die synchron mit der gravitativen Entwässerung verläuft.

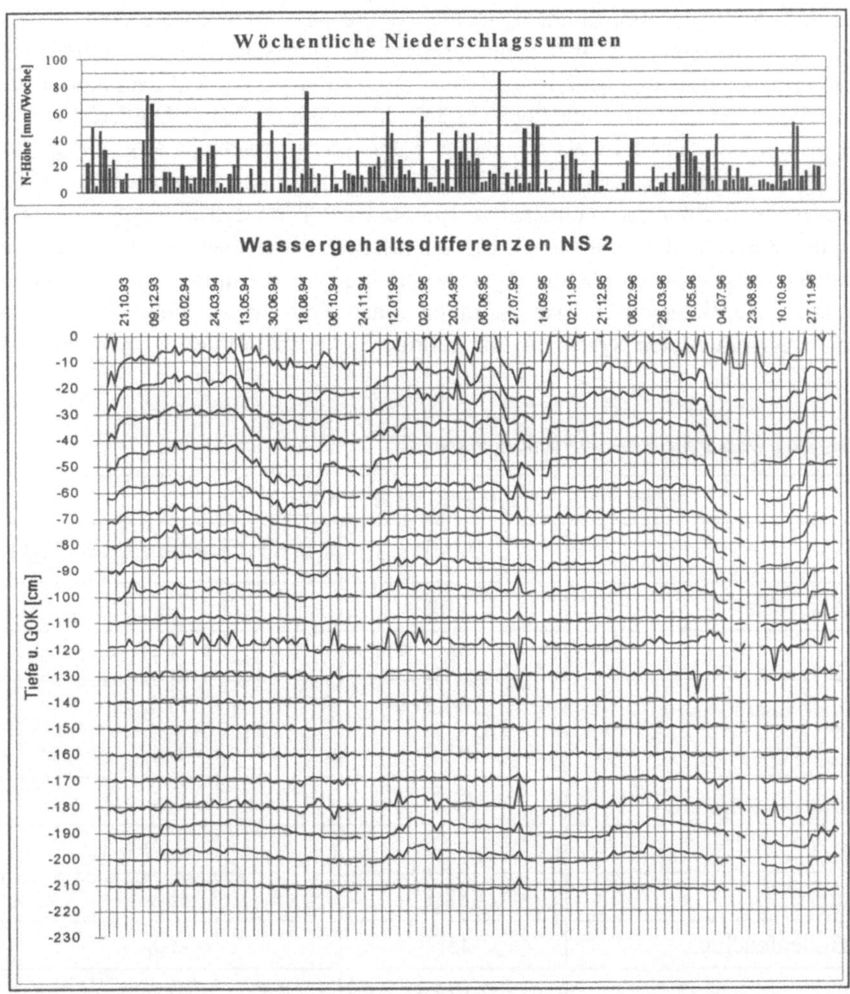

Abb. 2.6 Bodenfeuchtedifferenzen und Niederschlagsverteilung

2.4 Wasserbilanz

Die Erstellung der Wasserbilanz aller erfaßten und berechneten Bilanzglieder bildet die wichtigste Grundlage zur Beurteilung der Qualität des alternativen Abdichtungsystems und damit zur Beurteilung der Gleichwertigkeit. In Tabelle 2.1 ist die Wasserbilanz über den gesamten Meßzeitraum von 3 Jahren wiedergegeben.

Die reale Evapotranspiration (ET_{real}) ergibt sich aus der Differenz aller gemessenen Bilanzglieder und wird zur Überprüfung der Plausibilität mit der nach

WENDLING et al. (1991) Summe der täglich berechneten $ET_{real,i}$ verglichen. Die relativ gute Übereinstimmung beider Werte läßt einen Rückschluß auf die Güte der Untersuchungen und dem Lysimeter als abgeschlossenes Raumelement zu. In diesem Zusammenhang ist auch der Vergleich der ET_{real} mit dem Abfluß aus dem Oberen Kiesflächenfilter über ein Jahr hinweg interessant. Die Leistungsfähigkeit des Wurzelbodens als regulative Wasserhaushaltsschicht birgt ein großes Potential zur Homogenisierung und Minimierung des Sickerwasseranfalls auf die eigentlichen Dichtungskomponeneten. Eine entsprechend modifizierte Ausgestaltung des Wurzelbodens könnte den Einsatz der kostenintensiven, austrocknungsgefährdeten mineralischen Dichtung überflüssig machen, da andere Dichtungssysteme (z.B. Kapillarsperren bzw, Kombinationen von verschiedenen nicht austrocknungsgefährdeten Systemen) für geringe Sickerwasserraten ausreichend wären (s. Kap. 3).

Tabelle 2.1 Wasserbilanz des alternativen Systems

Bilanzierungszeitraum 01.01.94 bis 31.12.96		
	[mm]	[% des Gesamtniederschlags]
Niederschlag	2.540,2	
$Q_{Surface}$	7,0	0,3
$Q_{Oberer\ Kiesflächenfilter}$	284,9	11,2
$Q_{Kapillarschicht}$	162,9	6,4
$Q_{Kapillarbrechende\ Schicht}$	13,3	0,5
SummeΣ_Q	468,1	18,4
Δ Bodenfeuchte	-45,7	-1,8
ET_{real}	2.124,8	83,7
$ET_{real;i}$	1.993,5	78,5
ETP (DIN 19 685)	2.575,8	101,4

Die entscheidende Größe der Wasserbilanz ist die Abflußrate aus der kapillarbrechenden Schicht, die ein Maß für die potentielle Deponiesickerwasser-Neubildungsrate und damit für die Effektivität des alternativen Abdichtungssystems darstellt. Über den gesamten Bilanzierungszeitraums von 3 Jahren flossen 0,5 % des Gesamtniederschlags in der kapillarbrechenden Schicht ab, was gleichbedeutend mit einem Gesamtwirkungsgrad des alternativen Systems von 99,5 % ist.

3 Kosten-Nutzen-Risiko-Analyse

3.1 Kosten-Nutzen-Betrachtung

Das alternative Oberflächenabdichtungssystem auf der HMD Karlsruhe-West besitzt mit einem Wirkungsgrad von 99,5 % eine sehr gute Systemdichtigkeit. Dennoch kann es im Sinne der TA-Si und den Grundsätzen zur Bewertung der Gleichwertigkeit (DIBt 1995) dem Regelsystem niemals gleichwertig sein, da es keine absolute Konvektions- und Diffusionssperre besitzt.

Tabelle 3.1 Kostenvergleich Alternativsystem zu Regelsystem

Regelsystem TA-Si	Alternativsystem Karlsruhe-West	Differenz
Kombinationsabdichtung	**Verstärkte min. Abdichtung mit untenliegender Kapillarsperre**	**DM/m²**
Wurzelboden	Wurzelboden	± 0,00
Ob. Flächenfilter (30 cm)	Ob. Flächenfilter (15 cm)	- 7,00
Schutzgeotextil	--	-20,00
HDPE-Dichtungsbahn	--	-22,00
Mineralische Dichtung	Mineralische Dichtung (+10 cm verstärkt)	+ 3,00
Gasdrän- bzw. Schutzschicht	nicht notwendig, da von kapillarbrechender Schicht übernommen	-10,00
	Kapillarschicht	+13,00
	Kapillarbrechende Schicht	+ 6,00
	2 zusätzliche Trenngeotextile	+ 5,00
	Differenzbetrag, gesamt	**-32,00**

Der hier vorgestellte Systemaufbau wird immer eine minimalste Restdurchlässigkeit aufzeigen. In diesem Zusammenhang bleibt allerdings eine Frage offen: Wieviel darf es kosten, eine sehr gute Systemdichtigkeit auf 100 % zu steigern? Die in Karlsruhe ausgeführte Systemvariante "Verstärkte mineralische Dichtung mit untenliegender Kapillarsperre" beinhaltet eine Kostenersparnis von ca. 6,4 Mio. DM (bezogen auf 20 ha Deponiefläche; ohne Kuppenbereiche; s. Tabelle 3.1). Die erreichte Dichtwirkung erfüllte eine der primären Zielsetzungen der TA-Si, durch Deponieabdichtungssysteme innerhalb des Multibarrierenkonzepts die Ausbreitung von Schadstoffen nach dem Stand der Technik zu verhindern. Theoretisch würden bei einem Jahresniederschlag von 771 mm jährlich ca. 770 m³ Deponiesickerwasser neugebildet werden. Hinsichtlich der Diskussion, wieviel Wasser in Altdeponien mit organischem Deponiegut notwendig ist, um die biologischen Abbauprozesse in Gang zu halten, kann dies als vernachlässigbare Menge eingestuft werden.

Die weitere Zielsetzung für ein Oberflächenabdichtungssystem, Gasemissionen zu verhindern, wird ebenfalls durch eine mineralische Dichtung mit Sättigungsgraden > 95 % erreicht.

3.2 Risikobetrachtung

Die Risikobetrachtung bei einem Oberflächenabdichtungssystem kann sich in 2 Richtungen orientieren. Zum einen eine Emissions-/Immissions-Risikobetrachtung bezüglich den Wirkungspfaden und zum anderen eine technische, systembezogene Risikobetrachtung. Daraus resultierend muß eine Risikobetrachtung für ein alternatives System standort- und systemspezifisch sein. Dies unterstreicht auch die Aussage von NIENHAUS & HEROLD (1995), daß jedes alternative System eine eigene system- und materialspezifische Lösung für die erforderlichen Leistungen darstellen muß. Für den Standort HMD Karlsruhe-West kann das potentielle Emissionsrisiko als geringfügig höher eingestuft werden, da eine potentielle DSW-Neubildungsrate von 0,5 % des Gesamtniederschlags keine signifikante Verschlechterung der Ausgangssituation beinhaltet. Im Zusammenhang mit weiteren Sicherungs- und Sanierungsmaßnahmen (hydraulische und pneumatische Maßnahmen) wird ein hohes Niveau der Sicherung erreicht. Das Emissionsrisiko bezüglich Deponiegas liegt bei einem System ohne absolute Gassperre im Vergleich höher. Die Kapillarsperre und die mineralische Dichtung können nur als fakultativ gasdicht eingestuft werden, so lange entsprechende Wassersättigungsgrade, d.h. keine kontinuierlichen Gaswegigkeiten vorhanden sind. Eine aktive Deponienentgasung vermindert das Emissionsrisiko signifikant. Nach Beendigung der aktiven Entgasung oder bei geringer Gasproduktion könnte der Wurzelboden als "Biofilter" eine mikrobielle oder chemisch/physikalische Degradation der Gasemissionen bewirken (Rettenberger 1996). Voraussetzung wäre ebenso wie bei einer aktiven Entgasung eine Deponiegasverteilerschicht zur Egalisierung von Druckspitzen, wie sie die kapillarbrechende Schicht in Kapillarsperren darstellt. Somit darf das geringfügig höhere Emissionsrisiko des alternativen Systems nicht überbewertet werden.

Die bautechnische Realisierbarkeit und die tendenziell bessere Eignung bezüglich der Langzeitstabilität in der Deponiephase IIIb des alternativen Systems im Gegensatz zum Regelsystem vermindern sowohl das Emissions- als auch das Langzeitstabilitätsrisiko. Die beiden mineralischen Komponenten (mineralische Dichtung und Kapillarsperrensystem) versprechen eine längerfristige zufriedenstellende Dichtwirkung als die Kombinationsabdichtung.

4 Schlußfolgerungen

Das alternative Oberflächenabdichtungssystem "Verstärkte mineralische Dichtung mit untenliegender Kapillarsperre" auf dem Standort HMD Karlsruhe-West hat während einer 3-jährigen Beobachtungsphase seine Eignung gemäß den Zielsetzungen der TA Siedlungsabfall unter Beweis gestellt. Die Kosten-Nutzen-Risiko-Analyse für das System und den Standort Karlsruhe-West ergibt keine signifikanten Nachteile oder gravierende qualitative Mängel gegenüber dem Regelsystem der TA-Si. Die potentielle DSW-Neubildungsrate betrug 0,5 % des Gesamtniederschlags, wobei diese bei Verwendung von optimierten Kapillarsperrenmaterialien (Einsatz in der z.Zt. laufenden Baumaßnahme) gegen Null gehen wird. Die daran anschließenden Untersuchungen in zusätzlichen Lysimetern werden darüber Aufschluß geben. Die Kostenersparnis des alternativen Systems beträgt für die Stadt Karlsruhe als Betreiber der Deponie ca. 6,4 Mio. DM. Weiterhin könnte sich durch eine Modifizierung des Wurzelbodens weiteres Einsparungspotential bei gleichbleibendem Sicherungsniveau ergeben. In diese Richtung laufende Untersuchungen versprechen für die Zukunft entscheidene Impulse für die Gestaltung von Oberflächenabdichtungssystemen.

5 Zusammenfassung

Auf der HMD Karlsruhe-West wurde über 3 Jahre ein alternatives Oberflächenabdichtungssystem in einem Großlysimeter untersucht. Die erstellte Wasserbilanz leistet einen maßgeblichen Beitrag zum Nachweis der Gleichwertigkeit. Die gemessene potentielle DSW-Neubildungsrate betrug 0,5 % des Gesamtniederschlags. Trotz dieser geringen Sickerrate kann das System gemäß den Vorgaben der TA Siedlungsabfall der Kombinationsabdichtung niemals gleichwertig sein, da eine absolute Konvektions- und Diffusionssperre fehlt. Eine Kosten-Nutzen-Risiko-Analyse ergab dennoch, daß das alternative System eine Kostenersparnis von ca. 6,4 Mio. DM beinhaltet und tendenziell das besser geeignete System für den Standort ist.

6 Literatur

BOHLEBER, A. (1992): Quantifizierung von Bodenwasserbewegungen unter kombiniertem Einsatz von Neutronen- und Gamma-Gamma-Sonde.- Schriftenreihe der Angew. Geologie Karlsruhe, **18**: 174 S.; Karlsruhe (Eigenverlag).

BUNDESMINISTERIUM FÜR UMWELT, NATURSCHUTZ UND REAKTORSICHERHEIT (1991): Gesamtfassung der Zweiten Allgemeinen Verwaltungsvorschrift zum Abfallgestz (TA Abfall)- Technische Anleitung zur Lagerung, chemisch-physikalischen, biologischen Behandlung, Verbrennung und Ablagerung von besonders überwachungsbedürftigen Abfällen vom 13.03.1991.

BUNDESMINISTERIUM FÜR UMWELT, NATURSCHUTZ UND REAKTORSICHERHEIT (1993): Dritte allgemeine Verwaltungsvorschrift zum Abfallgesetz (Technische Anleitung Siedlungsabfall, Kabeinettsbeschluß vom 21.04.1993); Bundesanzeiger: 45. Jahrgang, Nummer 99a; 14.05.1993.

BURKHARDT, G. & EGLOFFSTEIN, Th. (1994): Ausführungsvarianten von Oberflächenabdichtungssystemen nach TA-Siedlungsabfall und TA-Abfall.- in EGLOFFSTEIN & BURKHARDT (Hrsg.): Oberflächenabdichtungen für Deponien und Altlasten.- Schriftenreihe der Angew. Geologie Karlsruhe, **34**: 59-102; Karlsruhe (Eigenverlag).

DEUTSCHES INSTITUT FÜR BAUTECHNIK (DIBt) (1995): Grundsätze für den Eignungsnachweis von Dichtungselementen in Deponieabdichtungssystemen.- 81 S.; Berlin (Bibliothek des DIBt).

DEUTSCHES INSTITUT FÜR NORMUNG DIN 19685 (1979): Klimatologische Standortuntersuchung im Landwirtschaftlichen Wasserbau.- 4 S.; Berlin, Köln (Beuth).

GOTTHEIL, K.-M. & BRAUNS, J. (1995): Thermische Einflüsse auf die Dichtwirkung von Kombinationsdichtungen - Messungen im Testfeld -. Teilvorhaben 23 des BMBF-Verbundvorhabens Weiterentwicklung von Deponieabdichtungssystemen: 34 S. + Anlagen; Karlsruhe (Eigenverlag).

HEYER, D. & FLOSS, R. (1995): Die Bestimmung des Sättigungsablaufs mineralischer Abdichtungsmaterialien als Grundlage für die Beurteilung der Infiltrationsmöglichkeit von grundwassergefährdender Substanzen.- Schlußbericht zum Forschungsvorhaben der DFG Fl 136/8-1: 23 S. + 6 Anlagen; München (i.A. d. DFG).

von der HUDE, N. (1991a): Kapillarsperren zum Abschirmen von Deponien gegen Sickerwasser.- Wasser + Boden **12/91**: 754-757; Hamburg,Berlin (Parey).

INGENIEURBÜRO ROTH & PARTNER (1991): Deponie Karlsruhe-West - Auswahl eines geeigneten Oberflächenabdichtungssystems.- Gutachten für die Stadt Karlsruhe Teil A + B: 23 S. + 34 S. (unveröffentlicht).

JELINEK, D. (1996): Die Kapillarsperre als Oberflächenbarriere für Deponie und Altlasten.- Langzeitstudien und praktische Erfahrungen in Feldversuchen.- Mitt. Inst. f. Wasserbau u. Wasserwirtschaft, **97**: 141 S. + Anlagen; TH Darmstadt (Eigenverlag).

KÄMPF, M. & v.d. HUDE, N. (1995): Transport Phenomena in Capillary Barriers: Influence of Temperature on Flow Processes.- in CISA: Proceedings Sardinia 95, Fifth International Landfill Symposium **Vol II**: 565-576; Cagliari.

KÄMPF, M. (1995): Einfluß der Dampfdiffusion in Sanden der Kapillarsperre.- Wasser + Boden **11/95**: 58-62; Hamburg, Berlin (Parey).

MELCHIOR, S. (1993): Wasserhaushalt und Wirksamkeit mehrschichtiger Abdecksysteme für Deponien und Altlasten.- Hamb. Bodenkdl. Arb. **22**: 330 S. + Anhang, 99 Abb., 53 Tab.; Hamburg (Eigenverlag).

MELCHIOR, S., STEINERT, B.,BURGER, K. & MIEHLICH, G. (1995): Dimensionierung von Kapillarsperren zur Oberflächenabdichtung von Deponien und Altlasten - Zwischenergebnisse -.- in AUGUST, HOLZLÖHNER & MEGGYES (Hrsg.): BMBF-Verbundforschungsvorhaben - Weiterentwicklung von Deponieabdichtungssystemen, 3. Arbeitstagung: 235-254; Berlin (Eigenverlag der BAM).

MÜLLER, W. & AUGUST, H. (1996): Abdichtungssysteme mit Geokunststoffen.- in BURKHARDT & EGLOFFSTEIN (Hrsg.): Alternative Dichtungsmaterialien im Deponiebau und in der Altlastensicherung - Innovative, kostengünstige und gleichwertige Lösungen- Schriftenreihe der Angew. Geologie Karlsruhe, **41**: 11/1-11/24 Karlsruhe (Eigenverlag).

NIENHAUS, U. & HEROLD, C. (1995): Gleichwertigkeit verschiedener Oberflächenabdichtungen.- in Jessberger (Hrsg.): Sanierung von Altlasten: 155-170; Rotterdam (Balkema).

RETTENBERGER, G. (1996): Die Bedeutung von Deponieoberflächenabdeckungen und – abdichtungen für Verringerung diffuser Methangasemissionen.- in CZURDA, K. & STIEF, K. (Hrsg.): Oberflächenabdichtung oder Oberflächenabdeckung? Regelwerke oder alternative Systeme - Schriftenreihe der Angew. Geologie Karlsruhe, **45**: 10/1- 2/13; Karlsruhe (Eigenverlag).

SCHNATMEYER, C. & WAGNER, F. (1996): Oberflächenabdeckungen für Halden der Eisen- und Stahlindustrie.- in CZURDA, K. & STIEF, K. (Hrsg.): Oberflächenabdichtung oder Oberflächenabdeckung? Regelwerke oder alternative Systeme - Schriftenreihe der Angew. Geologie Karlsruhe, **45**: 2/1- 2/17; Karlsruhe (Eigenverlag).

SCHNELL, K. (1996): Hydraulische Untersuchung sdes Oberflächenabdichtungssystems im Großlysimeter der HMD Karlsruhe-West unter besonderer Berücksichtigung von Grenzflächeneffekten.- Dipl.-Arb. Teil II, Univ. Karlsruhe: 112 S., 51 Abb., 27 Tab. + Anhang; Karlsruhe (unveröffentl.).

STADT KARLSRUHE (1994): Nachweis der Systemgleichwertigkeit.- Gutachten des Ingenieuerbüros Roth & Partner: 41 S. + Anlagen; Karlsruhe (unveröffentlicht).

STOFFREGEN, H., DÖLL, P., RENGER, M., WESSOLEK, G. & PLAGGE, R. (1995): Anisotherme Wasser- und Wasserdampfbewegung im Deponieuntergrund: Laborexperimente und Simulationsrechnungen.- in AUGUST, HOLZLÖHNER & MEGGYES (Hrsg.): BMBF-Verbundforschungsvorhaben - Weiterentwicklung von Deponieabdichtungssystemen, 3. Arbeitstagung: 185-196; Berlin (Eigenverlag der BAM).

VIELHABER, B. (1995): Temperaturabhängiger Wassertransport in Deponieoberflächenabdichtungen.- Hamb. Bodenkdl. Arb. **29**: 200 S. + Anhang, 72 Abb., 26 Tab.; Hamburg (Eigenverlag).

WENDLING, U., SCHELLIN. H.-G. & THOMÄ, M. (1991): Bereitstellung von täglichen Informationen zum Wasserhaushalt des Bodens für die Zwecke der agrarmeteorologischen Beratung.- Z. Meteorologie 41: 468-475; Berlin.

WOHNLICH, S. (1987): Auswirkungen nachträglicher Grundwasserschutzmaßnahmen auf den Wasserhaushalt von Deponien unter besonderer Berücksichtigung von Oberflächenabdichtungen.- Schriftenreihe der Angew. Geologie Karlsruhe, **1**: 269 S.; Karlsruhe (Eigenverlag).

WOHNLICH, S. (1991): Kapillarsperren - Versuche und Modellberechnungen.- Schriftenreihe der Angew. Geologie Karlsruhe, **15**: 128 S., 52 Abb., 10 Tab.; Karlsruhe (Eigenverlag).

ZISCHAK, R. & HÖTZL, H. (1994): Ergebnisse des Testfeldes zur kombinierten Kapillarsperre auf der Deponie Karlsruhe-West.- in EGLOFFSTEIN, TH. & BURKHARDT, G (1994): Oberflächenabdichtungssysteme für Deponien und Altlasten.- Schriftenreihe der Angew. Geologie Karlsruhe **34**: 159-181; Karlsruhe (Eigenverlag).

ZISCHAK, R. & HÖTZL, H. (1996a): Mineralische Abdichtung mit Untenliegender Kapillarsperre - Fallbeispiel HMD Karlsruhe-West.- in CZURDA, K. & STIEF, K. (1996): Oberflächenabdichtung oder Oberflächenab-deckung? Regelwerk oder alternative Systeme?.- Schriftenreihe der Angew. Geologie Karlsruhe **45**: 13/1-13/22; Karlsruhe (Eigenverlag).

ZISCHAK, R. & HÖTZL, H. (1996b): Capillary Barriers for Surface Sealing of Sanitary Landfills.- Oral presentation H22D-7 at AGU Fall Meeting 1996 publ. as EOS, Transactions, AGU Vol. **77**, No. **46**, Washington.

ZISCHAK, R. (1997): Alternatives Oberflächenabdichtungssystem "Verstärkte mineralische Dichtung mit untenliegender Kapillarsperre" – Wasserbilanz und Gleichwertigkeit - Schriftenreihe der Angew. Geologie Karlsruhe **47**: 179 S. + Anhang; Karlsruhe (Eigenverlag).

Geotechnische Stabilität von Kapillarsperren-Systemen

P. Amann, A. Mendoza
Institut für Geotechnik, ETH Zürich

1   System und Anforderungen

Ein Kapillarsperren-System besteht in seinem Kern aus der Kapillar-Schicht und dem Kapillarblock (Abb. 1). Das über den Oberboden und die Rekultivierungsschicht einsickernde Niederschlagswasser wird durch die Kapillarspannung in der Kapillarschicht gehalten und durch die Schwerkraft über die Böschungsneigung nach unten geführt. Durch den hohen Durchlässigkeitsunterschied infolge der Sättigungsunterschiede zwischen Kapillarschicht und Kapillarblock kann das Wasser nicht in den Kapillarblock eindringen.

Als wesentliche Anforderungen an die Kapillarsperre sind zu nennen:
♦ Gebrauchstauglichkeit/Dichtwirkung
  • Qrest << 1 % N
  • Schnelle Regeneration nach Überlastung
  • Geringe Setzungsempfindlichkeit
♦ Standsicherheit
  • lokal
  • Gesamtsystem
  • Nach Starkregen (Sättigung)
♦ Langzeitbeständigkeit
  • Änderung der Materialeigenschaften
  • Mikrobielle Einflüsse

Die nachfolgenden Ausführungen befassen sich mit der Standsicherheit des Kapillarsperrensystems.

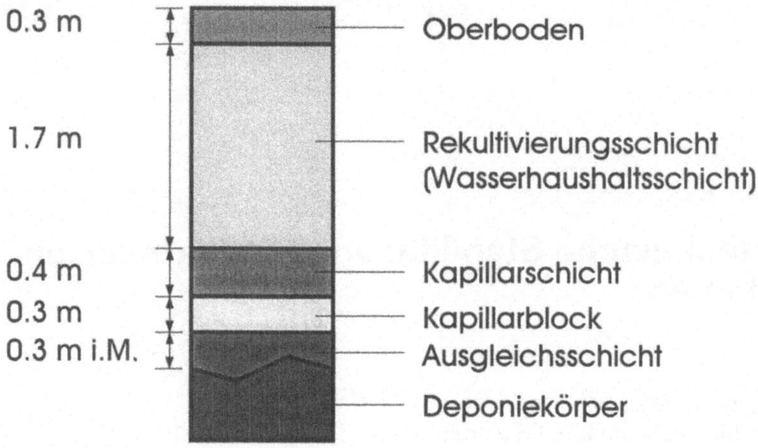

Abb. 1 Beispielhafter Regelaufbau und Abmessungen eines einfachen Kapillarsperrsystems

2 Materialeigenschaften

Entsprechend der Funktion weisen die Schichten des Kapillarsperrensystems unterschiedliche Kornverteilungen auf (Abb. 2a und 2b). Die Kapillarschicht besteht aus einem Fein- bis Mittelsand, der Kapillarblock aus Grobsand und Feinkies. Die Deckschichten Oberboden und Rekultivierungsschicht sind entsprechend ihrer Aufgaben als Träger des Bewuchses und Wasserhaushaltschicht gestrecktkörniger und besitzen einen hohen Feinkornanteil. Die Standsicherheit wird bestimmt durch die Scherfestigkeitsbeiwerte und die Wichte der entsprechenden Schichten (Abb. 3). Die rolligen Materialien Kapillarschicht und Kapillarblock besitzen keine Korrosion. Wegen der möglichen Sättigung darf auch die scheinbare Kohäsion nicht angesetzt werden. Die Scherfestigkeiten von Untergrund, Deponiegut, Planumsausgleichschicht (Auffüllung) und der Wasserhaushaltschicht hängen von den örtlich vorhandenen Gegebenheiten, bzw. Materialien ab. Kapillarschicht und Kapillarblock haben in der Regel ähnliche Reibungswinkel von $\varphi' = 33°$ bis $38°$. Für den Kapillarblock werden häufig Recyclingmaterialien, wie z. B. Glasgranulat verwendet. Hier ist zu beachten, dass die Wichte erheblich geringer sein kann als bei natürlichen Böden. Zum Teil wird die Verwendung von Geotextilien als Trennlagen zur Erleichterung des Einbaus propagiert. Hierbei ist jedoch zu beachten, dass die Reibungswinkel zwischen Geotextil in Boden niemals höher sein können als die des Bodens selbst. Bei der Verwendung von mehreren Lagen von Kunststoffbahnen sind sehr viel geringere Reibungswinkel anzuwenden.

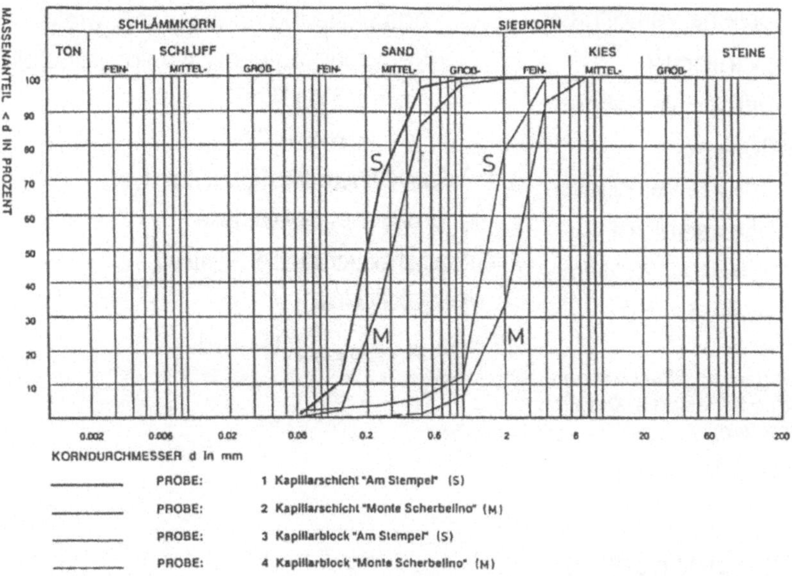

Abb. 2a Kornverteilung bewährter Kapillarsperrenmaterialien

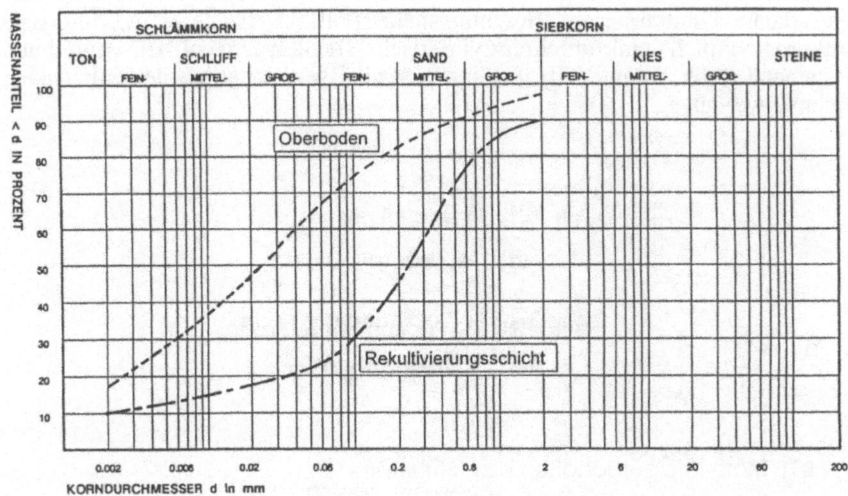

Abb. 2b Kornverteilung der Deckschichten

1 Untergrund

örtliche Verhältnisse

2 Deponiegut

örtliche Verhältnisse

3 Auffüllung

örtliche Verhältnisse

4 Kapillarschicht

$\gamma' = 18 \div 22$ kN/m³

$\varphi' = 33 \div 38°$

$c' = 0$

(wegen möglicher Sättigung keine (scheinbare) Kohäsion ansetzen)

5 Kapillarblock

natürliche Materialien I.d.R. wie 4

Recyclingmaterial z.B. Glasgranulat

$\gamma' = 13.5$ kN/m³

c', φ' wie 4

6 Wasserhaushaltsschicht

örtliche Verhältnisse

7 Sonderbauteile (Folien, Geotextilien)

max $\varphi' \leq \varphi'_{Boden}$; min $\varphi' = 7°$!

Abb. 3 Materialeigenschaften

3   Standsicherheit

Der Standsicherheitsnachweis erfolgt zweckmässigerweise, wie im konstruktiven Inegenieurbau üblich, mit dem Nachweis, dass die Festigkeit in einer gedachten Gleitfläche grösser ist als die mit dem Sicherheitsbeiwert beaufschlagte Beanspruchung (Abb. 4). Für die Standsicherheit von Deponieböschungen sind ebene flache Gleitkörper in Böschungsnähe (Fall I), flache kreiszylindrische Gleitkörper (Fall II) und tiefe kreiszylindrische Gleitkörper (Fall III, Grundbuch) massgebend (Abb. 5a und 5b). In diesem Artikel soll lediglich der Fall I näher betrachtet werden.

A $\boxed{F = \dfrac{\tau_f}{\tau}}$ mit A1) τ_f = Festigkeit

A2) τ = Beanspruchung

B $\overline{F} = \dfrac{R}{T}$ mit B1) R = Rückhaltende Kräfte

B2) T = Treibende Kräfte

A1) , B1) Materialeigenschaften bzw. Stützkräfte

A2) , B2) Beanspruchung aus Gleichgewichtsbedingungen

Definition A ist eindeutig
Definition B wird häufig falsch angewendet

Abb. 4 Definition der Standsicherheit

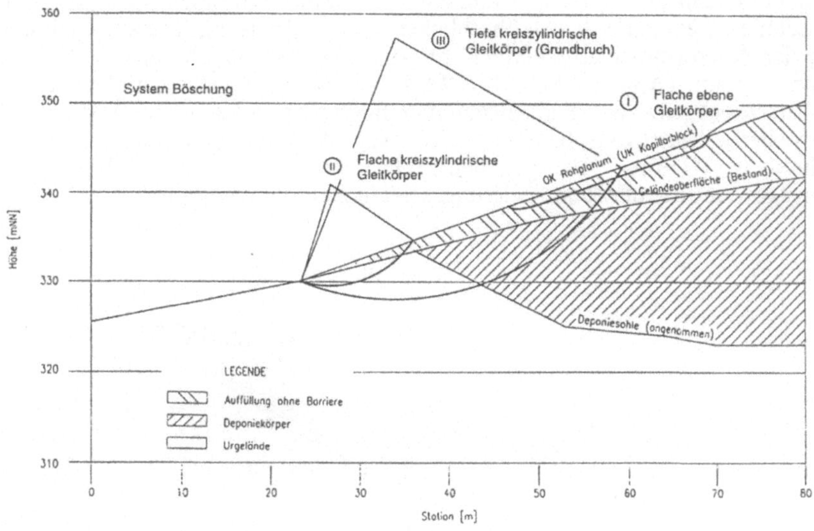

Abb. 5a Massgebende Gleitflächen (Beispiel Hausmülldeponie "Am Stempel", Lkr. Marburg Biedenkopf)

I. Flache ebene Gleitkörper

- Lamellenverfahren $\Sigma H = 0$ (Janbu)
- unendliche lange Böschung

II. Flache kreiszylindrische Gleitkörper

- Lamellenverfahren $\Sigma M = 0$
- (schwedische Methode, Bishop)

III. Tiefe kreiszylindrische Gleitkörper

- Verfahren wie II.

Abb. 5b Standsicherheit Berechnungsverfahren

4   Nachweise

Für den Nachweis der Standsicherheit auf flachen langgestreckten Gleitflächen eignet sich besonders die Methode nach Janbu. Diese Methode arbeitet nach dem Lamellenverfahren (Abb. 6a und 6b). Mit zunehmender Dicke des Gleitkörpers muss das sog. Pfeilverhältnis berücksichtigt werden (Abb. 6c). Durch die Verwendung des von der Neigung der Gleitfläche jeder Lamelle abhängigen Beiwertes n_α gestaltet sich die Berechnung vergleichsweise einfach, z. B. unter Verwendung der Tabellenkalkulation. Die "auf Handrechnung" hat den Vorteil, dass man die Einflüsse einzelner Lamellen, z.B. mit wechselden Kennwerten und wechselnder Geometrie leicht überblicken kann. Für langgestreckte Haltungen kann der Nachweis relativ einfach für die sog. "unendlich lange" Böschung geführt werden. (Abb. 7a bis Abb. 7d).Dabei ist zu berücksichtigen, dass die Kapillarschicht teilweise oder vollständig eingestaut sein kann. Die Änderung der Standsicherheit lässt sich dabei gut mit de sog. Auflastverhältnis AV in Abb. 7a beschreiben. Hierbei ist gegebenenfalls auch das zusätzliche Überlagerungsgewicht aus der Rekultivierungsschicht zu berücksichtigen.

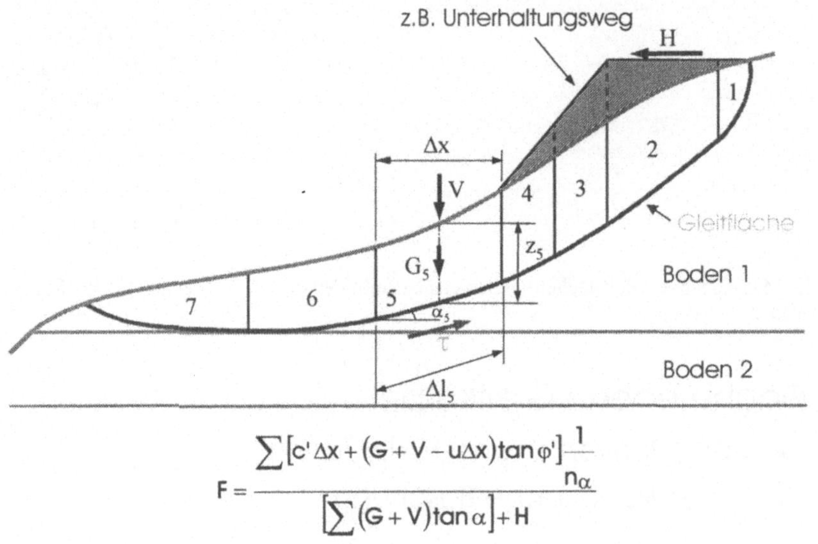

$$F = \frac{\sum\left[c'\,\Delta x + (G + V - u\Delta x)\tan\varphi'\right]\dfrac{1}{n_\alpha}}{\left[\sum(G + V)\tan\alpha\right] + H}$$

Abb. 6a Methoden nach Janbu

Die Strömung in der Kapillarschicht erzeugt eine Abtriebskraft durch das hydraulische Gefälle, $i = \gamma_w \cdot \sin\alpha$. Diese zusätzliche Volumenkraft (Abb. 8b) erhöht die Beanspruchung in der Scherfuge. Die Abtriebskräfte können aufgefangen werden durch die Erhöhung des Überlagerungsdruckes, wie dies aus dem Talsperrenbau durch die Überschüttung der Böschung mit einem sog. Ripe-Rap bekannt ist. Die in Abb. 7a für die Standsicherheit F abgeleitete Beziehung lässt sich für die Annahme volle Sättigung (Abb. 7b) und Teilsättigung (Abb. 7c) grafisch darstellen. Bei voller Sättigung ist der Kurvenparameter die erwünschte Sicherheit F, in der Regel 1,3. Bei Teilsättigung kann das Auflastverhältnis AV für einen gewählten Böschungswinkel bei vorgegebenem Reibungswinkel in der Gleitfläche angegeben werden. Es zeigt sich, dass die Wirkung des Auflastverhältnisses einem Grenzwert zustrebt, in dem sich der Böschungswinkel aus dem durch den Sicherheitsbeiwert dividierten ΔR tan des Reibungswinkel ergibt.

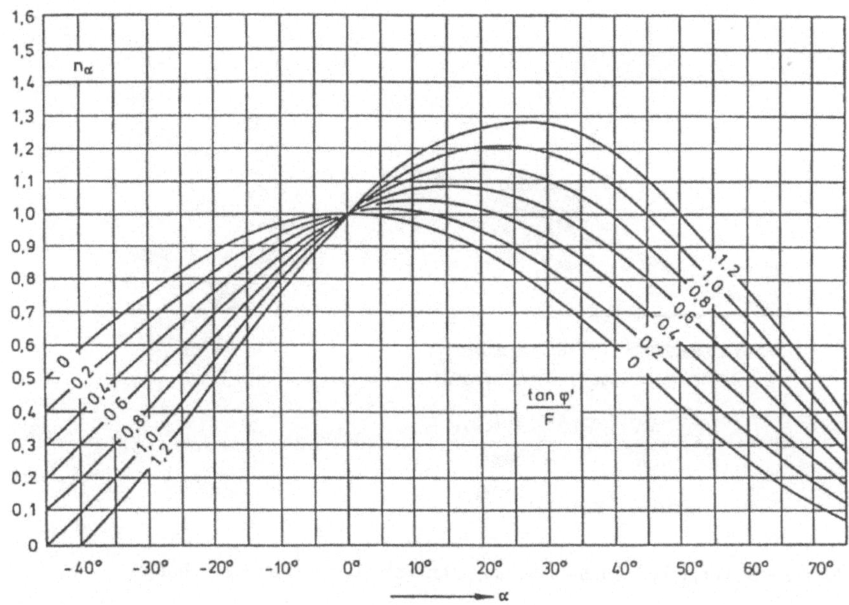

Abb. 6b Diagramm zur Ermittlung von n_α (Janbu)

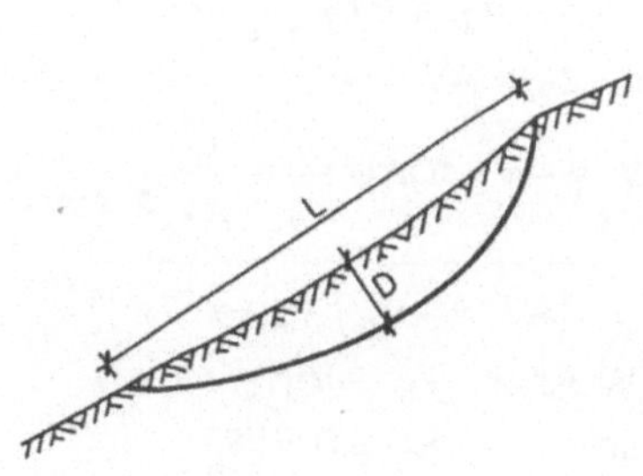

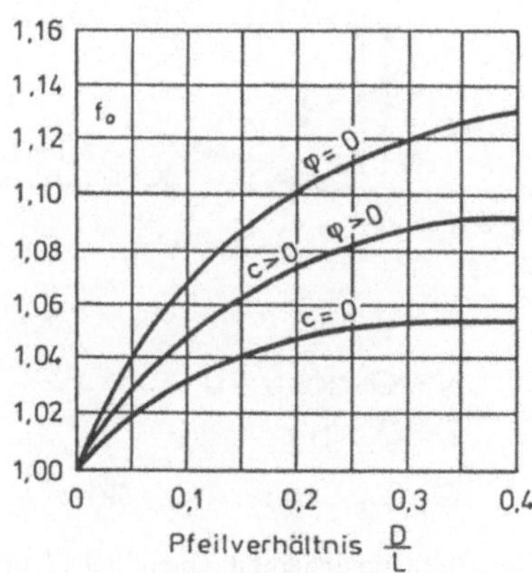

Abb. 6c Korrekturfaktor f_0 (Janbu)

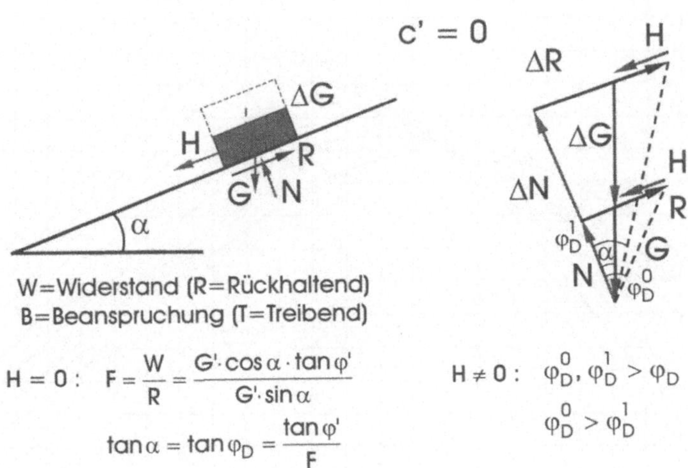

W=Widerstand (R=Rückhaltend)
B=Beanspruchung (T=Treibend)

$H = 0:\quad F = \dfrac{W}{R} = \dfrac{G' \cdot \cos\alpha \cdot \tan\varphi'}{G' \cdot \sin\alpha}$

$\tan\alpha = \tan\varphi_D = \dfrac{\tan\varphi'}{F}$

$H \neq 0:\quad \varphi_D^0, \varphi_D^1 > \varphi_D$

$\varphi_D^0 > \varphi_D^1$

Abb. 7a Standsicherheit: Unendliche lange, teilweise durchströmte Böschung

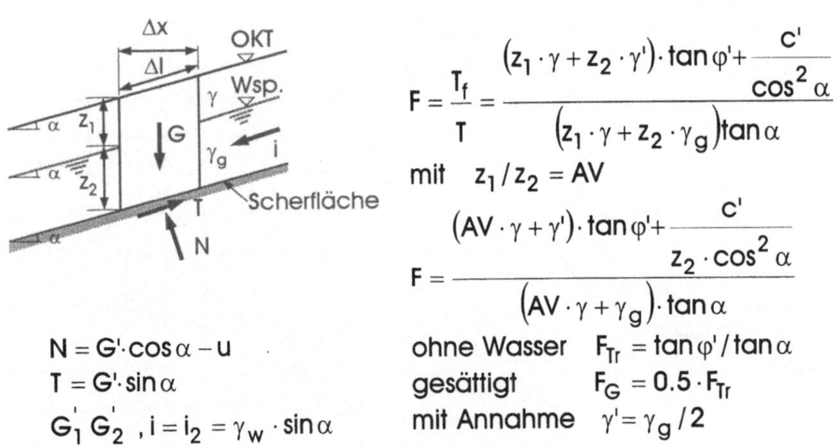

$F = \dfrac{T_f}{T} = \dfrac{(z_1 \cdot \gamma + z_2 \cdot \gamma') \cdot \tan\varphi' + \dfrac{c'}{\cos^2\alpha}}{(z_1 \cdot \gamma + z_2 \cdot \gamma_g)\tan\alpha}$

mit $\quad z_1 / z_2 = AV$

$F = \dfrac{(AV \cdot \gamma + \gamma') \cdot \tan\varphi' + \dfrac{c'}{z_2 \cdot \cos^2\alpha}}{(AV \cdot \gamma + \gamma_g) \cdot \tan\alpha}$

$N = G' \cdot \cos\alpha - u$

$T = G' \cdot \sin\alpha$

$G_1', G_2', i = i_2 = \gamma_w \cdot \sin\alpha$

ohne Wasser $\quad F_{Tr} = \tan\varphi' / \tan\alpha$

gesättigt $\quad F_G = 0.5 \cdot F_{Tr}$

mit Annahme $\quad \gamma' = \gamma_g / 2$

Abb. 7b Standsicherheit: Unendliche lange Böschung (Fall I)

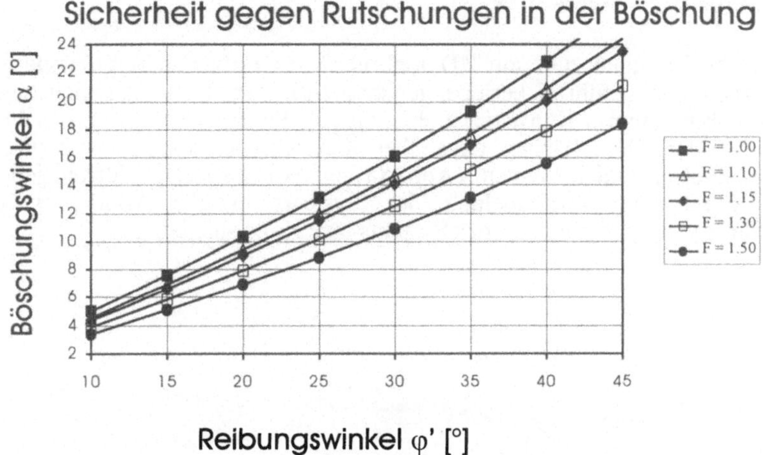

Abb. 7c Standsicherheit, Fall I: Volle Sättigung

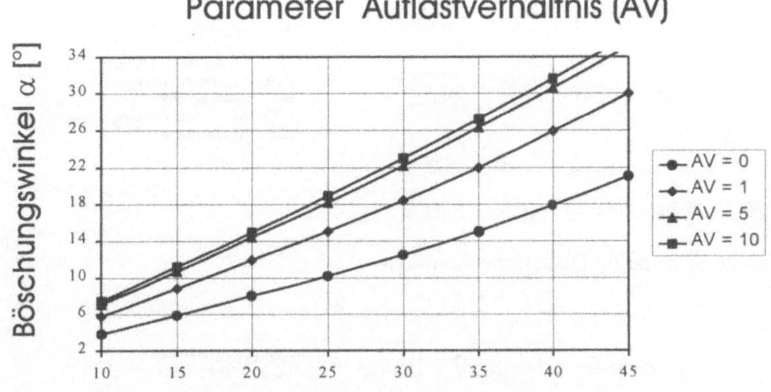

Abb. 7d Standsicherhiet, Fall II: Teilsättigung mit Auflast (F=1.3)

5 Mehrlagige Systeme

Sicherheitsüberlegungen zum sog. "Durchbruch" des einfachen Kapillarsperren-systems haben dazu geführt, Überlegungen zu mehrlagigen Systemen anzustellen. Bei der Kombination mit Kunststoff-Folien und als Faltbarrieren ist zu beachten, dass sich in den Grenzflächen gegenüber mineralischen Systemen geringere Reibungswinkel einstellen können. (Abb. 8a und 8b). Insgesamt dürften jedoch hier die durch die Verdoppelung des Systems erzielte Minderung der Einsickerungsquote und der Preis des Systems eine Rolle spielen.

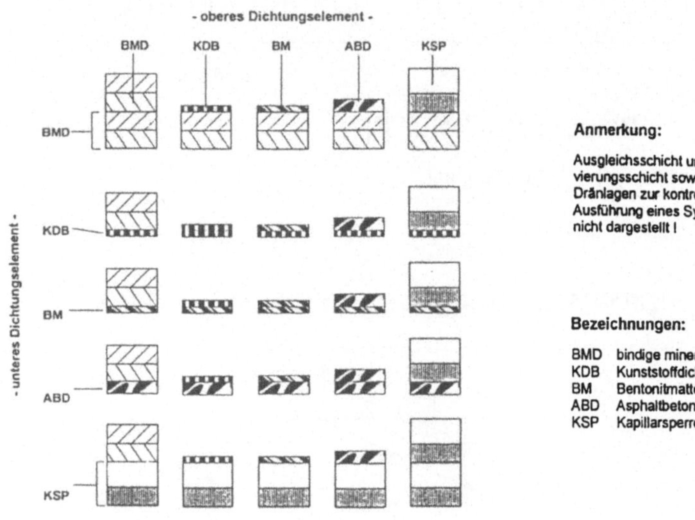

Abb. 8a Mehrlagige Systeme für Oberflächenbarrieren

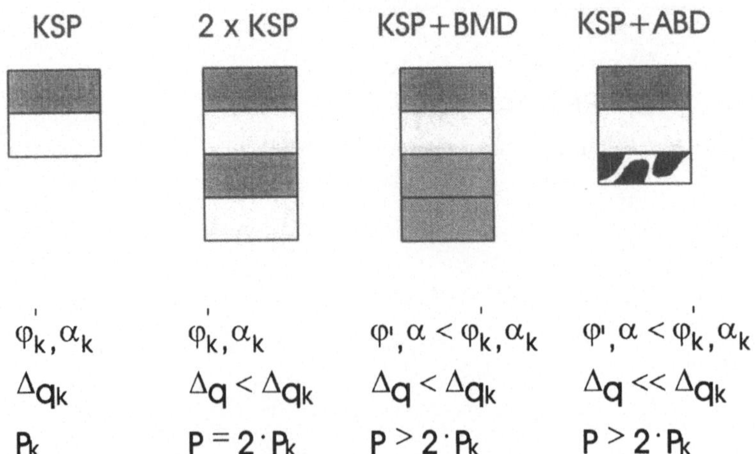

$$\varphi'_k, \alpha_k \qquad \varphi'_k, \alpha_k \qquad \varphi', \alpha < \varphi'_k, \alpha_k \qquad \varphi', \alpha < \varphi'_k, \alpha_k$$

$$\Delta q_k \qquad \Delta q < \Delta q_k \qquad \Delta q < \Delta q_k \qquad \Delta q \ll \Delta q_k$$

$$P_k \qquad P = 2 \cdot P_k \qquad P > 2 \cdot P_k \qquad P > 2 \cdot P_k$$

Abb. 8b Optimierung Oberflächenbarriere mit Kapillarsperre

6 Beispiel

Am Beispiel des Schichtaufbaus und der Bodenkennwerte der Hausmülldeponie "Am Stempel" des Landkreises Marburg-Biedenkopf soll der Nachweis anhand Abschnitt 4 geführt werden. Die Bodenkennwerte können der Aufstellung Abb. 9a entnommen werden. Der Nachweis wird für das in Abb. 9b gezeigte System unter der Annahme eines Wassereinstaus von 0,15 m in der Kapillarschicht (Annahme 1) sowie der vollständigen Sättigung der Kapillarschicht (Annahme 2) gezeigt. Für die Annahme 1 wird der Nachweis mit der Gleichung nach Abb. 7a geführt, da die Wichten der einzelnen Schichten stark unterschiedlich sind und die Diagramme auf der Annahme $\gamma' = \gamma_g / 2 = 10 \text{ kN} / m^2$ beruhen. Es ergibt sich eine ausreichende Sicherheit von $F = 1,70 > 1,3$. Die Annahme 2 wird nach dem Diagramm "volle Sättigung" ausgewertet. Für das vorhandene Auflastverhältnis $AV = 5$ ergibt sich für die Sicherheit $F = 1,3$ ein zulässiger Böschungswinkel von $\alpha = 24° > \alpha$ vorhanden $= 20°$.

♦ **Schicht 1: Urgelände**

$\gamma = 18 \text{kN/m}^3$
$\gamma' = 10 \text{ kN/m}^3$
$\varphi' = 32.5°$
$c' = 2 \text{ kN/m}^2$

♦ **Schicht 2: Müll**

2a:	2b:
$\gamma = 16 \text{ kN/m}^3$	$\gamma = 16 \text{ kN/m}^3$
$\varphi' = 20°$	$\varphi' = 26°$
$c' = 10 \text{ kN/m}^2$	$c' = 0 \text{ kN/m}^2$

♦ **Schicht 3: Auffüllung**

3a:	3b:	3c:
$\gamma = 21 \text{ kN/m}^3$	$\gamma = 21 \text{ kN/m}^3$	$\gamma = 16 \text{ kN/m}^3$
$\varphi' = 26°$	$\varphi' = 23°$	$\varphi' = 28°$
$c' = 0 \text{ kN/m}^2$	$c' = 10 \text{ kN/m}^2$	$c' = 3 \text{ kN/m}^2$

♦ **Schicht 4: Kapillarschicht**

$\gamma = 18 \text{ kN/m}^3$
$\varphi' = 32.5°$
$c' = 0 \text{ kN/m}^2$

♦ **Schicht 5: Kapillarblock**

$\gamma = 18 \text{ kN/m}^3$
$\varphi' = 32.5°$
$c' = 0 \text{ kN/m}^2$

♦ **Schicht 6: Rekultivierungsschicht**

$\gamma = 20 \text{ kN/m}^3$
$\varphi' = 35°$
$c' = 0 \text{ kN/m}^2$

Abb. 9a Beispiel: Bodenkennwerte, Deponie "Am Stempel"

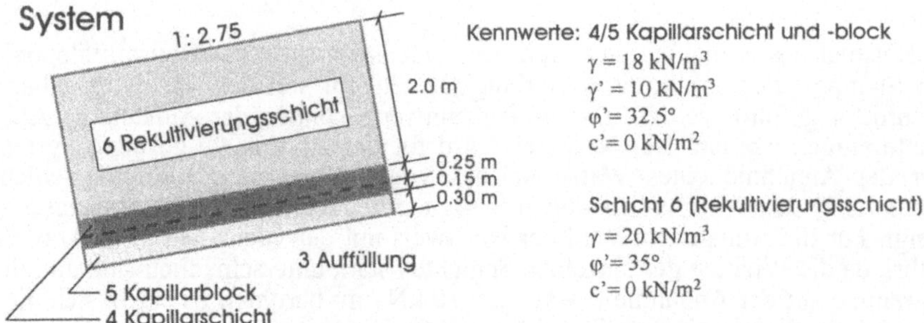

Kennwerte: 4/5 Kapillarschicht und -block
$\gamma = 18\ kN/m^3$
$\gamma' = 10\ kN/m^3$
$\varphi' = 32.5°$
$c' = 0\ kN/m^2$

Schicht 6 (Rekultivierungsschicht)
$\gamma = 20\ kN/m^3$
$\varphi' = 35°$
$c' = 0\ kN/m^2$

Annahme 1: Wassereinstau 0.15 m in Kapillarschicht
Annahme 2: Sättigung der Kapillarschicht

Standsicherheit mit Lösung aus Diagramm

Abb. 9b Beispiel: Gleitsicherheit (Fall I), Deponie "Am Stempel"

Gleiten in Fuge Kapillarschicht / Kapillarblock

Annahme 1: Wassereinstau: 0,15 m in Kapillarschicht

Annahme 2: Sättigung der Kapillarschicht

Kennwerte siehe B1/B3a

$z_1 \cdot \gamma = 2,0 \cdot 20 + 0,25 \cdot 18 = 44,5\ kN/m^2$

$z_2 \cdot \gamma' = 0,15 \cdot 10 = 1,5\ kN/m^2$

$z_2 \cdot \gamma_g = 0,15 \cdot 20 = 3,0\ kN/m^2$

$AV = 2,0 / 0,4 = 5,0$

aus Diagramm 'Volle Stättigung'

für $F = 1,3$ zul. $\alpha = 24° > \alpha = 20°$

Für $c' = 0$:
$$F = \frac{(z_1 \cdot \gamma + z_2 \cdot \gamma') \cdot \tan\varphi'}{(z_1 \cdot \gamma + z_2 \cdot \gamma_g) \cdot \tan\alpha}$$

$\varphi' = 32,5°;\ \alpha = 20°$

$$F = \frac{(44,5 + 1,5) \cdot \tan 32,5°}{(44,5 + 3,0) \cdot \tan 20°} = 1,70 \gg 1,3$$

Abb. 9c Beispiel: Gleitsicherheit (Fall I), Deponie "Am Stempel"

7 Literatur

Jelinek, D. 1996/97: Die Kapillarsperre als Oberflächenbarriere für Deponien und Altlasten –
Langzeitstudie und praktische Erfahrung in Feldversuchen, D17; Mitt. d. Inst. F. Wasserbau
und Wasserwirtschaft der Technischen Universität Darmstadt, Heft 1997
Lang, H.J.; Huder, J.; Amann, P. 1996: Bodenmechanik und Grundbau, 6. Aufl., Springer
Verlag
GBA, 1998: Proj. No. 94162; Bericht No. 4 "Geotechnische Nachweise"; Hausmülldeponie
"Am Stempel", Landkreis Marburg-Biedenkopf, unveröffentlicht

Planungsdetails, Kostenvergleich und Qualitätssicherung beim Bau von Kapillarsperren

J. Roth, H. Schwarzmüller
Ingenieurbüro Roth & Partner GmbH, Karlsruhe

1 Einleitung

Zwischenzeitlich wurden in einer Vielzahl von Projekten Kapillarsperrensysteme zum Einsatz als Oberflächenabdichtung auf Deponien untersucht, in Labor- und Technikumsversuchen untersucht und als Abdichtungen großflächig realisiert.

Dabei wurden viele Realisierungen durch den Bau von Großlysimetern begleitet.

Dadurch liegen für dieses Abdichtungssystem auch eine Vielzahl von verläßlichen Erfahrungswerten vor.

Tabelle 1 gibt einen Überblick der Kapillarsperrenprojekte.

1.1 Projekte mit Kapillarsperrenabdichtung

Tabelle 1 Projekte mit Kapillarsperrenabdichtung

Deponie Monte Scherbelino	Testfelder
Deponie Bonfol	Großfläche, Testfeld
Deponie m Stempel	Großfläche, Testfeld
Deponie Karlsruhe West	Großfläche, Testfeld
Deponie Breidenbach	Planung, Rinnenversuch
Deponie Georgswerder	Testfeld
Deponie Esch-Belval	Testfeld
Deponie Botterup	Testfeld
Deponie Pramont	Großfläche
Deponie Gut-Sulz	Planung, Rinnenversuch

Durch diese Projekte, insbesondere deren intensive Betreuung und Begleitung (Testfelder, Lysimeter) liegen zur Kapillarsperrenabdichtung so weitgehende Erfahrungen vor, daß eine Realisierung nach dem Stand der Technik möglich ist.

2 Realisierungsablauf

Bei Oberflächenabdichtungen nach dem Kapillarsperrrensystem handelt es sich nicht um das „Norm"-System der TA-Siedlungsabfall, sondern um ein zu diesem als gleichwertig nachzuweisendes System.

Die Vorgehensweise bei der Realisierung einer Kapillarsperrenabdichtung wird sich daher meist von einer „Norm"-Vorgehensweise unterscheiden.

Abbildung 1 zeigt einen Vorschlag für eine solche Vorgehensweise.

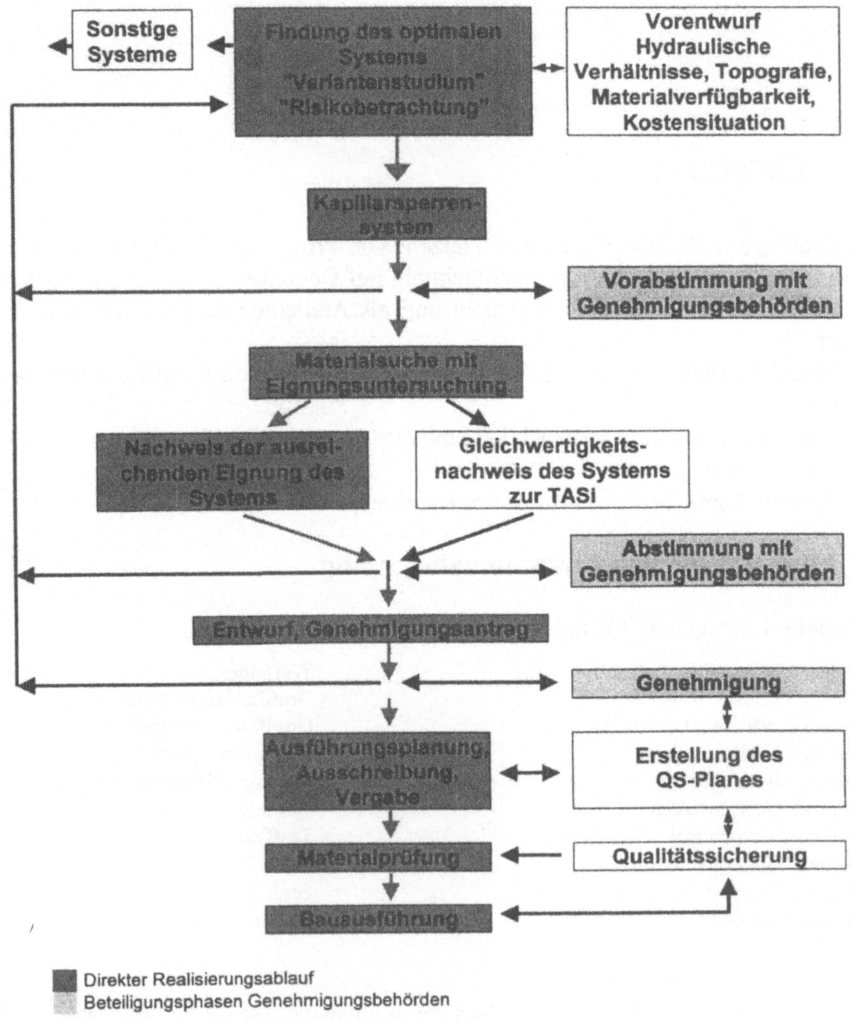

Abb. 1 Realisierungsablauf für Kapillarsperre

Wichtig bei dieser Vorgehensweise ist die enge Einbindung der Genehmigungs- und Fachbehörden in allen Stadien der Systemfindung und Auslegung.

Das System der Kapillarsperrenabdichtung wird sich sicherlich nicht in allen Fällen als das optimale System erweisen. Durch ein Variantenstudium, verbunden mit einer Risikobetrachtung ist vielmehr das optimale System zu ermitteln.

Tabelle 2 Entscheidungskriterien für Kapillarsperren

A) Ausreichender Schutz durch ein Gesamtabdichtungssystem

B) Gezielte Kombination von einzelnen Schichten mit ihren jeweiligen auch erfüllbaren Funktionen

C) Gezielte Nutzung von stofflichen und systembedingten Eigenschaften

D) Alterungsbeständigkeit

E) Herstellungssicherheit

F) Einsatz örtlich vorhandener Stoffe

G) Wirtschaftlichkeit in Herstellung und Unterhaltung

H) Umweltverträglichkeit

Sollte sich die Kapillarsperre als bestes System erweisen, ist deren Leistungsfähigkeit durch Eignungsuntersuchungen (Laborversuche, Berechnungen, Kleinrinnenversuche, evtl. Großrinnenversuche) zu ermitteln bzw. nachzuweisen.

Handelt es sich um topografische und meteorologische Verhältnisse welche aus anderen Projekten gut übertragbar sind, so wird es in diesem Schritt ausreichen, die Leistungsfähigkeit durch Verknüpfung von Laborwerten mit Erfahrungswerten zu ermitteln.

Bei örtlichen Verhältnissen, welche derzeit noch nicht aus Erfahrungswerten übertragen werden können (flache Neigungen, extreme Meteorologie) müssen Rinnenversuche die notwendigen ausreichend sicheren Auslegungsdaten liefern.

Hierbei können auch Kleinrinnenversuche ausreichend sein.

3 Baudetails

Die Kapillarsperre selbst ist ein Teil der gesamten Oberflächenabdichtung.

Eine ausreichende Stütz- und Ausgleichsschicht auf der Abfallböschung, eine eventuelle Untergrundarmierung sowie eine gute Wasserhaushaltsschicht über der Kapillarsperre sind wichtigster Bestandteil einer gut funktionierenden Kapillarsperrenabdichtung.

Geotextilien zur Armierung des Systems sowie bautechnische Erleichterung der Bauausführung der Abdichtung können die Qualität weiter verbessern. Es sollte dabei jedoch unabhängig von der Trennfunktion der Geotextilien ein filterstabiler Aufbau der Kapillarschicht zur Kapillarbruchschicht beachtet werden. Abbildung 2 zeigt einen Aufbau einer Kapillarsperrenabdichtung.

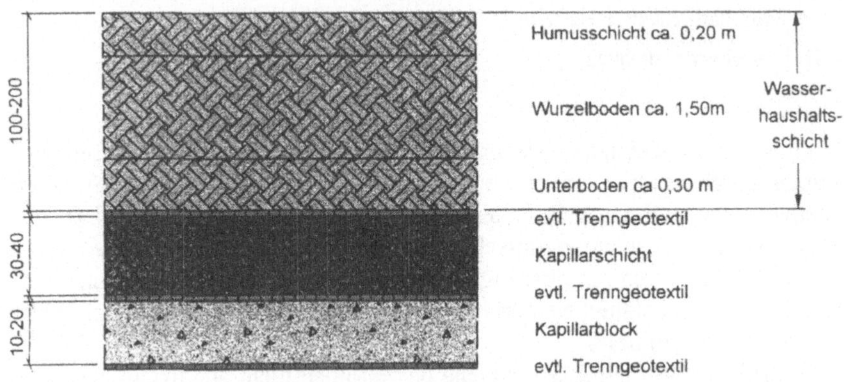

Abb. 2 Aufbau einer Kapillarsperre

Während die Stärke des Kapillarblocks bis auf ein bautechnisches Mindestmaß (ca. 10-15 cm) reduziert werden kann, ist die Stärke der Kapillarschicht entsprechend den hydraulischen Leistungsanforderungen auszulegen.

Die Wasserhaushaltsschicht sollte möglichst aus 3 unterschiedlichen Zonen, nämlich einen Unterboden mit sperrenden und wurzelhemmenden Eigenschaften, einem Wurzelboden mit hoher Wasserspeicherkapazität und einem Oberboden/Humus mit den Eigenschaften der Erossionssicherheit sowie hoher und schneller Wasseraufnahme aufgebaut werden. Eine Gesamtstärke dieser 3 Zonen von mindestens 1,5 m sollte angestrebt werden.

In der Anfangsphase, vor der funktionsfähigen Begrünung wird ein Geotextil mit hydrophoben Eigenschaften über dem Kapillarblock die Wirksamkeit der Abdichtung verbessern.

Am Böschungsfuß ist auf eine klare hydraulische Trennung der Wasserfassung aus der Kapillarschicht zu. achten, um so einen Kurzschluß mit der kapillarbrechenden Schicht zu vermeiden.

4 Qualitätssicherung

Gegenüber der Ausführung einer mineralischen Abdichtung oder einer Abdichtung mit Kunststoffdichtungsbahn ist bei einer Kapillarsperrenabdichtung die Qualitätssicherung weitaus einfacher und damit auch kostengünstiger und sicherer durchzuführen.

Die Tabelle 3 zeigt die Qualitätssicherungsaufgaben.

Tabelle 3 Qualitätssicherung

Aufgabe	Durchführung	
	Planer / **Eigenüberwacher**	**Genehmigungsbehörde /** **Fremdüberwachung**
Planungsphase		
Generelle Materialsuche	– Materialeignung durch Laboruntersuchung – Materialverfügbarkeit – u. U. Kleinrinnenversuch	Abstimmung
Eignungsuntersuchung	– Nachweis der ausreichenden Eignung oder – Gleichwertigkeit zu TASI	Prüfung
Ausführungsphase		
Erstellung QS-Plan	Aufgaben Eigenüberwacher/ Fremdüberwacher Festlegung der Art der Qualitätssicherung	Abstimmung
Materialprüfung	– Laboruntersuchungen – Rinnenversuch (Institut)	Begleitung
Festlegung "Materialleitwerte"	– Körnung – Ungleichförmigkeitsgrad	Abstimmung
Testfeld	Erprobung Einbauverfahren, Maschinen	Begleitung
Prüfung im Baufeld	– Materialidentität – Materialreinheit – Ebenheit der Schichten – Schichtstärken – Einhalten des vorgegebenen Einbauverfahrens	Begleitung

In der Ausführung wird sich die Qualitätssicherung auf die Überprüfung der Materialübereinstimmung, der Einbaustärke sowie die Einbauebenheit beschränken.

Dabei ist für die Materialübereinstimmung die Prüfung der Kornverteilung ausreichend.

5 Kosten

Tabelle 4 zeigt ein Kostenszenario für die Herstellung einer „Einfachen Kapillarsperre".

Tabelle 4 Kostenszenario für Herstellung "Einfache Kapillarsperre" (Materialbezug im Umkreis von 50 km, Kapillarsperrenmaterial aus Kieswerk)

Position	Leistung		Kosten (DM/m²) minimal	maximal
Pos. 1	Planum		$1,50 \ DM/m^2$	$3,00 \ DM/m^2$
Pos. 2	Dränagen, Vorflut		$2,00 \ DM/m^2$	$2,00 \ DM/m^2$
Pos. 3	Ausgleich mit Recyclingmaterial		$2,00 \ DM/m^2$	
Pos. 4	Trenngeotextil			$2,00 \ DM/m^2$
Pos. 5	Kapillarblock	10 cm	$6,00 \ DM/m^2$	-----
		20 cm	-----	$9,00 \ DM/m^2$
Pos. 6	Trenngeotextil		-----	$2,00 \ DM/m^2$
Pos. 7	Kapillarschicht	30 cm	$19,00 \ DM/m^2$	-----
		40 cm	-----	$25,00 \ DM/m^2$
Pos. 8	Geotextil		-----	$1,50 \ DM/m^2$
Pos. 9	Wurzelboden		$6,00 \ DM/m^2$	$6,00 \ DM/m^2$
Pos. 10	Wasserfassungen		$4,00 \ DM/m^2$	$4,00 \ DM/m^2$
	Nettobauwerkskosten		**$40,50 \ DM/m^2$**	**$54,50 DM/m^2$**

Die Einheitspreise können je nach Region und Marktsituation variieren.

Im Vergleich zu einer mineralischen Abdichtung können jedoch zwischen 20,- DM/m^2 und 25.- DM/m^2 eingespart werden. Dies ergibt sich daraus, daß bei dieser Abdichtung ebenfalls 2 Dränschichten (unter und über der mineralischen Abdichtung) mit vergleichbaren Kosten gebaut werden müssen, jedoch noch die mineralische Abdichtung hinzukommt.

Funktion von Geotextilien in Kapillarsperren

K. Balz, E. Bauer, S. Wohnlich
Institut für Allgemeine und Angewandte Geologie, Ludwig-Maximilians-
Universität München

1 Einleitung

Der Einsatz von Geotextilien als luft- und wasserdurchlässige textile Flächenge-
bilde ist im Bauwesen heutzutage nicht mehr wegzudenken. Geotextilien übernehmen dabei die unterschiedlichsten Aufgaben, vom Trennen und Filtern von
Bodenschichten über das Bewehren und Sichern von Erdkörpern bis hin zum
Schutz empfindlicher Bauteile.

Ein für die Funktionsfähigkeit einer Kapillarsperre entscheidendes Kriterium ist
die exakte Trennung der feinkörnigen Kapillarschicht vom darunterliegenden,
gröberkörnigen Kapillarblock an einer scharfen Schichtgrenze. Um diese in der
erforderlichen Weise herstellen zu können, bietet sich der Einsatz einer geotextilen Trennlage zwischen beiden Schichten an. Sie erleichtert zum einen die Bauausführung und verhindert zum anderen langfristig eine Vermischung beider Bodenmaterialien. Gleichzeitig muß gewährleistet sein, daß die hydraulische Wirkungsweise der Kapillarsperre durch das Geotextil nicht beeinträchtigt wird.

Neben dieser trennenden Aufgabe kann das Geotextil in einer Kapillarsperre
bei geeigneter Produktauswahl auch bewehrende Funktion übernehmen, wenn es
in der Lage ist, auftretende Zugkräfte unter einem gewissen Dehnungsverhalten
langfristig aufzunehmen. Dies macht man sich zum einen bei der Stabilisierung
steiler Böschungen zunutze, zum anderen können Setzungsunterschiede im Müllkörper in einem gewissen Maße ausgeglichen werden, indem punktuelle Belastungen statisch verteilt werden.

Wie aus der Beschreibung der verschiedenen Aufgaben eines Geotextils in einer Kapillarsperre hervorgeht, werden an das eingesetzte Produkt sowohl mechanische als auch hydraulische Anforderungen gestellt, die langfristig erfüllt werden
müssen. Dies erfordert eine sorgfältige Auswahl eines geeigneten Geotextils, daß
in seinen Eigenschaften optimal angepaßt ist an die herrschenden Randbedingungen und die speziellen Erfordernisse einer Kapillarsperre. Unter diesen Voraussetzungen kann ein Geotextil die Dichtwirkung einer Kapillarsperre in positiver
Weise beeinflussen.

2 Geotextilien

Um den Anforderungen der unterschiedlichen Einsatzbereiche gerecht werden zu können, umfaßt die Familie der Geotextilien eine Reihe verschiedenartiger Produkte. Gewebe, Maschenwaren und Vliesstoffe sowie Verbundstoffe als Kombination mehrerer flächig miteinander verbundener Geotextilien bilden nur einen Teil der großen Produktpalette.

Als Rohstoffe zur Herstellung von Geotextilien werden in erster Linie Kunststoffe eingesetzt: Polyester (PES), Polyamid (PA), Polypropylen (PP), Polyethylen (PE), etc. Sie zeichnen sich aus durch eine in der Regel gute Resistenz gegen in Boden und Wasser natürlich auftretende Chemikalien und Mikroorganismen (FGSV 1994) sowie durch eine hohe Verrottungs- und Alterungsbeständigkeit. Um bestimmte Produkteigenschaften zu erzielen, können den Ausgangsmaterialien Zusatzstoffe wie beispielsweise UV-Stabilisatoren beigemischt werden. Desweiteren ist eine Ausrüstung von Geotextilien mit einer Avivage (Faserummantelung) aus unterschiedlichen Stoffen (z.B. PVC, PE, Bitumen) möglich.

Für den Einsatzbereich Filtern und Trennen von Bodenmaterialien besonders geeignet sind aufgrund ihrer hohlraumreichen Porenstruktur die Vliesstoffe. Sie bestehen aus wirr gelagerten Fasern, die flächenhaft verfestigt sind. Die Verfestigung erfolgt entweder mechanisch durch Vernadeln oder Vernähen, chemisch (adhäsiv) durch Zugabe eines verklebend wirkenden Bindemittels oder thermisch (kohäsiv) durch Verschmelzen der Fasern an ihren Kontaktstellen. Mechanisch verfestigte Vliesstoffe weisen gegenüber den adhäsiv oder kohäsiv gebundenen Vliesstoffen wegen der schwächeren Faserfixierung eine höhere Dehnbarkeit auf (FGSV 1994). Gleichzeitig besitzen sie eine größere Dicke, was sich positiv auf die Filtereigenschaften dieser Geotextilien auswirkt. Durch die dreidimensionale Porenstruktur kann sich aufgrund der relativ großen Filtrationslänge ein Tiefenfilter entwickeln, indem gröbere Bodenpartikel an der Oberfläche, zunehmend feineres Bodenmaterial in den folgenden Lagen des als Filter eingesetzten Geotextils zurückgehalten werden (Saathoff 1996, Krug 1997). Dies verhindert die Ausbildung eines Filterkuchens und gewährleistet so eine langfristige Funktionsfähigkeit des Filters.

3 Geotextilien in Kapillarsperren

Zunächst einmal können bei der Auswahl eines für den Einsatz in einer Kapillarsperre geeigneten Geotextils die einschlägigen Regeln zur Dimensionierung eines geotextilen Filters angewendet werden, wie sie beispielsweise in den Merkblättern von DVWK (1992) und FGSV (1994) angegeben sind. Da jedoch im Gegensatz zum Filter in einer Kapillarsperre ungesättigte Bedingungen herrschen, stellt das Benetzungsverhalten des Geotextils ein zusätzliches Kriterium dar, das bei der Produktauswahl berücksichtigt werden sollte.

3.1 Bemessungsgrundlagen für geotextile Filter

Die maßgeblichen Randbedingungen bei der Filterdimensionierung lassen sich unterteilen in die Bereiche Boden, Wasser und äußere Kräfte, die auf das Geotextil einwirken.

Entscheidend für die Wahl des geeigneten Geotextils ist die Körnung der Kapillarschicht als abzufilterndem Boden. Dabei gilt für eine Kapillarsperre grundsätzlich, daß sich das Material der Kapillarschicht filterstabil zum Kapillarblockmaterial verhalten sollte. Allerdings liegt die Körnungslinie einer Kapillarschicht meist in dem als "filtertechnisch schwierig" bezeichneten Bereich (Abb. 1), wo aufgrund geringer kohäsiver Eigenschaften die Gefahr von Bodenausspülungen gegeben ist (FGSV 1994). Dies muß bei der Bemessung des geotextilen Filters berücksichtigt werden.

Was die hydraulische Beanspruchung des Systems Boden-Geotextil einer Kapillarsperre angeht, so kann man von einer hydrostatischen Belastung ausgehen. Dies bedeutet, daß nur langsam schwankende Druckgefälle bei laminarem Strömungsverhalten auftreten.

Der Chemismus des einwirkenden Wassers kann hinsichtlich einer möglichen Tendenz zu Versinterung oder Verockerung des Filters von Bedeutung sein. Im Falle einer Kapillarsperre spielen diese Prozesse allerdings keine Rolle, da das infiltrierte Niederschlagswasser nur gering mineralisiert ist und somit keine Ausfällungsreaktionen zu erwarten sind.

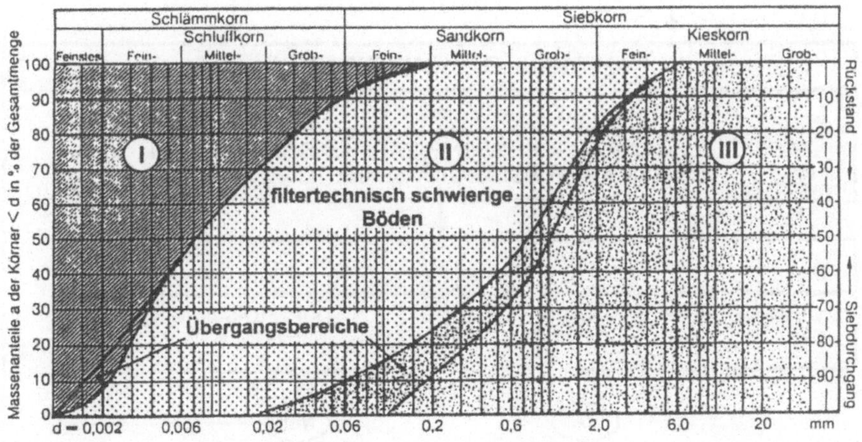

Abb.1 Körnungsbereiche für Bodentypen mit unterschiedlichem hydraulischem Verhalten (FGSV 1994)

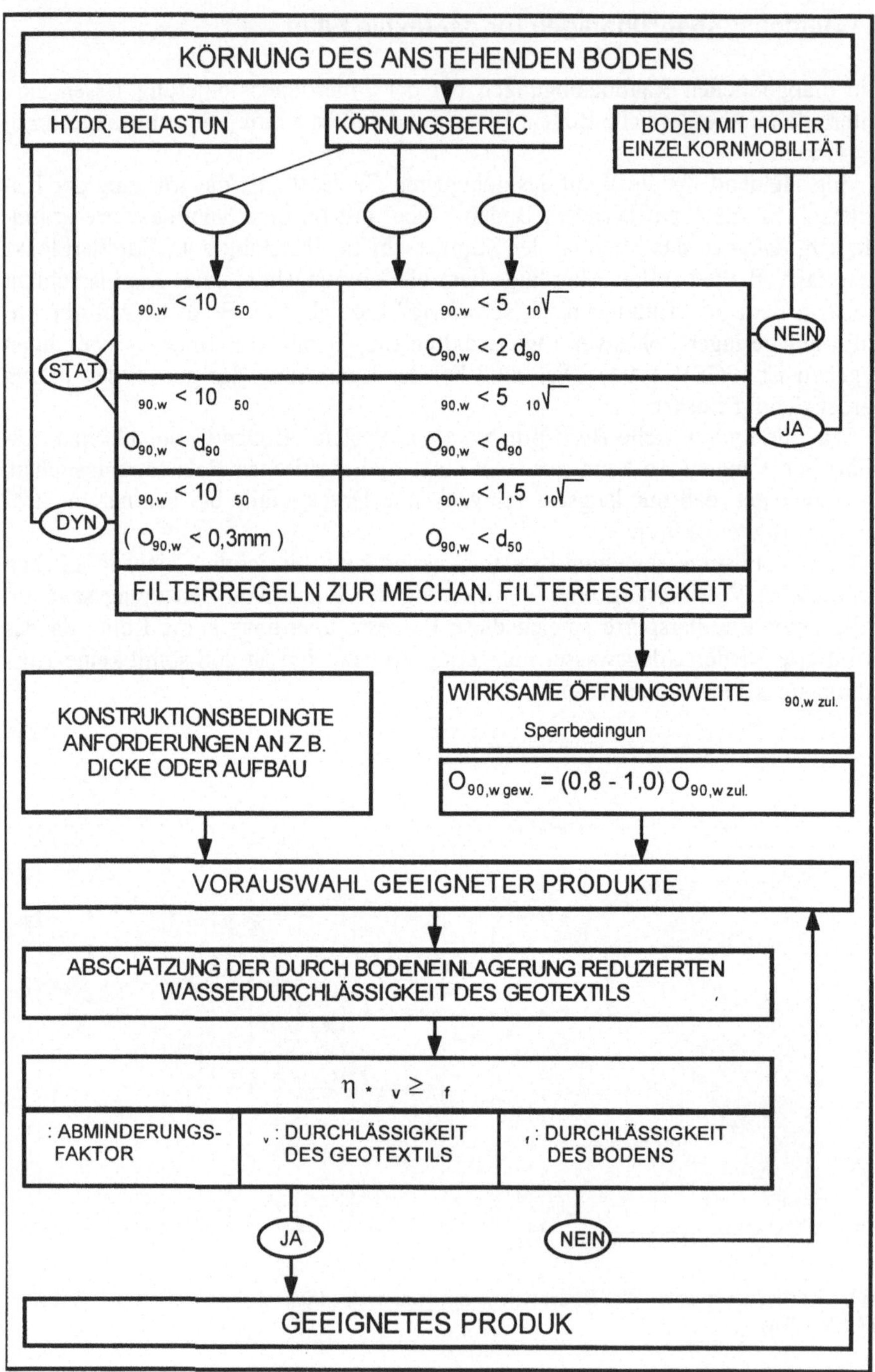

Abb.2 Vereinfachtes Fließdiagramm zur filtertechnischen Bemessung (Saathoff 1991)

Zu den äußeren Kräften zählen alle Belastungen, die während der Bauphase und im Endzustand auf das Geotextil einwirken. Besonders die Beanspruchungen während des Einbaus sind nicht zu vernachlässigen, auf ausreichende Robustheit des Geotextils und eine sachgerechte Behandlung sollte daher geachtet werden. Wird ausdrücklich bewehrende Funktion des Geotextils gefordert, so muß ein Produkt mit entsprechend hoher Zugfestigkeit und Dehnbarkeit gewählt werden.

In einem ersten Schritt bei der Auswahl eines geeigneten Geotextils werden in Abhängigkeit von der Art der hydraulischen Belastung und der Körnung des zu filternden Bodens die entsprechenden Filterregeln bezüglich der mechanischen Filterfestigkeit angewendet (Abb. 2). Die mechanische Filterstabilität, auch als Bodenrückhaltevermögen bezeichnet, steht bei der Anwendung eines Geotextils in einer Kapillarsperre im Vordergrund. Aus der Korngrößenverteilung der Kapillarschicht läßt sich die maximal zulässige Porenöffnungsweite eines Geotextils errechnen, bei der langfristig eine zuverlässige Trennung beider Bodenschichten gewährleistet ist. Um eine gute hydraulische Filterwirksamkeit zu erreichen, sollte bei der Auswahl des Produktes darauf geachtet werden, die zulässige Porenöffnungsweite möglichst auszuschöpfen. Keinesfalls sollte die Porenöffnungsweise des gewählten Geotextils einen Wert von *0,2*zulässige Öffnungsweite* unterschreiten (FGSV 1994). Unter diesen Bedingungen kann von Kolmationssicherheit ausgegangen werden, d.h. die hydraulische Leistungsfähigkeit des Geotextils wird langfristig erhalten bleiben.

Im zweiten Auswahlschritt wird die hydraulische Filterwirksamkeit, die Wasserdurchlässigkeit betrachtet. Dabei muß die Wasserdurchlässigkeit des Geotextils senkrecht zur Geotextilebene im eingebauten Zustand dauerhaft größer sein als die des zu entwässernden Bodens (Kapillarschicht). Es gilt zu berücksichtigen, daß die Durchlässigkeit eines Geotextils im Einbauzustand verringert werden kann (FGSV 1994). Dies geschieht zum einen durch Blockieren von Öffnungen im Kontakt mit dem Bodenmaterial, zum anderen durch Einlagerung von Feinpartikeln ins Geotextil (Tiefenfiltration). Um die Ausbildung eines Tiefenfilters zu ermöglichen, muß außerdem durch eine ausreichende Dicke des Geotextils die erforderliche Filtrationslänge zur Verfügung gestellt werden (DVWK 1991, Saathoff 1996).

3.2 Benetzungsverhalten von Geotextilien

Das Benetzungsverhalten von Geotextilien spielt für den besonderen Einsatz in Kapillarsperren eine große Rolle. Während der Vorgang des Filterns unter wassergesättigten Bedingungen stattfindet, herrschen in einer Kapillarsperre ungesättigte Verhältnisse, so daß zusätzlich Be- und Entwässerungsvorgänge berücksichtigt werden müssen.

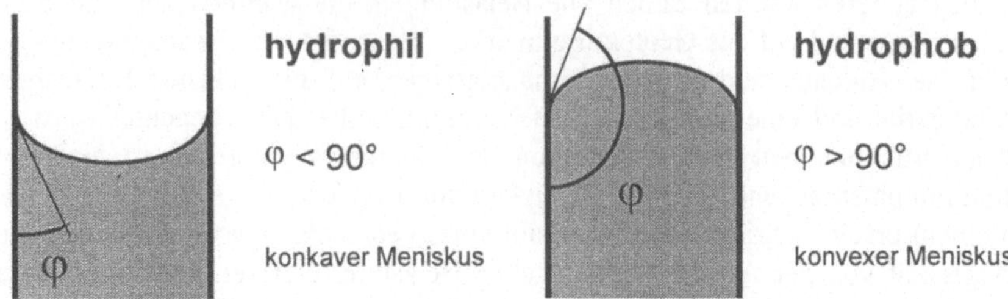

Abb.3 Randwinkel hydrophiler und hydrophober Materialien (nach Kuntze et al. 1994)

Das Benetzungsverhalten eines Feststoffes ist abhängig von der Grenzflächenspannung zwischen dem Feststoff und einer Flüssigkeit, in diesem Fall Wasser. Sie bestimmt die Größe des Randwinkels φ, der sich an der Grenzfläche fest/flüssig ausbildet. Ist der Randwinkel < 90°, so bezeichnet man den Feststoff als hydrophil, dies bedeutet, daß er von Wasser benetzt wird. Bei einem Randwinkel > 90° liegt ein hydrophobes Material vor, das von Wasser nicht benetzt wird. Abbildung 3 veranschaulicht die Ausbildung der Randwinkel in einer Kapillare aus hydrophobem bzw. hydrophilem Material.

In Tabelle 1 sind die aus den Oberflächenspannungen berechneten Randwinkel verschiedener Kunststoffe mit Wasser aufgeführt, die bei der Herstellung von Geotextilien Verwendung finden. Sie liegen im Bereich zwischen 72° und 107°, zum Vergleich: Für mineralische Böden wird näherungsweise ein Randwinkel zwischen Bodenkorn und Wasser von 0° angenommen (Kuntze et al. 1994). Dies bedeutet, daß Wasser im Boden als vollständig benetzende Flüssigkeit wirkt.

Tabelle 1 Berechnete Randwinkel verschiedener Polymere mit Wasser (Brunschlik 1993)

Polymer	Polyamid 6.6 (PA)	Polyester (PES)	Polyvinylchlorid (PVC)	Polyethylen (PE)	Polypropylen (PP)
Randwinkel	72°	76°	87°	105°	107°

Betrachtet man die Formel zu Berechnung der kapillaren Aufstiegshöhe, so wird deutlich, daß der Randwinkel neben den Eigenschaften der Flüssigkeit und dem Kapillarradius eine wichtige Rolle beim Kapillaraufstieg spielt:

$$h = \frac{2 \cdot \delta \cdot \cos\varphi}{\rho \cdot g \cdot r}$$

h	kapillare Aufstiegshöhe	[m]
δ	Oberflächenspannung Wasser	[N/m]
φ	Randwinkel	[°]
ρ	Dichte Wasser	[kg/m³]
g	Erdbeschleunigung	[m/s²]
r	Kapillarradius	[m]

Abbildung 4 zeigt den nach oben genannter Formel berechneten Zusammenhang zwischen dem Kapillarradius und der kapillaren Steighöhe für die in Tabelle 1 aufgeführten Kunststoffe mit ihren unterschiedlichen Randwinkeln sowie für einen mineralischen Boden. Dabei verhält sich die Höhe des Kapillaraufstiegs umgekehrt proportional zu Kapillardurchmesser und Größe des Randwinkels. Kapillaren aus den hydrophoben Materialien Polyethylen (PE) und Polypropylen (PP) weisen stets negative 'Steighöhen' auf. Das bedeutet, daß sie erst bewässert werden, wenn ein Druck entsprechend der Größe des kapillaren 'Aufstiegs' als auflastende Wassersäule aufgegeben wird. Dieses Ergebnis ist theoretisch auf Geotextilien übertragbar, wenn man davon ausgeht, daß die wirksame Porenöffnungsweite den größten auftretenden Porenkanal darstellt (Brunschlik 1993). Dann läßt sich für ein Geotextil aus einem bestimmten, unbehandelten Rohstoff (d.h. keine Zusatzstoffe, keine Avivage) und bekannter Porenöffnungsweite rechnerisch ein Wert für seine kapillare Aufstiegshöhe bestimmen. In der Praxis bestätigten sich solche Voraussagen jedoch nicht, wie im folgenden dargestellt wird.

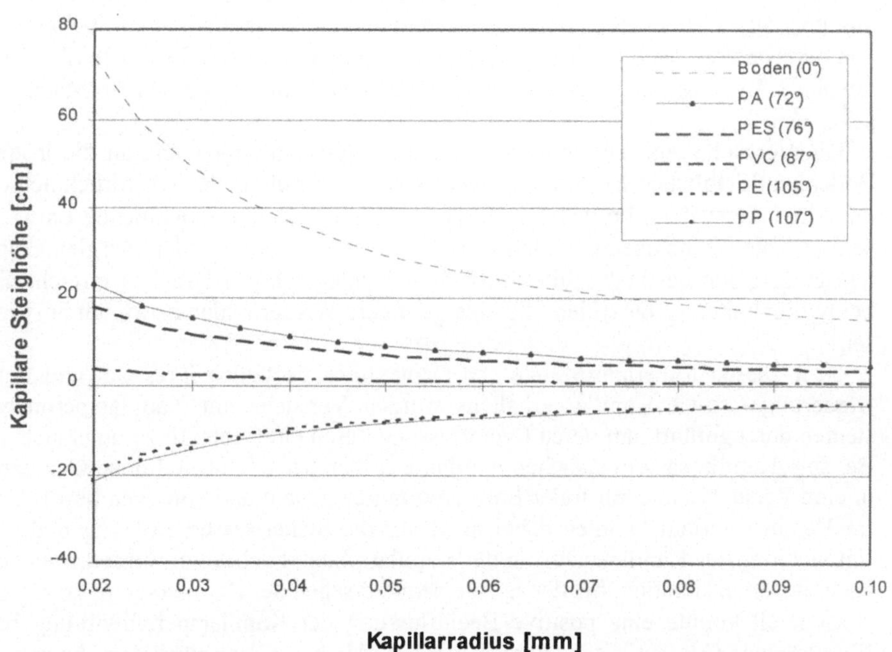

Abb.4 Berechneter Zusammenhang zwischen Kapillarradius und kapillarer Steighöhe für mineralischen Boden und verschiedene unbehandelte Kunststoffe (verändert nach Brunschlik 1993)

4 Laborversuche zum Einfluß von Geotextilien auf eine Kapillarsperre

Brunschlik (1993) untersuchte verschiedene mechanisch verfestigte Vliesstoffe hinsichtlich ihrer kapillaren Eigenschaften nd ihres Einflusses auf die Dichtwirkung von Kapillarsperren untersucht.

Die Materialuntersuchungen ergaben, daß die Herstellerangabe zum Faserrohstoff keine unmittelbaren Rückschlüsse auf das Verhalten der Geotextilien hinsichtlich ihrer Benetzbarkeit (hydrophil/hydrophob) erlaubt. Dies ist erstens zurückzuführen auf eine Ummantelung der Rohstoffasern mit einer Avivage, zweitens auf Zusatzstoffe, die die physikalisch-chemischen Eigenschaften des Ausgangsmaterials verändern und dadurch auch die Kapillarität des Geotextils beeinflussen.

Bei der Untersuchung des Sorptionsverhaltens der Geotextilproben bestätigten sich die theoretischen Überlegungen, wonach hydrophob wirkende Geotextilien, im Gegensatz zu den hydrophilen Vliesstoffen, erst unter einer gewissen auflastenden Wassersäule bewässert werden. In den durchgeführten Versuchen wurden erforderliche Druckhöhen von mind. 4–5 cm WS ermittelt, um Wassersättigungen von über 80 % zu erreichen. Allerdings stimmten die experimentell ermittelten mit den berechneten Werten nur bedingt überein. Hauptursache dafür dürfte die oben erwähnte Unsicherheit bezüglich des tatsächlich kapillar wirksamen Materials sein.

Die Versuche zum Desoptionsverhalten erfolgten in Anlehnung an die in der Bodenkunde üblichen Bestimmung von pF-Kurven mittels der Überdruckmethode. Alle untersuchten Proben zeigten übereinstimmend eine zunehmende Entwässerung unter zunehmendem äußeren Druck. Allerdings wurden vergleichbare Sättigungsgrade bei hydrophilen Proben erst unter höheren Drücken erreicht als bei hydrophoben Geotextilien, die eine geringere Wasserbindungsaffinität aufwiesen.

Nach diesen Materialprüfungen an Geotextilien bezüglich ihres Be- und Entwässerungs- sowie Kapillarverhaltens wurden Versuche mit Kapillarsperrensystemen durchgeführt, um deren Beeinflussung durch ein Geotextil zu untersuchen. Bei sog. Kapillarsäulenversuchen wurden Kapillarsperren mit und ohne Geotextil in eine Versuchssäule mit freier Entwässerung eingebaut und von oben bewässert. Im Versuchsverlauf konnten dabei nicht nur die Sickerwasserbewegung und die Entwicklung des Kapillarsaums in der Kapillarschicht beobachtet werden, sondern auch die Grenzsituation, bei der es zu einem Versagen der Kapillarsperre kommt.

Generell konnte eine positive Beeinflussung der Kapillarsperrenwirkung bei Einsatz eines Geotextils verzeichnet werden. Als besonders günstig zu bewerten sind dabei hydrophobe Vliesstoffe: Sie führen aufgrund ihres Benetzungswiderstandes zu einer Erhöhung der kritischen hydraulischen Druckhöhe, bei deren Überschreiten ein Wasserdurchbruch aus der Kapillarschicht in der Kapillarblock erfolgt (Wohnlich 1991). Aufgrund dieser die Bewässerung hemmenden Eigenschaft können hydrophobe Geotextilien als ein den Kapillarblock verstärkendes Element angesehen werden. Infiltriertes Regenwasser wird oberhalb der Geotextilebene in der Kapillarschicht lateral abgeleitet, ein Durchbruch in den Kapillarblock erschwert. Da durch die Erhöhung des Kapillarsaums ein größerer leitender Fließquerschnitt zu Verfügung steht., kann zudem eine größere Wassermenge über die Kapillarschicht abgeführt werden als dies ohne Geotextil möglich wäre (Brunschlik et al. 1994).

Diese Beobachtungen werden unterstützt durch die Ergebnisse vergleichender Tankversuche zum Einfluß eines hydrophoben Geotextils auf die Abschirmwirkung einer Kapillarsperre, die von Bauer (1998) durchgeführt wurden. Die Untersuchungen an zwei in Versuchstanks (L: 1,5 m, B: 0,5 m, H: 0,6 m) eingebauten Kapillarsperren ohne, bzw. mit hydrophober geotextiler Trennlage bei gleichem Bodenmaterial liefen parallel unter identischen Randbedingungen ab. Mit Hilfe einer Beregnungsanlage wurden einzelne kurze Starkregenereignisse durch die Aufgabe von 20–45 mm NS über einen Zeitraum von 10–30 Minuten simuliert und nachfolgend die Entwicklung der Abflüsse aus Kapillarschicht (Zwischenabfluß) und Kapillarblock (Basisabfluß) beobachtet. Die Abflußganglinien beider Versuche sind in Abb. 5 dargestellt. (Man beachte die unterschiedliche Skalierung der Ordinatenachsen!)

Die durch den Einsatz des hydrophoben Geotextils erzielte Erhöhung der Dichtwirkung der Kapillarsperre unter den gegebenen hohen hydraulischen Belastungen ist deutlich zu erkennen. Im System ohne Geotextil tritt bereits nach dem ersten Starkregenereignis ein Abfluß aus dem Kapillarblock auf, der ein Versagen der Kapillarsperre anzeigt. Mit zunehmender Häufigkeit der Bewässerung und steigender Zugabemenge verschlechtert sich die Abschirmwirkung der Kapillarsperre. Dagegen funktioniert das System mit Geotextil auch nach mehreren Belastungen ohne Beeinträchtigung. (Das Auftreten von Basisabfluß nach dem ersten Beregnungsvorgang ist auf ein kurzzeitig aufgetretenes anlagentechnisches Problem (behinderte Wasserableitung) zurückzuführen, es ist nicht verursacht durch ein Versagen der Kapillarsperre!) Erst nach der Maximalbelastung der Kapillarsperre im fünften Versuch kommt es zur Überschreitung der kritischen hydraulischen Druckhöhe des Systems.

Darüber hinaus weist die Kapillarsperre mit Geotextil eine wesentlich schnellere Regeneration nach dem Durchbruch in den Kapillarblock auf, als dies beim System ohne Geotextil der Fall ist. Während die Abflußspitzen im Versuch ohne Geotextil wesentlich höher sind und der Kapillarblockabfluß länger nach dem Beregnungsereignis anhält, treten beim Einsatz des Geotextils geringere Spitzenabflüsse aus dem Kapillarblock auf, die schnell wieder auf Null zurückgehen.

128

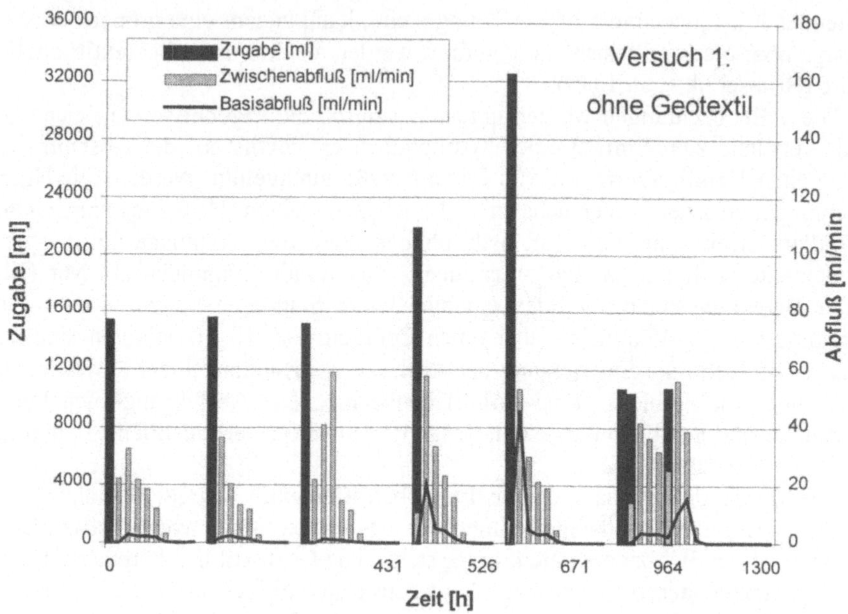

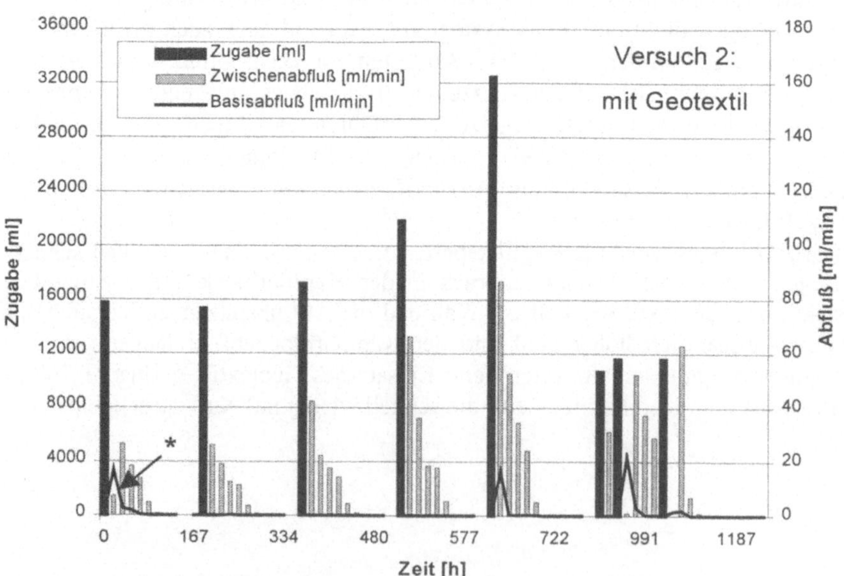

Abb.5 Abflußverhalten der Versuchskapillarsperren nach Simulation einzelner Starkregenereignisse (unterschiedliche Skalierung der beiden Ordinatenachsen !) (nach Bauer 1998)
(oben: Kapillarsperre ohne Geotextil, unten: Kapillarsperre mit Geotextil)
* 1.Durchbruch: siehe Tabelle 2 und Erklärung im Text

Tabelle 2 Wasserbilanzen für dieVersuchskapillarsperren (oben: Kapillarsperre ohne Geotextil, unten: Kapillarsperre mit Geotextil) (Bauer 1998)

Versuch Nr.	Zugabe [ml]	[%]	Zwischenabfluß [ml]	[%]	Basisabfluß [ml]	[%]	Speicherung [ml]	[%]
1.1	15375	100,0	13136	85,4	1538	10,0	701	4,6
1.2	15520	100,0	12913	83,2	1454	9,4	1153	7,4
1.3	15095	100,0	13659	90,5	1209	8,0	227	1,5
1.4	21770	100,0	16237	74,6	4385	20,1	1148	5,3
1.5	32450	100,0	20758	64,0	11540	35,6	152	0,4
1.6	31690	100,0	25204	79,5	6572	20,7	-86	-0,3
Gesamt	131900	100,0	101907	77,3	26698	20,2	3295	2,5

Versuch Nr.	Zugabe [ml]	[%]	Zwischenabfluß [ml]	[%]	Basisabfluß [ml]	[%]	Speicherung [ml]	[%]
2.1	15745	100,0	13961	88,6	(2092)*	(13,3) *	-298	-1,9
2.2	15360	100,0	14325	93,3	10	0,1	1025	6,7
2.3	17195	100,0	17035	99,1	0	0,0	160	0,9
2.4	21840	100,0	18311	83,8	0	0,0	3529	16,2
2.5	32450	100,0	26846	82,7	3636	11,2	1968	6,1
2.6	33880	100,0	29320	86,5	2454	7,2	2106	6,2
Gesamt**	120725	100,0	105837	87,7	6100	5,1	8788	7,3

* Abfluß verursacht durch anlagentechnisches Problem, kein Versagen der Kapillarsperre!
** Summen der Versuche 2.2 bis 2.6

Auch die Wasserbilanzen beider Versuche belegen die positive Beeinflussung der Dichtleistung durch das eingesetzte Geotextil (Tabelle 2). Der Anteil des Abflusses aus dem Kapillarblock am Input ist gegenüber der Sperre ohne Geotextil deutlich verringert trotz ihrer etwas höheren Belastung, wenn man die Wasserzugabe während der gesamten 6 Versuchsphasen betrachtet.

Insgesamt lassen die Versuchsergebnisse auf eine spürbare Erhöhung von Effektivität und Sicherheit des Kapillarsperrensystems durch den Einsatz eines hydrophoben Geotextils schließen.

5 Zusammenfassung

Die Hauptaufgabe von Geotextilien in Kapillarsperren besteht darin, eine exakte Trennung von Kapillarschicht und Kapillarblock zu gewährleisten, ohne dabei die Funktionsfähigkeit der Kapillarsperre zu beeinträchtigen. Der Einsatz der geotextilen Trennlage führt gleichzeitig zu einer wesentlichen Erleichterung der Bauausführung. Zwar stellt die Verwendung eines Geotextils einen zusätzlichen Kostenfaktor beim Bau einer Kapillarsperre dar. Betrachtet man jedoch die gesamten Baukosten, so handelt es sich nur um einen Bruchteil davon.

Um ihre Funktion langfristig erfüllen zu können, müssen Geotextilien in ihren Eigenschaften sorgfältig an die herrschenden Randbedingungen, in erster Linie an die Körnung der Kapillarschicht und die zu erwartenden hydraulischen Belastungen, angepaßt werden. Die Dimensionierung erfolgt nach den einschlägigen Regelwerken zur Bemessung geotextiler Filter (DVWK-Merkblatt 1992, FGSV 1994).

Als zusätzliches Auswahlkriterium ergibt sich aus der speziellen Funktionsweise der Kapillarsperre unter ungesättigten Verhältnissen das Benetzungsverhalten eines Geotextils. Laboruntersuchungen bestätigten die theoretischen Überlegungen, wonach sich besonders hydrophobe Geotextilien für den Einsatz in Kapillarsperren eignen (Brunschlik 1993). Aufgrund ihres Benetzungswiderstands bewirken sie eine Erhöhung der kritischen hydraulischen Druckhöhe, bei deren Überschreiten es zu einem Versagen der Kapillarsperre kommt. Dadurch wird einerseits ein Wasserdurchbruch aus der Kapillarschicht in den Kapillarblock verhindert oder zumindest verzögert. Andererseits kann eine hohe hydraulische Belastung durch bessere laterale Wasserableitung aufgrund des vergrößerten Fließquerschnitts im mächtigeren Kapillarsaum schneller abgebaut werden. Insgesamt können durch den Einsatz eines geeigneten hydrophoben Geotextils Sicherheit und Effektivität einer Kapillarsperre gesteigert werden. Dies konnte auch durch vergleichende Tankversuche belegt werden, bei denen der Einfluß eines Geotextils auf die Dichtwirkung von Kapillarsperren unter extremen Bewässerungsverhältnissen untersucht wurden (Bauer 1998).

6 Literatur

Bauer, E. (1998): Eignung verschiedener Materialien für Kapillarsperren – Materialauswahl und Dimensionierung.- [in Vorbereitung].

Brunschlik, R. (1993): Der Einfluß von Geotextilien auf die Effektivität von Kapillarsperrsystemen.- Unveröffentl. Diplomarbeit Ludwig-Maximilians-Universität München: 75 S., 45 Abb., 40 S. Anhang; München.

Brunschlik, R., & Weigl, P., & Wohnlich, S. (1994): Kapillarsperren als alternative Barrieren in Oberflächenabdichtungen von Deponien.- EntsorgungsPraxis, 3/94: 16-21, 7 Abb.; Gütersloh.

DVWK (Deutscher Verband für Wasser- und Kulturbau) (1992): Anwendung von Geotextilien im Wasserbau.- Merkblätter zur Wasserwirtschaft 221/1992: 31 S.; Hamburg, Berlin (Paul Parey).

FGSV (Forschungsgesellschaft für Straßen- und Verkehrswesen) (1994): Merkblatt für die Anwendung von Geotextilien und Geogittern im Erdbau des Straßenbaus.- 72 S., 39 Abb., 7 Tabb.; Köln.

Krug, M. (1997): Untersuchungen zur Beurteilung der Filterwirksamkeit von Geotextilien bei geringer hydraulischer Belastung.- BayFORREST-Schlußbericht zum Forschungs- und Entwicklungsvorhaben Projekt Nr. F 58; Lehrstuhl und Prüfamt für Grundbau, Bodenmechanik und Felsmechanik, Technische Universität München: 179 S.+ Anlagen; München (unveröffentlicht).

Kuntze, H., & Roeschmann, G., & Schwerdtfeger, G. (1994): Bodenkunde.- 5. neubearb. u. erweit. Aufl.:424 S.,178 Abb., 4 Farbtafeln, 188 Tab.; Stuttgart (Ulmer).

Saathoff, F. (1991): Geokunststoffe in Dichtungssystemen.- Mitteilungen des Franzius-Instituts für Wasserbau und Küsteningenieurwesen der Universität Hannover, 72: 316 S.; Hannover.

Saathoff, F. (1996): Filtern mit Geotextilien.- Weiterbildungszentrum Technische Akademie Esslingen, Lehrgang Nr. 20495/85.134 "Geokunststoffe in der Geotechnik", 29.+30. Jan. 1996: 37 S.; Esslingen (unveröffentlicht).

Wohnlich, S. (1991): Kapillarsperren – Versuche und Modellberechnungen.- Schriftenreihe Angew. Geol. Karlsruhe, 15: I–XVII, 1–127; Karlsruhe.

Entgasungseinrichtungen für Oberflächen-abdichtungssysteme

G. Rettenberger
Ingenieurgruppe RUK

1 Einfluß auf die Gasentwicklung

Aus der Biogastechnik ist bekannt, daß verschiedenste Faktoren die Biogasentwicklung hinsichtlich Gasmenge und Erzeugungsgeschwindigkeit beeinflussen. Dazu gehören:

- Anfangsbedingungen wie Massenanteil der org. Substanz
- Milieufaktoren wie Wassergehalt, pH-Wert, Nährstoffe
- Prozeßbedingungen wie Umwälzung, Temperatureintrag
- Toxische Einflüsse
- Erfassung

Durch Oberflächenabdichtungen wird der Deponiekörper vielfältigst verändert. Einer der wesentlichsten Punkte ist die Auswirkung auf den Wasserhaushalt, wobei hier der Wassergehalt verändert werden kann aber auch die Wasserbewegung. In der Praxis wird bei Ausgrabungen an Deponien immer wieder festgestellt, daß diese trocken sind, was aber aufgrund der bekannten Wasseraustragspfade eigentlich nicht auftreten dürfte. Vielmehr müßte der Deponiekörper aufgrund des Abfallschwundes durch den biologischen Abbau feuchter werden. Dadurch, daß bei Entgasungsanlagen immer wieder ein rapider Rückgang der Gasentwicklung beobachtet wird, müssen auch andere Effekte diskutiert werden. Dazu gehören vor allen Dingen:

Anfangsbedingungen:

In vielen Deponien wird der Abfall sehr trocken eingebaut, oder der Abfall wird vor dem Einbau mehr oder weniger zufällig „kompostiert".

toxische Einflüsse:

Diese treten an vielen Deponien durch ein Übersaugen der Deponie auf. Die eingesaugte Luft führt zu einem Absterben der Methanbakterien.

Erfassung:

Oftmals verschlechtert sich die Erfassung durch ein Verstopfen der Kollektoren oder durch einen Wassereinstau.

Damit kommt es gelegentlich in der Praxis, wo der Rückgang der Gasentwicklung häufig der Oberflächenabdichtung zugeschoben wird, zu einer Fehlbewertung, da der häufigste Fehler die Übersaugung ist.

Üblicherweise wird der Biogasbildungsprozess in der Deponie durch einen Abbau erster Ordnung mit einer Halbwertszeit von ca. 5 Jahren modelliert. Diese Prognosen werden häufig sehr gut erfüllt, jedoch gibt es immer wieder teilweise extreme Abweichungen. Nach aller Erfahrung dürfte, wie bereits ausgeführt, die Hauptursache in einem Übersaugen zu suchen sein. Gleichwohl dürfte ein Austrocknen in einigen Fällen nicht wegdiskutiert werden, zumindest nicht ein Unterdrücken eines Spüleffektes. Nach ausführlichen Untersuchungen an der Fachhochschule Trier kann gesagt werden, daß unter 30 % Wassergehalt die Gasbildung weitestgehend unterbleibt, während sie über 50 % Wassergehalt praktisch ungehindert abläuft.

Die Bedeutung einer Oberflächenabdichtung bezüglich gasförmiger Emissionen ist aber vor allem darin zu suchen, daß der Gastransport aus der Deponie hinaus beeinflußt wird. Dieser Transport erfolgt überwiegend aufgrund eines Druck- bzw. Konzentrationsgefälles. Bei erhöhter Gasproduktion überwiegt der Einfluß des Druckgefälles, bei niedriger Gasproduktion der des Konzentrationsgefälles. Bei geringer Gasproduktion kann sich auf den Gastransport auch eine Änderung des atmosphärischen Druckes besonders auswirken. Die Deponie zeigt dann einen Atmungseffekt. Bei fallendem Luftdruck atmet sie z. B. aus. Im Grunde entspricht dies aber einem Transport, der durch ein Druckgefälle hervorgerufen wird.

Was würde nun geschehen, wenn die Oberfläche absolut dicht wäre, es also zu keinem Stofftransport trotz eines Druckgefälles kommen würde? Der Druck in der Deponie würde immer mehr ansteigen, bis letztendlich das System der Oberflächenabdichtung versagen würde. Drücke, die durch die Mikroorganismentätigkeit erzeugt werden, können mehrere Zehnerpotenzen Bar erreichen. Für die Praxis bedeutet dies, daß eine Oberfächenabdichtung in keinem Fall in der Lage wäre, ohne eine Entgasung Deponiegasemissionen zu verhindern.

Wird also die Frage danach gestellt, wie eine Entgasungstechnik bei einer oberflächenabgedichteten Deponie gestaltet sein soll, so muß sich die Antwort daran orientieren, welche Kombination Oberflächenabdichtung/Entgasung die günstigste ist.

Ein weiterer Punkt bezüglich des Einflusses von Oberflächenabdichtungen auf den Deponiekörper ist von größter Bedeutung: Ausführliche Untersuchungen an Deponieoberflächen haben gezeigt, daß im oberflächennahen Bereich die Gasemission nicht in der Lage ist, das Eindringen von Luft in den Deponiekörper zu verhindern. Damit kommt es im oberflächennahen Bereich im Boden oder Abfall zu einer Vermischungszone von Deponiegas und Luft wie dies in Abb. 1 dargestellt ist.

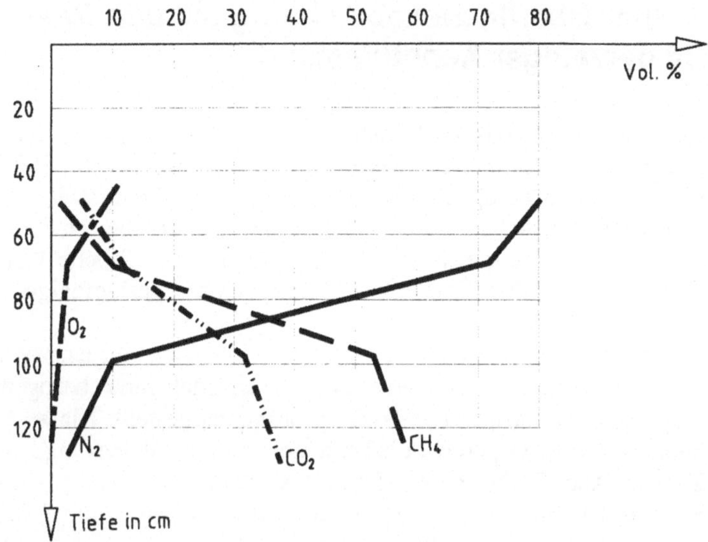

Abb. 1 Beispiel der Porengaskonzentration an einer im Betrieb befindlichen Deponie

Das Deponiegas kommt also bei seinem Weg aus der Deponie heraus noch im Deponiekörper selber von einer anaeroben Zone in eine aerobe. Somit kommt es neben Verdünnungseffekten auch zu chemisch-physikalisch bzw. mikrobiell bedingten Veränderungen des Deponiegases. Hierbei werden Inhaltsstoffe des Deponiegases chemisch abgebaut bzw. ab/absorbiert, z. B. Schwefelwasserstoff oder aber mikrobiell oxidiert, z. B. Methan (mikrobielle Methanoxidation). Es wäre also durchaus möglich, daß an der Oberfläche der Rekultivierungsschicht einer Deponie kein Deponiegas mehr gemessen werden kann, obwohl durch das darunter liegende Dichtungselement noch ein Deponiegastransport stattfinden würde.

Somit müssen die betrieblichen Abläufe möglichst quantitativ, zumindest aber detailliert quantitativ beschrieben werden, um das bestmögliche System einer Oberfächenabdichtung/- Entgasung mit oder ohne Zusatzbefeuchtung einsetzen zu können. Das Ziel, welches es dabei zu erreichen gilt, ist natürlich ein Minimum an Emissionen sowie ggf. eine möglichst weitestreichende Stabilisierung des Deponiekörpers.

2 Einfluß einer Oberflächenabdichtung auf den Gashaushalt derzeitiger Kenntnisstand

Die Erfahrungen aus der Praxis sind nach wie vor widersprüchlich. Bei einer Deponie in Nordrhein-Westfalen, die zwischen 1977 und 1980 mit ca. 300.000 t Abfall verfüllt wurde und komplett mit einer Kunststoffdichtungsbahn in den Jahren 1987 bis 1988 abgedichtet wurde, wurden über 2 Jahre die erfaßten Gasmengen dokumentiert. Im Vergleich zur Gasprognose, die aus Tabelle 1 zu entnehmen ist, zeigen die in Tabelle 2 erfaßten Gasmengen nur geringfügige Änderungen.

Bei systematischen Untersuchungen in Nordrhein-Westfalen wurden von mehreren Deponien die erfaßten Deponiegasmengen ermittelt und bezogen auf 100.000 m^2 Deponieinhalt nach zwei Klassen geordnet dargestellt. Klasse 1 (siehe Abb. 2) repräsentiert die Deponien, die keine qualifizierte Abdeckung besitzen und Klasse 2 (siehe Abb. 3) diejenigen, deren Abdeckung mindestens bezüglich des k_f-Wertes unter 10^{-7} m/s liegen. Wie aus den Abbildungen 2 und 3 hervorgeht, scheinen bei Klasse 2 die erfaßten Gasmengen höher zu sein (was für die Abdichtung als Maßnahme des Emissionsschutzes spricht), wohingegen der Rückgang der Gasmengen schneller erfolgt (was für ein Austrocknen sprechen könnte).

An der Deponie Heßheim wurde zur erfaßten Gasmenge die prozentuale Folienabdichtung festgehalten. Wie aus Abb. 4 zu entnehmen ist, hat es an der Deponie Heßheim innerhalb ca. eines ¾ Jahres über eine Halbierung der erfaßten Deponiegasmenge gegeben, was von der erwarteten Gasmenge (Prognose, Abb. 5) beträchtlich abweicht. Durch ein Befeuchten des Deponiekörpers konnte eine nennenswerte Steigerung der erfaßten Gasmenge erreicht werden (Abb. 6).

Damit ergibt sich ein uneinheitliches Bild bezüglich der Auswirkungen einer Oberflächenabdichtung auf die Gasentwicklung. Zumindest an einigen Deponien kann ein solcher Zusammenhang nicht ausgeschlossen werden.

Tabelle 1 Prognose der Gasentwicklung an einer oberflächenabgedichteten Deponie

Modelparameter	1		2	
Temperatur	30 °C		27 °C	
Organischer Kohlenstoff	200 kg/t		180 kg/t	
Abbaukonstante	0,05		0,04	
Betriebsjahre	Theoretische Gasbildung	Erfaßbare Gasmenge	Theoretische Gasbildung	Erfaßbare Gasmenge
1978	244	70	167	48
1979	461	133	319	92
1980	655	189	458	132
1981	827	238	584	168
1982	737	212	533	154
1983	657	189	486	140
1984	586	169	443	128
1985	522	150	404	116
1986	465	134	369	106
1987	415	119	336	97
1988	370	106	307	88
1989	329	95	280	81
1990	294	85	255	73
1991	262	75	233	67
1992	233	67	212	61
1993	208	60	194	56
1994	185	53	176	51
1995	165	48	161	46
1996	147	42	147	42
1997	131	38	134	39
1998	117	34	122	35
1999	104	30	111	32
2000	93	27	102	19
2001	83	24	93	17
2002	74	31	84	24
2003	66	19	77	22
2004	59	17	70	20
2005	52	15	64	18
2006	47	13	58	17
2007	41	12	53	15
2008	37	11	49	14
2009	33	9	44	13
2010	29	8	40	12
2011	26	8	37	11
2012	23	7	34	10
2013	21	6	31	9

Tabelle 2 Tatsächlich erfaßte Gasmengen an der oberflächenabgedichteten Deponie

Auswertung der Gasmessungen 1990

Monat	Gasmenge	Methankonzentration	Deponiegasmenge (bezogen auf 55% Methan)
	m^3/h	%	m^3/h
JAN 1990	132	42	101
MAI 1990	114	40	89
JUN 1990	110	49	98
AUG 1990	101	47	85
NOV 1990	115	33	80
DEZ 1990	110	36	75
1990	114	43	89

Auswertung der Gasmessungen 1991

Monat	Gasmenge	Methankonzentration	Deponiegasmenge (bezogen auf 55% Methan)
	m^3/h	%	m^3/h
JAN 1991	110	38	76
FEB 1991	96	37	65
MÄR 1991	65	40	47
APR 1991	44	40	32
OKT 1991	73	47	62
NOV 1991	80	42	81
1991	78	41	57

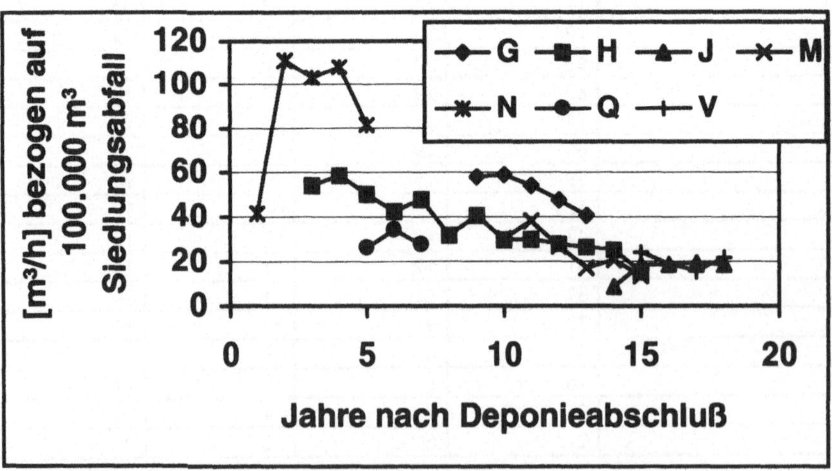

Abb. 2 Verlauf der spezifischen erfaßten Gasmengen in m^3/h pro 100000 m^3 über die Zeit bei schlecht abgedeckten Deponien

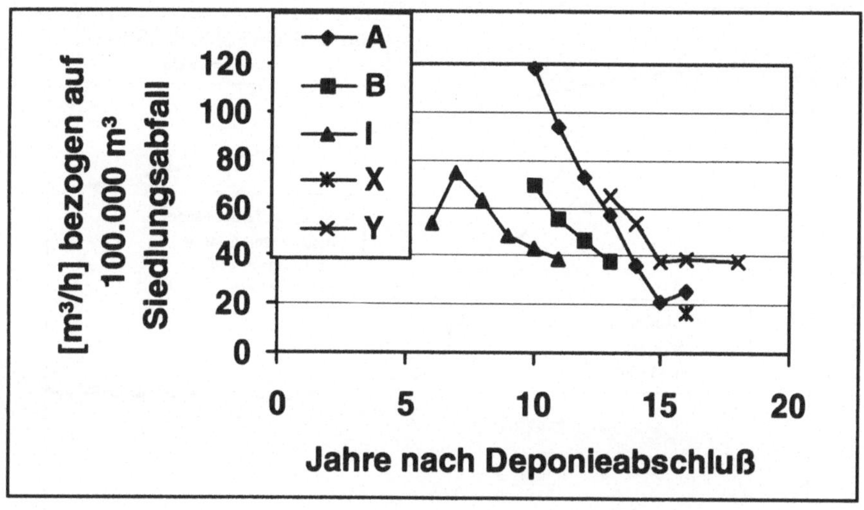

Abb. 3 Verlauf der spezifischen erfaßten Gasmengen in m³/h pro 100000 m³ über die Zeit bei gut abgedeckten Deponien

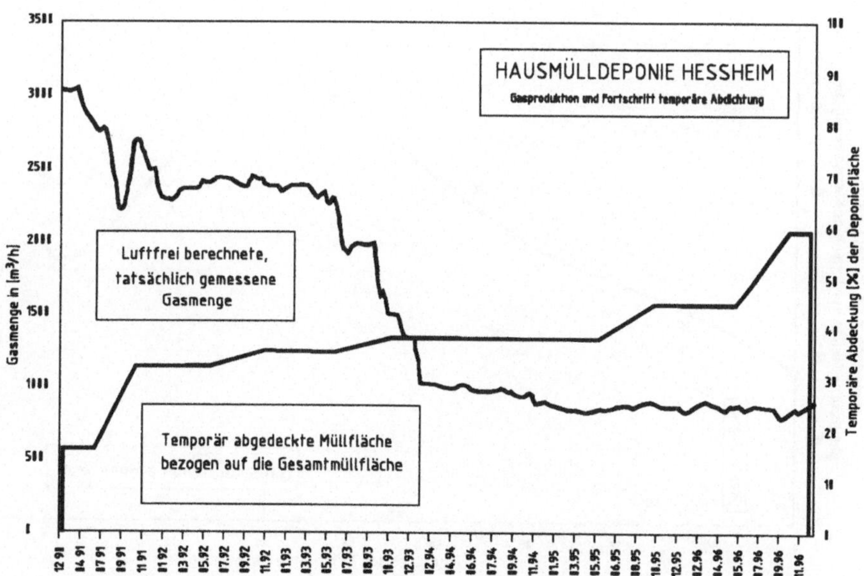

Abb. 4 Gasentwicklung über die Zeit an der Deponie Heßheim

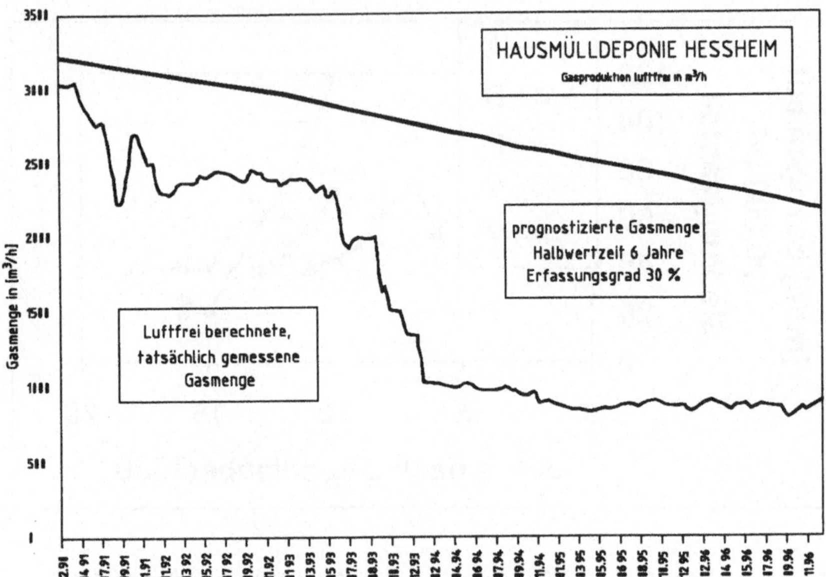

Abb. 5 Gasentwicklung und Gasprognose an der Deponie Heßheim

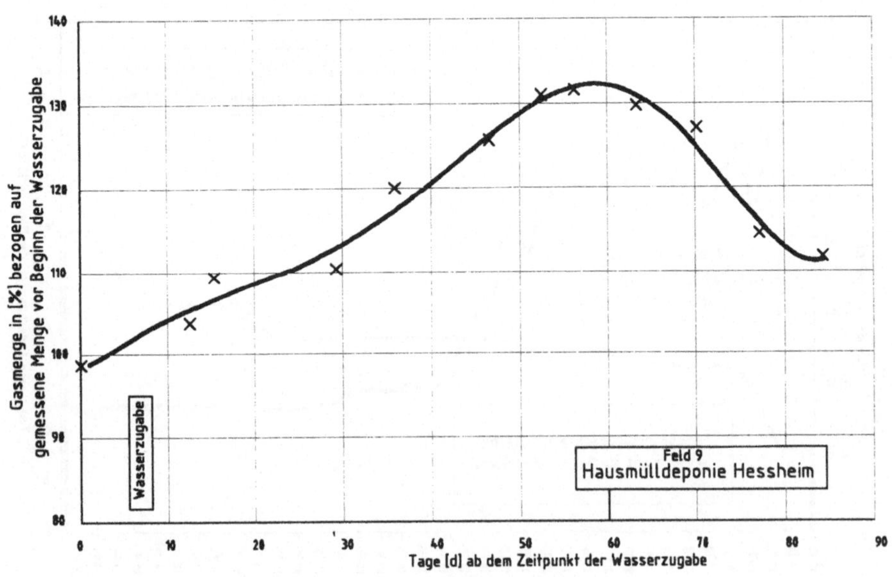

Abb. 6 Entwicklung der erfaßten Gasmenge nach Wasserzugabe an der Deponie Heßheim

3 Zielsetzung für eine Oberflächenabdichtung zur Verringerung diffuser Methangasemissionen

Hierfür gibt es zwar bislang keine vorgegebenen Richtwerte oder dergleichen, bezüglich der Meßmethode allerdings besteht gemäß der TA Siedlungsabfall Einigkeit. Danach wird auf den Flammenionisationsdetektor (FID) zurückgegriffen, wobei diesem die Gase zugeführt werden, die direkt an der Oberfläche der Deponie (Rekultivierungsschicht) abgesaugt werden. Die Methode ist jedoch bis dato nicht standardisiert. In der Regel wird die gesamte Oberfläche einer Deponie systematisch in einem engen Raster erfaßt. Die Ergebnisse werden in einer Karte dargestellt, um Bereiche mit erhöhten Werten erkennen zu können. Damit hat der Deponiebetreiber ein relativ gutes Mittel an der Hand, um gezielte Sanierungen durchzuführen. Nach eigenen Untersuchungen sollten die Werte, die mit dem FID gemessen werden, unter 100 ppm, besser unter 50 ppm liegen. Üblicherweise werden jedoch an Deponien die größten Anteile an der Oberfläche in Meßbereiche unter 10 ppm eingestuft werden können, was in etwa die Nachweisgrenze der Methode mit dem FID darstellt. In der Abb. 7 ist hierfür ein Beispiel angegeben.

4 Betrachtung des Systems Entgasung / Oberflächenabdichtung / Rekultivierungsschicht / Deponiekörper

Als Entgasungstechnik kann prinzipiell die sogenannte aktive oder passive Gasableitung eingesetzt werden. In der Praxis kommt heute überwiegend die aktive Entgasung, also die Absaugung des Gases, zur Anwendung, da die passive Entgasung an die Dichtigkeit der Oberfläche so hohe Anforderungen stellt, die derzeit an Deponien noch nicht realisiert werden. Würde man unterstellen, daß die Deponie perfekt abgedichtet wäre, so müßte im Grundsatz ein Rohr an einer Stelle zur Gasableitung ausreichen. Bei geringerem Perfektionsgrad der Abdichtung müßten dann mehrere Stellen zur Gasableitung geschaffen werden. In der Praxis ist dies gelegentlich mit Öffnungen in der Oberfläche in Form von Biofiltern ausgeführt worden.

Bei einer aktiven Entgasung besteht die strömungsmechanisch gehaltvolle Aufgabe, den Unterdruck in der Deponie möglichst gleichmäßig aufzubauen. Dies gelingt praktisch nur dadurch, daß der Deponiekörper umfassend mit Gasableitungseinrichtungen (Gaskollektoren) ausgestattet wird, die in ihrem Innern nur einen kleinen Druckverlust verursachen, bei dem Übergang zum Deponiekörper aber einen deutlichen Druckverlust erzeugen. Als Gaskollektoren kommen horizontale bzw. vertikale Systeme zur Anwendung. Je nach Anwendung haben beide Vor- und Nachteile.

Bezüglich ihres Verhaltens unter der Oberflächenabdichtung ist es zunächst von Bedeutung, den Zustand des Gases direkt unterhalb der Oberflächenabdichtung zu betrachten. Dabei kann von folgender, in Abb. 8 dargestellten, modellhaften Vorstellung über den Verlauf des (Unter-)Druckes ausgegangen werden.

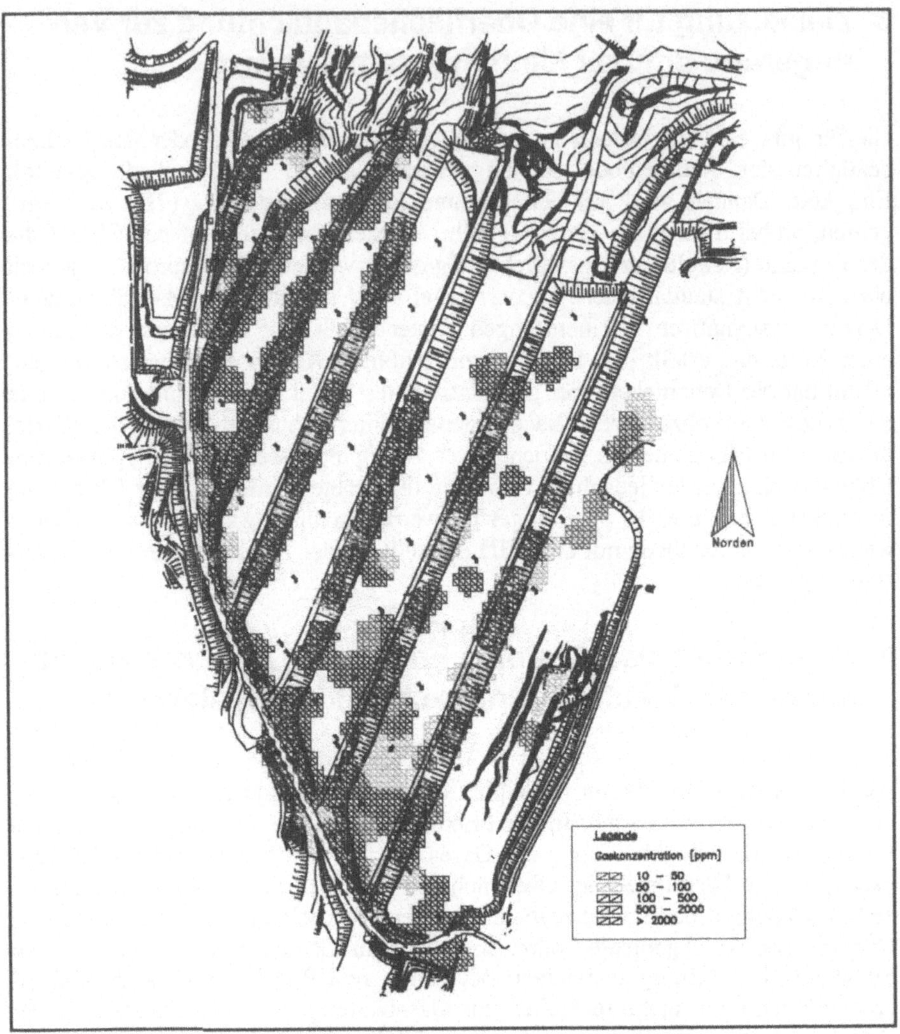

Abb. 7 Ergebnis einer FID-Begehung

Aus der Abb. 8 soll deutlich werden, daß die Linien gleichen Druckes (Isobaren) um den Gaskollektor etwa zwiebelartig verlaufen, in der Gasdränschicht aber eine Unstetigkeit auftritt. Diese äußert sich dahingehend, daß in der Gasdränschicht praktisch überall ein gleicher, sehr kleiner Unterdruck vorherrscht. Wäre jetzt eine perfekte Abdichtung vorhanden, so würde sich im Laufe der Zeit der Unterdruck immer mehr erhöhen, in der Deponie würde ein ständig anwachsendes Vakuum entstehen. Wäre die Abdichtung in einem gewissen Grade durchlässig, so würde Luft angesaugt werden. Der Unterdruck, der sich dann in der Gasdränschicht einstellen würde, wäre gerade so groß, damit ein entsprechender

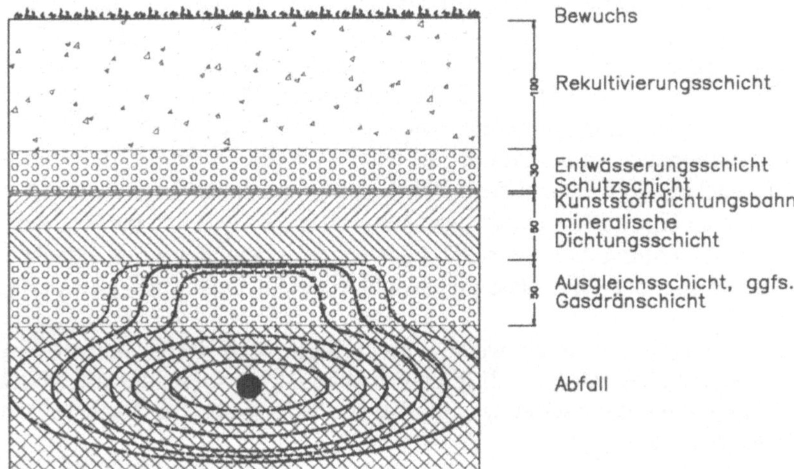

Abb. 8 Modellhafte Darstellung der Isobaren um einen Gaskollektor im Bereich der Oberflächenabdichtung

Lufttransport finden könnte. Bei stark durchlässigen Abdeckungen wäre also unter der Abdeckschicht nur ein minimaler Unterdruck möglich, der Einzugsbereich der Kollektoren entsprechend gering. Zusammenfassend läßt sich also die Situation so charakterisieren, daß bei zuehmender Undurchlässigkeit des Dichtungselementes der Unterdruck unter dem Dichtungselement höher eingestellt werden kann. Je höher der Unterdruck ist, umso sicherer ist die Wirkung gegen Restemissionen.

Natürlich könnte jetzt die Kapazität der Entgasung bei durchlässigeren Abdichtungen einfach erhöht werden. Durch ein Übersaugen ließe sich sicherlich die Restemission weiter minimieren. In der Praxis sind dieser Vorgehensweise Grenzen gesetzt, da ein Übersaugen erhebliche Probleme durch Selbsterwärmung, Störung der Biozönose im Deponiekörper und der Bildung gefährlicher, explosionsfähiger Atmosphäre im Innern der Entgasungsanlage mit sich bringt. Infolgedessen würde die Reaktion des Planers auf eine hohe Durchlässigkeit der Abdeckung einfach sein, nämlich die Zahl der Entgasungskollektoren so weit zu erhöhen, daß der Lufteintrag gemindert werden kann. Damit ist die Wirtschaftlichkeit bei einer solchen Vorgehensweise zu prüfen. So lassen sich selbst bei Abdeckungen Entgasungsanlagen so fahren, daß eine Restemission bei minimaler Luftansaugung sicher vermieden werden kann. Dies setzt allerdings, das sei hier nebenbei erwähnt, ein häufigeres Kontrollieren mit dem FID voraus.

Ein Gesichtspunkt spielt eine wesentliche Rolle, nämlich der der Homogenität des Deponiekörpers und der Abdeckschicht. Immer wieder wird an Deponien beobachtet, daß diffuse Gasaustritte lokal konzentriert an wenigen Stellen der Deponieoberfläche mit bestimmten Häufungen im Böschungsbereich auftreten. Dies ist vor allem darauf zurückzuführen, daß die Gase aufgrund der Ablagerung von durchlässigen Abfällen, wie z. B. Bauschutt, zusammen mit wenig durchlässigen Abfällen, wie z. B. Klärschlamm, den Deponiekörper konzentriert verlassen. Aber auch der schichtenweise Aufbau der Deponie führt zu inhomogenen Emissionen.

Dasselbe trifft auf die Verteilung der Durchlässigkeitswerte für die Abdichtung zu. Eine Schwankung um 1 bis 2 Zehnerpotenzen kann leicht auftreten, was bei den Emissionen dann immerhin einen Unterschied ebenfalls bis um den Faktor 100 hervorrufen kann. Und ob aus einer Deponie 1 oder 100 m^3 emittieren, ist ein nachhaltiger Unterschied. Würde man also davon ausgehen, daß an einer Deponie an einer Stelle Deponiegas konzentriert austritt und darüber zufällig auch die Abdichtung etwas durchlässiger ist, so ist einfach die Wahrscheinlichkeit sehr gering, daß diese Gase gleichwohl über ein Entgasungssystem erfaßt werden.

Es ist daher außerordentlich wichtig festzuhalten, daß die Sicherheit einer Entgasung umso höher hinsichtlich ihrer Effizienz ist, umso dichter die Abdekkung ist, da sich nur dann wirkungsvoll über große Bereiche der Deponiefläche ein Unterdruck aufbauen läßt.

Es ist natürlich unerläßlich, daß die Frage, was ist als gasundurchlässig in Bezug auf Deponiegasemissionen zu bezeichnen, geklärt wird. Ohne jetzt auf detaillierte Strömungsmodelle einzugehen, kann gesagt werden, daß die Gasdurchlässigkeit bei einem kf-Wert von 10^{-7} m/s zu einer Emission führen würde, die etwa gerade der durchschnittlichen mittleren Emission einer 20 m hohen aktiven Deponie entsprechen würde.

Jedoch kommt ein entscheidender Punkt hinzu. Die Gasdurchlässigkeit eines Bodens wird nicht nur durch seinen kf-Wert beeinflußt, sondern auch durch den Wassergehalt bzw. den Grad der Sättigung des Porenvolumens mit Wasser. Bei Wassersättigung ist auch ein poröser Boden praktisch gasundurchlässig, während ein wenig wasserdurchlässiger Boden bei Austrocknung sofort keinerlei Dichtwirkung gegen Gase besitzt. Umfangreiche Laboruntersuchungen an der Universität Stuttgart [1] haben dies bestätigt. Kunststoffdichtungsbahnen sind praktisch als gasundurchlässig zu bezeichnen.

Durch das Aufbringen einer Oberflächenabdichtung wird mit Sicherheit der Wasserfluß im Deponiekörper nachhaltig unterbunden. Vermutlich findet durch eine Verdichtung sowie durch chemische Prozesse eine Auspressung von Wasser statt. Ein Austrag von Wasserdampf über das Deponiegas ist unbedeutend. Die Anhebung des Wassergehaltes durch den Müllschwund ist rechnerisch beträchtlich (über 20 %).

Ein Austrocknen ist daher nur dann zu erwarten, wenn die Einbauwassergehalte niedrig sind und der Niederschlagszutritt pro m^3 Abfall, z. B. infolge eines raschen Deponieaufbaus, gering ist. Demzufolge kann es zweckmäßig sein, Wasser zu infiltrieren.

Das Wasser, das einzubringen ist, müßte dabei mindestens zu einem Wassergehalt über ca. 40-45 %, besser 50 %, führen und den Abfall möglichst homogen befeuchten. Eine Wasserhaushaltsbetrachtung bzw. eine Bestimmung der konkreten Wassergehalte wäre zweckmäßig. Betrachtet man den Fall einer 10 m hohen Deponie mit 35 % Wassergehalt, so müßten, um auf einen Wassergehalt von 50 % zu kommen, immerhin 1500 l/m^2 infiltriert werden. Diese beträchtliche Wassermenge macht spezielle Einrichtungen erforderlich.

5 Prinzipielle Vorgehensweise bei der Auswahl von Oberflächenabdichtung/Entgasungstechnik und Befeuchtung

Wie aus oben Gesagtem hervorgeht, kann bei keiner Form einer Oberflächenabdichtung auf eine Entgasung verzichtet werden, es sei denn, die Ausgasungsmenge sei sehr klein. Die Art und **vor allem Dimensionierung** der Entgasung richtet sich allerdings schon nach der Qualität der Abdichtung. Im Grunde kann gesagt werden, daß mit dem Grad der Dichtigkeit die Kapazität des Entgasungssystems (Abstand der Kollektoren und deren Länge) verkleinert werden kann.

Erfahrungen mit Entgasungssystemen unter hochwertigen Dichtungssystemen, wie z.B. einer Kombinationsabdichtung, liegen derzeit zwar noch nicht vor. Es ist aber vorstellbar, daß in einem solchen Falle **ausschließlich** mit Horizontalsystemen unterhalb der Abdichtung (ca. 1 m tief) gearbeitet werden kann (Abb. 9).

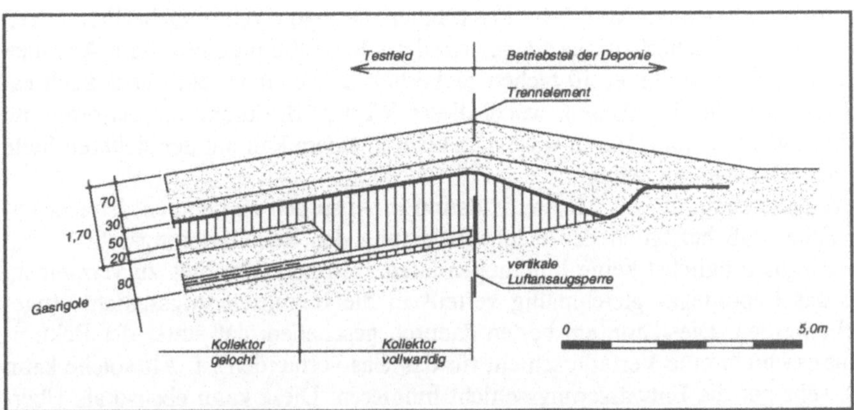

Abb. 9 System einer Oberflächenabdichtung mit Horizontalentgasung

Durch die Abdichtung ist es weitestgehend ausgeschlossen, daß aufgrund von Inhomogenitäten Gase unkontrolliert den Deponiekörper verlassen. Daher ist es ausreichend, daß die Gase unterhalb der Abdichtung „abgefangen" werden. Eine Absaugung der Gasdränschicht wird wegen möglicher Austrocknungsgefahren unter keinen Umständen empfohlen. Die Abstände der Kollektoren können durchaus 30-40 m betragen. Es wird empfohlen, als Sicherheitsmaßnahme durch Nachweis festzustellen, daß der Gasdruck in der Gasverteilerschicht einen Druck von +/-10 mbar nicht überschreitet.

Ehe auf die weiteren technischen Details eingegangen werden wird, soll zunächst nochmals geklärt werden, ab welchem Wert eine Ausgasung als so klein bezeichnet werden kann, daß auf eine Entgasung verzichtet werden kann. Oben wurde ausgeführt, daß bei einem FID Befund von unter 100 ppm keine Umweltauswirkungen mehr zu erwarten sind. Dies wäre ein Anhalt, der aber auf alle

Fälle auch unterstreicht, daß eine häufige Kontrolluntersuchung gerade auch dann angezeigt ist, wenn die Deponie über keine hochwertigen Abdichtungssysteme verfügt. Das in der TA Siedlungsabfall vorgesehene Intervall ist unter keinen Umständen in dieser Hinsicht als ausreichend zu erachten.

Dadurch, daß obendrein in der Regel die FID Befunde in einer Art Gleichgewicht zum Entgasungsbetrieb unter dem Aspekt des Luftansaugens stehen, ist es sicherlich einleuchtend, daß die sensible Gleichgewichtssituation leicht durch äußere oder innere Einflüsse gestört wird, so daß auch daher kurze Kontrollintervalle angezeigt sind. Selbstverständlich müssen diese sich nicht auf die gesamte Deponieoberfläche beziehen.

Ein anderer Ansatz, den noch zulässigen Restemissionswert zu definieren, wäre die Zielvorstellung, daß das Gas, das noch durch das Dichtelement hindurchgeht, in der darüber liegenden Rekultivierungsschicht mikrobiell oder chemisch/physikalisch abgebaut wird. Ein möglicher Hinweis bezüglich der Abbaukapazität könnte die Methanoxidation sein. Die Methanoxidation in Böden ist sehr unterschiedlich und unterliegt beträchtlichen Schwankungen. Messungen [2] haben gezeigt, daß die Kapazität von Null bis etwa 17 l $CH4/m^2$.h bei einer Rekultivierungsschicht von 1 m Mächtigkeit betragen kann. Sicherlich wären hier erhebliche Sicherheitszuschläge erforderlich, wollte man mit diese Angaben dimensionieren. Bei einer 10-fachen Sicherheit könnte man dann aber noch ca. 3 l Deponiegas/m^2.h zulassen, wobei dieser Wert z. B. durch eine Gasprognose ermittelt werden kann. Damit wäre man auch in jedem Fall auf der sicheren Seite was den FID Wert anbelangt.

Voraussetzung, um die Methanoxidation in Anspruch zu nehmen, ist aber auf alle Fälle, daß bezüglich der Flächenbelastung der Rekultivierungsschicht mit Deponiegas möglichst keine Inhomogenitäten auftreten. Um dies zu vermeiden, muß das Deponiegas gleichmäßig verteilt in die Rekultivierungsschicht eingebracht werden. Dies kann am besten dadurch geschehen, daß unter der Rekultivierungsschicht eine Verteilerschicht für das Gas vorhanden ist. Als solche kann z. B. sehr gut die Entwässerungsschicht fungieren. Diese kann ebenso als Überwachungsort für Pegel in geeigneter Weise genutzt werden. Dadurch ist eine hohe Sicherheit gegen Restemissionen möglich.

Wie sieht es nun aus, wenn die Gasproduktion höher als die „zulässige" Restemission ist? Wie bereits ausgeführt, ist dann eine aktive Entgasung erforderlich. Bei den Abdeckungen, wie sie derzeit verbreitet eingesetzt werden, treten in der Regel punktuell erhöhte Emissionen auf, die durch Entgasungsmaßnahmen vermindert werden müssen. Allerdings muß an Deponien immer wieder festgestellt werden, daß trotz Entgasungsmaßnahmen erhöhte Oberflächenemissionen auftreten. Solche Inhomogenitäten lassen sich oftmals nicht in den Griff bekommen, es sei denn, sie werden nach ihrem Auftreten angegangen. Auch hier tritt die FID-Methode wieder in den Vordergrund. Stellen mit erhöhten Werten können so gezielt zusätzlich entgast werden, z. B. durch Freilegung, Einbringung einer Dränschicht, Anschluß an die Entgasung, Abdichtung mit Folie und Aufbringung der Rekultivierungsschicht. Durch solche Maßnahmen, verbunden mit einer großzügig dimensionierten Entgasung, läßt sich an Deponien durchaus ein Zustand mit nur noch geringen Emissionen erreichen. Jedoch, das muß freilich gesagt werden, gelingt dies in der Realität nur selten. Ein Qualitätsmanagement täte hier gut.

Eine deutliche Verbesserung würde hier eintreten, wenn unter der Abdeckung eine Gasverteilerschicht wäre, die in der Lage ist, Druckspitzen durch seitliche Verteilung des Gases abzubauen. Eine Absaugung ist hierbei gar nicht erforderlich. Ganz im Gegenteil. Durch die Gefahr des Ansaugens von Luft wäre dies sogar schädlich. Da jedoch die mineralische Abdeckung, wie oben gesagt, nicht sonderlich gasdicht ist, wird es hier gewisse Restemissionen geben, die aber bei guter Kontrolle und Entgasung so gering sind, daß sie in der Rekultivierungsschicht abgebaut werden. Ein Risiko, daß hier Störungen auftreten, ist freilich nicht auszuschließen.

Dies kann erst dann weiter reduziert werden, wenn tatsächlich ein Dichtungselement aufgebracht wird, das auch bei größeren Differenzdrücken (ca. 10-100 mbar) noch keine meßbaren Gastransporte zuläßt. Diese Technik ermöglicht es, daß unter der Dichtung sowohl, z. B. im Falle von Inhomogenitäten, höhere Drücke ohne Bildung von Emissionen möglich sind, als auch höhere Unterdrücke ohne Gefahr des Luftansaugens gefahren werden können.

Somit wird deutlich, daß eine hohe Effektivität bei der Zurückhaltung von emittierenden Deponiegasen praktisch nur durch hochwirksame Dichtsysteme erreicht werden kann. Bei abnehmenden Durchlässigkeitswerten wird das Risiko von Restemissionen deutlich zunehmen, so daß vermehrte Kontrollen, Nachjustierungen und Sanierungen erforderlich werden. Ist die Gasproduktion aber erst einmal sehr gering geworden, so ist es allemal günstig, auf eine aktive Entgasung zu verzichten, da diese betrieblich nicht mehr beherrscht werden kann. In diesem Fall ist es vorteilhafter, das Gas über die Rekultivierungsschicht gefiltert abzuleiten. Dieser Filter funktioniert umso besser, je gleichmäßiger dieser beaufschlagt wird. Daher muß dafür Sorge getragen werden, daß die Gase möglichst homogen verteilt werden. Da dies bei einem Dichtungssystem, was gleichzeitig die Aufgabe hat, Wasser nicht in den Deponiekörper eindringen zu lassen, sicherlich erschwert wird, muß hierfür ein geeignetes System eingesetzt werden. Wenn sich darüber ein flächenhaftes Dränsystem befindet, müßte die gleichmäßige Verteilung gegeben sein.

6 Literatur

[1] Figueroa RA (1996) Methanoxidation in Böden im oberflächennahen Bereich von Abfalldeponien. In: Rettenberger G (Hrsg) Trierer Berichte zur Abfallwirtschaft, Band 9, Deponiegas 1995-Nutzung und Erfassung, Economica Verlag, Bonn, S 75-94

[2] Urban-Kiss S, Tabasaran, O, Rettenberger G Messung der selektiven Gasdurchlässigkeit, Abschlußbericht des Verbundvorhabens: Neue Verfahren und Methoden zur Sicherung und Sanierung von Altlasten am Beispiel der Deponie Gerolsheim, Umweltbundesamt

Gleichwertigkeitsnachweis für Deponieoberflächenabdichtungssysteme unter besonderer Berücksichtigung von Kapillarsperren

W. Kindsmüller
Bayerisches Landesamt für Umweltschutz, München

1 Einleitung

Eines der Hauptprobleme der Deponiebetreiber ist derzeit das im Vergleich zu den letzten Jahren stark rückläufige Anlieferungsvolumen. Damit sind auch die Gebühreneinnahmen rückläufig, die in nicht unerheblichen Umfang in die Rücklagen für den Abschluß der Deponie und die Nachsorge eingestellt werden müssen. Hohe Kosten für die endgültige Oberflächenabdichtung der Deponie werden deshalb kritisch hinterfragt. Gibt es kostengünstigere und ebenfalls die normativen Anforderungen des Umweltschutzes (TA Siedlungsabfall [1]) erfüllende Alternativsysteme? In diesem Zusammenhang wird vielfach die Frage nach der Gleichwertigkeit der Kapillarsperre und damit verbundenen Kosteneinsparungen gestellt.

2 Öffnungsklausel in der TA Siedlungsabfall

Die TA Siedlungsabfall gibt in Nr. 10.4.1 die Regelsysteme für die Oberflächenabdichtung von Deponien vor und weist darauf hin, daß auch gleichwertige Systeme zulässig sind. Mit dieser Öffnungsklausel soll die TA Siedlungsabfall für innovative Entwicklungen im Dichtungsbau offengehalten werden.

Die Kosten für eine Abdichtung nach dem Regelsystem für die Deponieklasse II (DK2) können mit etwa 120 bis 180.- DM pro m² veranschlagt werden. Bei einer Abdichtungsfläche von einem Hektar fallen somit Kosten von mehr als 1 Mio. DM an. In Anbetracht dieser Beträge und der eingangs geschilderten Finanzsituation verstärkt sich die Suche nach gleichwertigen Alternativsystemen, die jedoch kostengünstiger sein sollen.

Für den Nachweis der Gleichwertigkeit dieser Systeme sind in der TA Siedlungsabfall jedoch keine Hinweise enthalten. Die TA Siedlungsabfall gibt lediglich Hinweise zum Bau der Regelsysteme. Bemessungsgrundsätze, die für den erforderlichen Gleichwertigkeitsnachweis von Alternativsystemen zugrundegelegt werden könnten, fehlen jedoch.

Bei einem systematischen Gleichwertigkeitsnachweis muß deshalb irgendwie der Weg über das Regelsystem als einzige vorgegebene Bezugsgröße genommen werden. Das Regelsystem ist praktisch das Referenzsystem (Meßlatte) an dem die alternativen Dichtungssysteme zu messen sind. Das Problem dabei ist nur, daß die Leistungen der Regelsysteme und die Umstände (Einwirkungen) unter denen diese Leistungen zu erbringen sind, in der TA Siedlungsabfall nicht vorgegeben sind.

3 Bewertungssystematiken

Für den Gleichwertigkeitsnachweis wurden in der Fachdiskussion schon bald nach Inkrafttreten der TA Siedlungsabfall unterschiedlichste Lösungsansätze vorgeschlagen. Es schien jedoch unwahrscheinlich, einen allseits anerkannten Katalog von Kriterien zu erstellen, der den quantitativen Vergleich zweier verschiedener Abdichtungssysteme ermöglichen würde.

Einen bereits sehr detaillierten Vorschlag für ein Bewertungsschema brachte schließlich Horn [2] in die Diskussion ein. Dieses Schema sah 25 unterschiedliche Bewertungskriterien für den Nachweis der Gleichwertigkeit vor. Beispielhaft sollen folgende Kriterien genannt werden:

- Schadstoffdurchgang

- Beständigkeit

- Herstellbarkeit

- Umweltbelastung bei der Herstellung

Einzelne Kriterien wurden entsprechend ihrer Bedeutung für das Dichtungssystem mit einer Gewichtung versehen. Der Schadstoffdurchgang wurde beispielsweise 3-fach gewichtet.

Die unterschiedlichen Vorschläge und Meinungen zeigten die Notwendigkeit eines bundesweit einheitlich angewandten Bewertungsschemas auf. Mit der Aufgabe dieses zu erstellen, wurde schließlich ein beim Deutschen Institut für Bautechnik (DIBt), Berlin angesiedelter Arbeitskreis beauftragt.

4 DIBt-Grundsätze

Dem beim DIBt angesiedelten *Arbeitskreis Grundsätze Deponien Sicherung von Altlasten* (AK GDSA) gehörten Vertreter aus folgenden Bereichen an:

- Forschungseinrichtungen

- Industrie

- Materialprüfinstitute

- abfall- und baurechtliche Behörden

Die Diskussion der Thematik zeigte, daß alternative Systeme niemals gleich und damit auch nicht absolut gleichwertig zum Regelsystem sein können. Die vom DIBt nach Abschluß der Beratungen veröffentlichten Grundsätze [3] für den Nachweis der Gleichwertigkeit erhielten aus diesem Grunde den Titel *Gundsätze für den Eignungsnachweis von Dichtungselementen in Deponieabdichtungssystemen* , im folgenden DIBt-Grundsätze genannt. Mit dem Gleichwertigkeitsnachweis soll also die Eignung eines Alternativsystemes nachgewiesen werden. Die Regelsysteme der TA Siedlungsabfall, die in den DIBt-Grundsätzen mit ihren Leistungen und Einwirkungen beschrieben sind, werden damit zum Maßstab für den Eignungsnachweis von Alternativsystemen.
Durch die Zusammensetzung des Arbeitskreises war sichergestellt, daß abfall- und baurechtliche sowie material- und herstellungspezifische Belange Berücksichtigung fanden. Die DIBt-Grundsätze können damit gleichermaßen für folgende Aufgabenstellungen herangezogen werden:

- Beurteilung alternativer Abdichtungs*systeme* hinsichtlich ihrer Gleichwertigkeit zum Regelsystem

- Materialunabhängige Grundsätze für die Bewertung von Abdichtungs*elementen* bei der Erteilung bauaufsichtlicher Zulassungen

- Systematik für die Erstellung von Gleichwertigkeitsnachweisen bei abfallrechlichen Genehmigungen

In den Vorbemerkungen zu den DIBt-Grundsätzen ist ausdrücklich darauf hingewiesen, daß die Gleichwertigkeit alternativer *Abdichtungssysteme* projektbezogen durch die jeweilige abfallrechtlich zuständige Behörde im Rahmen der Genehmigung einer Deponie erfolgt.
Die oben dargelegten Zusammenhänge sind in der Abbildung 1 zusammenfassend dargestellt. Die durch die DIBt-Grundsätze bewirkte Zusammenführung der beiden Rechtsbereiche, Baurecht und Abfallrecht, ist aus der Darstellung ersichtlich.

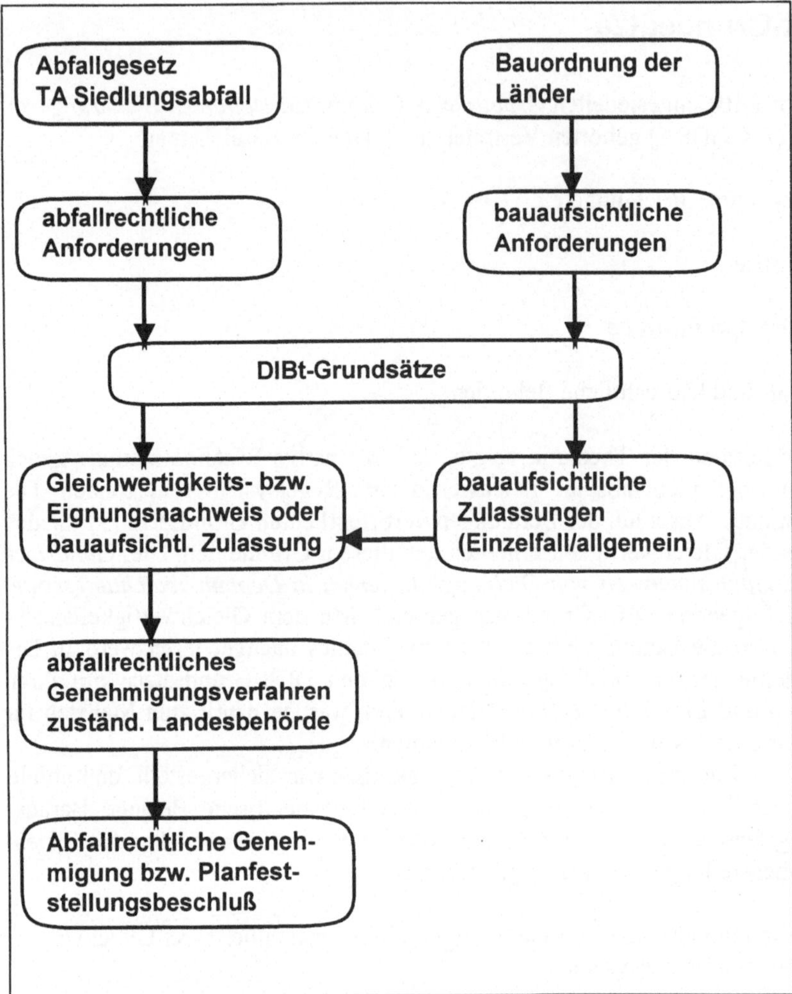

Abb. 1 Gleichwertigkeits- bzw. Eignungsnachweis in abfallrechtlichen Verfahren

5 Gleichwertigkeitsnachweis für Kapillarsperren

Im Gleichwertigkeitsnachweis sind wie bereits ausgeführt, die maßgeblichen Leistungen und vorgegebenen Einwirkungen des Regelsystemes mit denen des Alternativsystemes, z. B. der Kapillarsperre zu vergleichen. In der Tabelle 3.5--1 der DIBt-Grundsätze sind die Gesichtspunkte für diesen Vergleich aufgeführt.

Verkürzt auf die wesentlichen Punkte, die beim Gleichwertigkeitsnachweis von Kapillarsperren in Oberflächenabdichtungssystemen heranzuziehen sind, ergeben sich folgende Gesichtspunkte:

Leistungen: *Einwirkungen:*

Dichtigkeit:
- Konvektionsverhalten   - hydraulischer Gradient

Beständigkeit gegen:
- chemische Einwirkungen   - aggressive Medien
                                       - Gase

- physikalische Einwirkungen   - Temperatur
                                       - Feuchte
                                       - UV-Strahlung

- biologische Einwirkungen   - Mikroorganismen
                                       - Pilze, Pflanzen, Tiere

Mechanische Widerstandsfähigkeit:
- Standsicherheit   - Kräfte aus Verformungen
- Verformungssicherheit   - Kräfte aus Neigung, Auflast
                                       - Verkehrslasten
- hydraulische Widerstandsfähigkeit   - Wasserströmung

Herstellbarkeit:
- Einbaubarkeit   - Einbaubeanspruchung
- mechanische Empfindlichkeit
- Witterungsempfindlickeit   - Witterung
- Anschlüsse, Durchdringungen
- Prüf- und Reparierbarkeit

Sonstiges: Verträglichkeit mit anderen Komponenten, Fehlerausgleich.

In der obigen Aufstellung sind die wesentlichen Einwirkungen nach Art und Herkunft aufgelistet. In der folgenden Tabelle 1 ist auszugsweise die Tabelle 4.1-2 der DIBt-Grundsätze wiedergegeben. Hieraus sind die für Kapillarsperren in Oberflächenabdichtungen maßgeblichen Einwirkungen, aufgegliedert nach Deponieklasse und Zustandsphasen, ersichtlich.

Tabelle 1 Einwirkungen auf Kapillarsperren; vereinfacht nach Tab. 4.1-2 DIBt-Grundsätze

Zustandsphasen Einwirkungen	II Bauzustand	IIIa frühe Nachbetriebs- phase	IIIb späte Nachbetriebs- phase
- Chem. Einwirkungen alle DK [1]	-	SO_2, CO_2, O_2 (Niederschlag)	
- Biologische Einwirkungen alle DK	-	Mikroorganismen Wurzeln, Tiere	
- Temperaturen	-	ständig: DK1: 10..25° C DK2: 10..30° C	ständig: alle DK: 10..25° C
- Witterung alle DK	UV, Regen, Wind, Temperaturen (-20..60° C)	Regen, Temperaturen bis 0° C	
- Wassergehalts- änderungen alle DK	Wassergehalte, Wasserspannungen		
- Mechanische Einwirkungen alle DK	Eigenlasten, Einbau, hydraul. Einwirkungen aus Regen	Eigenlasten, Verkehrsbelastung, Windbelastung aus Bewuchs	
- Hydraulische Einwirkungen alle DK	-	Aufstau: ständig 1cm außergewöhnlich 5cm	Aufstau: ständig 3cm außergewöhnlich 30cm
[1]　　Deponieklasse			

Das wesentlichste Beurteilungskriterium für die Eignung von Oberflächenabdichtungen ist die konvektive Durchlässigkeit (Durchflußrate), deshalb soll darauf im folgenden näher eingegangen werden.

Mit den in den letzten Zeilen der Tabelle 1 eingetragenen Aufstauhöhen und dem in der TA Siedlungsabfall für die Regelssysteme festgelegten Durchlässigkeitsbeiwert und der Dichtungsstärke lassen sich rechnerisch die Leistungsanforderungen für den konvektiven Durchgang (Durchflußrate) für das Regelsystem und damit auch für gleichwertige alternative Systeme gegenüber infiltriertem Regenwasser ermitteln.

Die daraus abgeleiteten Anforderungen für Kapillarsperren, deren Neigung systembedingt größer 10% sein muß, sind aus der nachfolgenden Tabelle 2 ersichtlich. Zu den Tabellenwerten ist anzumerken, daß diese keine Rückschlüsse auf die tatsächlichen Permeationsraten zulassen, sie dienen lediglich als Vergleichswerte (Regelsystem/Alternativsystem) zum Nachweis der grundsätzlichen Eignung.

Tabelle 2 Anforderungen an die Dichtigkeit von Oberflächenabdichtungen mit Neigungen >10%;vereinfacht nach Tab 5.2-4 DIBt-Grundsätze

Zustandsphasen: Deponieklasse:	IIIa frühe Nachbetriebsphase	IIIb späte Nachbetriebsphase
DK1	ständig: 1) $q< 5,1 \times 10^{-9}$ außergewöhnlich: $q< 5,5 \times 10^{-9}$	ständig: $q< 5,3 \times 10^{-9}$ außergewöhnlich: $q<8 \times 10^{-9}$
DK2	ständig: $q\sim 0$ (konvektionsdicht) außergewöhnlich: $q\sim 0$	ständig: $q< 5,3 \times 10^{-9}$ außergewöhnlich: $q<8 \times 10^{-9}$
1)	q = rechnerische Durchflußrate in $m^3/m^2 \times s$	

Des weiteren ist anzumerken, daß in den DIBt-Grundsätzen davon ausgegangen wird, daß in der späten Nachbetriebsphase (IIIb) die Kunststoffdichtungsbahn ihre Aufgabe als Konvektionssperre infolge altersbedingter Veränderungen nicht mehr erfüllt. Die Anforderungen an die Dichtigkeit werden in dieser Betriebsphase von der mineralischen Dichtungskomponente übernommen.

6 Was kann die Kapillarsperre (nicht) ?

Nach den bisherigen Ausführungen und den Erfahrungen aus ausgeführten Testfeldern ist zur Gleichwertigkeit von Kapillarsperren folgendes auszuführen.

6.1 Dichtigkeit, Konvektionsverhalten

Hier muß zwischen den zum Teil unterschiedlichen Anforderungen an Deponieklasse I und II unterschieden werden.

Für die *Deponieklasse I* gilt folgendes:

Nach den Ergebnissen aus Testfeldern und Lysimetern kann die *einfache* Kapillarsperre (kapillarbrechende Schicht und Kapillarschicht) die Anforderungen dieser Deponieklasse bedingt erfüllen. Diese Einschränkung ergibt sich daraus, daß es bei Starkregenereignissen mit außergewöhnlichem Aufstau auf der Dichtung zum zeitlich befristeten Durchbruch kommen kann. Die nach der TA Siedlungsabfall in Verbindung mit dem DIBt-Grundsätzen zulässigen Durchflußraten werden dabei überschritten. Über längere Zeiträume gesehen, z.B. bei jährlicher Betrachtungsweise werden die Anforderungen an den konvektiven Durchgang jedoch eingehalten bzw. übertroffen. Die Kapillarsperre kann bei dieser maßgeblichen Betrachtungsweise als gleichwertig beurteilt werden.

Der Problematik eines außergewöhnlichen Aufstaues auf der Dichtungsoberkante kann mit konstruktiven Maßnahmen entgegengewirkt werden. Zu nennen sind hier vor allem eine Verstärkung der darüberliegenden Wasserhaushaltsschicht (Rekultivierungsschicht) auf beispielsweise 2 m und Maßnahmen, die Setzungsmulden vermeiden helfen. In manchen Fällen, z.B. bei bestimmten Altdeponien oder Deponien, die mit setzungsunempfindlichen Materialien verfüllt wurden, stellt sich das Setzungsproblem ohnehin kaum.

Systembedingt benötigt die Kapillarsperre eine Hangneigung von mindestens 10%, um einen ausreichenden lateralen Abfluß im Kapillarsaum zu gewährleisten. Im Bereich des Hochpunktes von kuppenförmig ausgebildeten Deponiekörpern liegt diese Voraussetzung nicht vor. Durch konstruktive Detailmaßnahmen, wie den Einbau einer Kunststoffdichtungsbahn oder Bentonitmatten in diesem relativ kleinen Bereich sind hier kostengünstige Lösungen möglich.

Für die *Deponieklasse II* gilt folgendes:

Die in den DIBt-Grundsätzen geforderte Konvektionssperre in der frühen Nachbetriebsphase kann von der *einfachen* Kapillarsperre nicht erbracht werden. Die Kapillarsperre ist aufgrund ihrer Hohlräume (Kapillarröhren) zudem nicht gasdicht wie das Regelsystem, was bei Deponien mit relevanter Deponiegasbildung zu beachten ist. Abhilfe ist durch den Einbau einer Kunststoffdichtungsbahn unterhalb oder oberhalb der Kapillarsperre möglich (erweiterte Kapillarsperre). Durch diese Maßnahme wird ganz nebenbei ein Leckerkennungssystem in das Oberflächenabdichtungssytem eingebracht. Die Ortungsgenauigkeit für Leckstellen dürfte aber begrenzt sein.

Im Grunde erfüllt die einfache Kapillarsperre im Systemaufbau für die Deponieklasse II die Aufgaben der mineralischen Dichtungskomponente des Regelsystemes. Bei günstigen örtlichen Gegebenheiten in der Materialbeschaffung lassen sich Kostenvorteile gegenüber der mineralischen Komponente des Regelsystem und damit im Gesamtsystem erzielen.

6.2 Beständigkeit

Da die Kapillarsperre aus mineralischen Baustoffen zusammengesetzt ist, kann ihre langfristige Beständigkeit gegen chemische, physikalische und biologische Einwirkungen im Grunde als vergleichbar mit der feinmineralischen Dichtung im Regelsystem bewertet werden.

Die Beständigkeit gegen chemische Einwirkungen kann bei Oberflächenabdichtungen zudem als nachrangig eingestuft werden. Wesentlich wichtiger ist hier die Beständigkeit gegen physikalische Einwirkungen. Die Kapillarsperre weist hier Vorteile gegenüber dem Regelsystem auf, sie ist unempfindlich gegen Austrocknung. Das häufig diskutierte Problem der Durchlässigkeit infolge von Trockenrissen, wie bei der mineralischen Komponente der Regeldichtung, stellt sich hier nicht.

Es ist davon auszugehen, daß die zusätzliche Schutzwirkung der Kunststoffdichtungsbahn im Regelsystem der Deponieklasse II, z.B. gegen Durchwurzelung und Durchwühlung, bei der Kapillarsperre durch eine Verstärkung der Waserhaushaltsschicht auf beispielsweise 2 m weitgehend ausgeglichen werden kann.

6.3 Mechanische Widerstandsfähigkeit

Die Kapillarsperre ist gegen mechanische Beanspruchungen aus Verformung, Neigung und Auflasten nicht empfindlicher als das Regelsystem. Beachtet werden sollte jedoch in der Bauphase bei noch offen liegender Kapillarschicht (Feinsand) die Empfindlichkeit gegen Erosion bei Wasserstömungen infolge von starken Niederschlagsereignissen. Durch zügigen Bauablauf und zeitweilige Schutzmaßnahmen (Abdeckplanen) ist dieses Problem jedoch lösbar.

6.4 Herstellbarkeit

Mit den bisher erstellten Testfeldern und ausgeführten Oberflächendichtungen ist der Nachweis der Herstellbarkeit der Kapillardichtung unter Deponiebedingungen grundsätzlich erbracht. Auf die Errichtung von projektbezogenen Probefeldern und darauf basierenden Qualitätssicherungsplänen kann, wie auch bei der Regelabdichtung, nicht verzichtet werden.

7 Zusammenfassung

Die *einfache* Kapillarsperre kann die Anforderungen an die Deponieklassen I und II bei Zugrundelegung der DIBt-Grundsätzen nicht voll erfüllen. Im Einzelfall und bei Anwendung zusätzlicher konstruktiver Maßnahmen, wie einer Verstärkung der Wasserhaushaltsschicht oder in Kombination mit einer Kunststoffdichtungsbahn (erweiterte Kapillarsperre) bei der Deponieklasse II ist die Kapillarsperre jedoch grundsätzlich für die Oberflächenabdichtungen von Deponien geeignet und genehmigungsfähig. Die wesentlichen Gesichtspunkte für den im Rahmen der abfallrechtlichen Genehmigung zu führenden, projektbezogenen Gleichwertigkeitsnachweis (Eignungsnachweis) sind in den DIBt-Grundsätzen aufgeführt.

Eine projektunabhängige Eignungsbewertung ist für die Kapillarsperre nicht möglich, da die Leistung der Kapillarsperre nur in Zusammenhang mit den örtlichen Gegebenheiten, wie Hangneigung, Hanglängen, Mineralstoffauswahl, Niederschlag und Grundwasserneubildungsrate ermittelt werden kann. Rinnenversuche sind ein wesentliches Element des Gleichwertigkeitsnachweises für Kapillarsperren.

In Bayern wird derzeit die Errichtung von zwei größeren Probefeldern für eine Kapillarsperrendichtung auf einer Deponie im nordbayerischen Raum geplant. Davon werden weitergehende praxisorientierte Erkenntnisse, insbesondere zur Setzungsempfindlichkeit, Gasgängigkeit und zum Umfang der erforderlichen Qualitätssicherung erwartet.

8 Literatur

[1] TA Siedlungsabfall, 3. Allgemeine Verwaltungsvorschrift zum Abfallgesetz, Bundesanzeiger 29.5.1993

[2] Horn, A.: Untergrund, Basis- und Oberflächenabdichtungen von Abfalldeponien, Bautechnik 1992 Heft 9

[3] Grundsätze für den Eignungsnachweis von Dichtungselementen in Deponieabdichtungssystemen, Deutsches Institut für Bautechnik, November 1995

Deponiesituation in Bayern und Umsetzung der TA Siedlungsabfall

F. Defregger
Bayer. Staatsministerium für Landesentwicklung und Umweltfragen, München

1 Entsorgungssituation in Bayern

1.1 Abfallaufkommen/Restmüllmenge

Bayern hat die Neuordnung der Abfallentsorgung in den letzten 20 Jahren mit Nachdruck vorangetrieben. Wichtige Stationen waren die landesweite Einführung einer geregelten Hausmüllabfuhr, die Sanierung und Rekultivierung von rd. 5.000 gemeindlichen Müllkippen, der Bau neuer zentraler thermischer Behandlungsanlagen für Hausmüll im Einzugsgebiet mehrerer Gebietskörperschaften und die flächendeckende Errichtung von zentralen Deponien für Haus- und Restmüll bzw. für Reststoffe aus der thermischen Behandlung.

Trotz steigender Einwohnerzahlen ist in den letzten Jahren das Gesamtaufkommen an Abfällen erfreulicherweise leicht zurückgegangen. Die Gesamtabfallmenge fiel von 1990 von 6,24 Mio t (560 kg/E,a) auf 5,86 Mio t (488 kg/E,a) im Jahre 1996. Auf der anderen Seite hat die Menge der Abfälle, die verwertet werden konnten, erheblich zugenommen. Die Abfallverwertungsmenge stieg von 1,32 Mio t (115 kg/E,a) im Jahr 1990 auf 2,97 Mio t (281 kg/E,a) im Jahre 1996. Die Verwertungsquote hat sich in diesem Zeitraum von 30 % im Jahre 1990 auf 66 % im Jahre 1996 mehr als verdoppelt. 1996 waren rd. 1.700 Wertstoffhöfe und 18.000 Containerinseln in den Städten und Gemeinden Bayerns in Betrieb (LfU 1996).

Die kommunalen Anstrengungen zu Abfallvermeidung und Abfallverwertung haben bewirkt, daß die abfallwirtschaftlich besonders bedeutende Restmüllmenge von rd. 5,0 Mio t (445 kg/E,a) im Jahre 1990 auf rd. 2,9 Mio t (241 kg/E,a) zurückgegangen ist (Abb. 1, Tabelle 1).

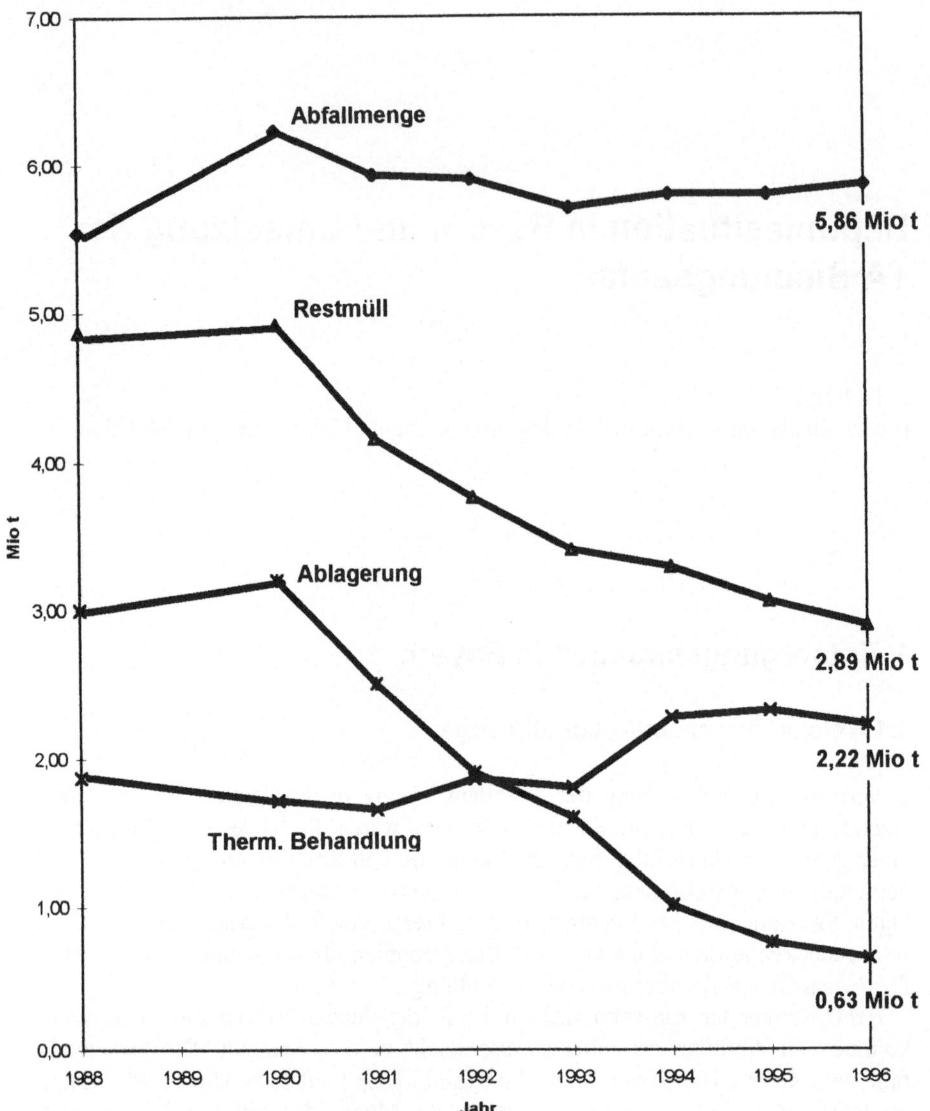

Abb. 1 Abfallentsorgung in Bayern 1988-1996 (Hausmüll, Sperrmüll, hausmüllähnliche Gewerbeabfälle; ohne produktionsspezifische Abfälle)

Tabelle 1 Entwicklung des Restmüllaufkommens in Bayern

Jahr	Restmüllaufkommen [Mio t]	Anteil bezogen auf 1990 [%]
1990	4,92	100
1991	4,16	84
1992	3,76	76
1993	3,40	69
1994	3,28	66
1995	3,05	61
1996	2,89	58

1.2 Thermische Behandlung

Mit einer installierten thermischen Behandlungskapazität von bis 2,8 Mio t Abfall pro Jahr wäre Bayern bereits heute annähernd in der Lage, die Vorgaben des Bayerischen Abfallwirtschafts- und Altlastengesetzes und der TA Siedlungsabfall (TASi) für eine flächendeckende thermische Abfallbehandlung zu erfüllen, wenn diese Kapazitäten vollständig genutzt würden.

Tatsächlich wurden 1996 in 19 Anlagen rd. 2,22 Mio t Restmüll, das sind 77 % der angefallenen Restmüllmenge, thermisch behandelt. Dabei fielen rd. 629.000 t Großschlacken an, wovon rd. 462.000 t Schlacke und 55.000 t Schrott verwertet wurden.

Insgesamt gibt es in Bayern zwar kein Überangebot an thermischer Behandlungskapazität; es wird aber in geringem Umfang und bis zum Jahr 2005 lokalfreie Behandlungskapazitäten geben, solange noch Teilmengen unbehandelt deponiert werden. Die Betreiber nicht ausgelasteter Anlagen bieten diese Überkapazitäten an und nutzen sie verstärkt zur energetischen Verwertung industrieller und gewerblicher Abfälle.

1.3 Deponiesituation

Derzeit sind in Bayern 50 Hausmüll-, 9 Reststoff- und 2 Klärschlammdeponien in Betrieb (Abb. 2). Insgesamt wurden 1996 1,22 Mio t Abfälle auf diese Deponien verbracht (Tabelle 2, Abb. 3).

Nur noch 23 % des Restmülls (0,63 Mio t) mußten 1996 unbehandelt abgelagert werden. Damit ist der ordnungsgemäße Vollzug der TASi, wonach spätestens bis zum Jahre 2005 keine unbehandelten Abfälle mehr abgelagert werden sollen, in Bayern bereits heute weitgehend verwirklicht. Bayern nimmt somit bezüglich einer umweltverträglichen und nachsorgearmen Ablagerung im Sinne der TASi im Vergleich zu den übrigen Bundesländern eine Spitzenstellung ein.

Mit dem vorhandenen Deponierestvolumen von rd. 21 Mio m^3 ist für mehrere Jahrzehnte die Ablagerung TASi-gerecht behandelter und nicht brennbarer Abfälle sichergestellt. Gebietskörperschaften, die derzeit über keine eigene Deponie verfügen, haben langfristige Kooperationsverträge zur Mitbenutzung von Deponien abgeschlossen. Dieses Vorgehen bietet ökologische und ökonomische Vorteile und trägt zum TASi-gerechten Betrieb bestehender Deponien bei.

Die Entwicklung der Deponiesituation hat sich in Bayern somit vollständig entspannt, wobei diese Entwicklung nur in Ausnahmefällen auf der Erweiterung bestehender bzw. der Errichtung neuer Deponieflächen beruht. Tatsächlich wurden seit 1991 keine neuen Deponien in Bayern mehr in Betrieb genommen.

Der weitere Ausbau der übergebietlichen kommunalen Zusammenarbeit im Deponiebereich ist ein wesentliches Ziel der bayerischen Abfallpolitik und wird im Rahmen eines Pilotvorhabens für einen der 7 bayerischen Regierungsbezirken vom Bayerischen Umweltministerium finanziell unterstützt. Ziel dieses Vorhabens ist die vergleichende Berechnung der zukünftigen Kostenentwicklung der abzulagernden Abfälle – dies erfolgt derzeit auf 7 zentralen Deponien – unter Berücksichtigung der relevanten betriebswirtschaftlichen, kommunalrechtlichen und deponietechnischen Aspekten in diesem Regierungsbezirk.

Tabelle 2 Entwicklung der behandelten und der abgelagerten Restmüllmenge in Bayern

	1993	1994	1995	1996
Restmüllaufkommen [Mio t]	3,40	3,28	3,05	2,89
Therm.behandelte Restmüllmenge [Mio t]	1,80	2,27	2,31	2,22
Therm. behandelter Restmüllanteil [%]	52	69	76	77
Unbehandelt abgelagerter Hausmüll, hausmüllähnliche Gewerbeabfälle und Sortierreste [Mio t]	1,60	1,00	0,72	0,63
Außerdem auf Deponien abgelagert: Produktionsspezif. Abfälle, Kehricht, Sandfang, verunreinigter Boden, Schlacken, Klärschlamm [Mio t]	1,05	0,77	0,67	0,59
Insgesamt auf Deponien abgelagerte Abfallmenge [Mio t]	2,65	1,77	1,39	1,22

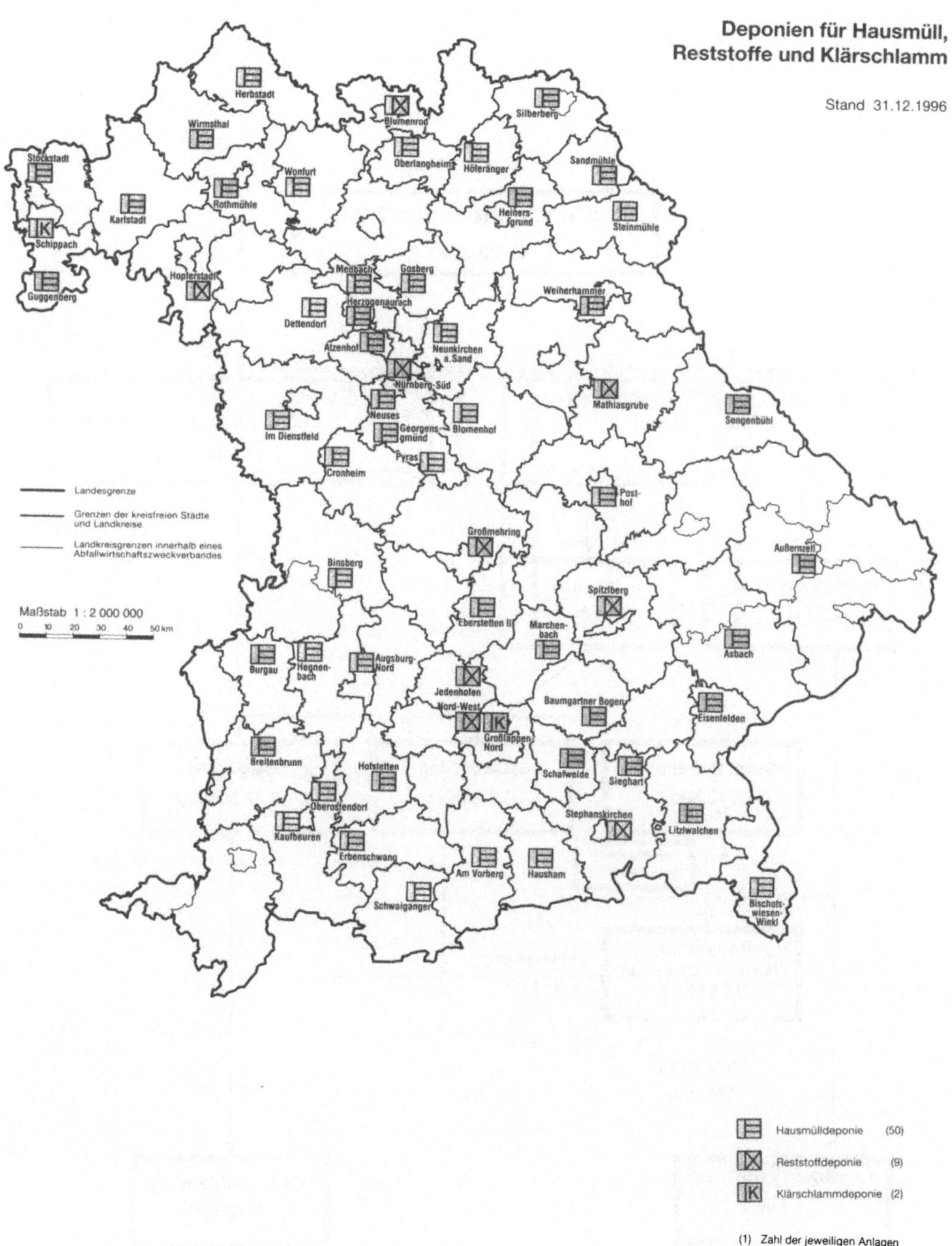

Abb. 2   Deponien in Bayern (LfU 1996)

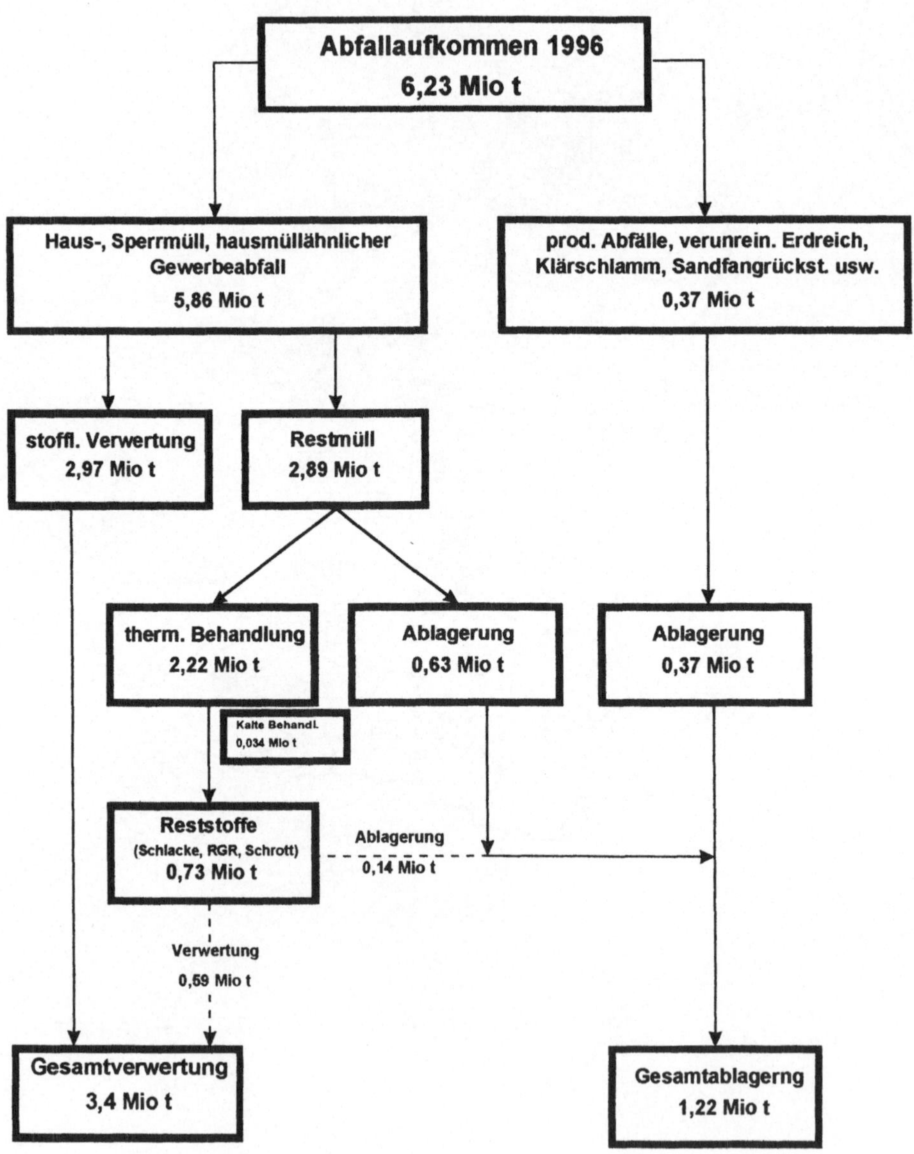

Abb. 3 Abfallaufkommen Bayern, Abfallbilanz 1996

2 Vollzug der TASi in Bayern

In Abstimmung mit dem Bayerischen Umweltministerium hat das Bayerische Landesamt für Umweltschutz den Bezirksregierungen (zuständig für Anordnungen bei Hausmüll-, Klärschlamm- und Restmülldeponien sowie firmeneigenen Deponien) und den Kreisverwaltungsbehörden (zuständig für Anordnungen bei Bauschuttdeponien) bereits 1994 die grundsätzlichen Anforderungen zur Umsetzung der TASi in Bayern übermittelt (LfU 1994).

Die erforderlichen Anordnungen nach Nr. 11 TASi wurden inzwischen für einen Großteil der bestehenden Deponien (Altdeponien nach TASi) von den Regierungen erlassen, insbesondere zu

- Nr. 11.1   (Anforderungen an Organisation, Dokumentation usw.)
- Nr. 11.2   (Nachrüstprogramm für die Sickerwasserbehandlung, temporäre Abdeckung bzw. endgültige Abdichtung)
- Nr. 11.3   (Einhaltung der Zuordnungkriterien).

Die o.g. Anforderungen der TASi wurden in der Regel in einer Anordnung zusammengefaßt. Bezüglich der Zuordnungskriterien werden auf der Grundlage eines Kabinettsbeschlusses im Einzelfall Stufenkonzepte zugelassen, die bis spätestens 2005 die vollständige thermische Behandlung des Restmülls in Bayern sicherstellen müssen. Der Export von Restmüll in eine außerbayerische Behandlungsanlage oder Deponie ist nicht zulässig (Exportverbot gem. § 11 Abs. 4 des Abfallentsorgungsplans Bayern, Teil übergeordnete Ziele vom 01.08.95).

Der Vollzug der TASi gemäß Nr.12.1 b), wonach spätestens am 01.06.1999 bei Altdeponien durch zusätzliche Maßnahmen die Einbaudichte erhöht und die Gehalte an annativ-organischen Bestandteilen in den Abfällen reduziert werden sollen, ist in Bayern aufgrund der hohen thermischen Behandlungsquote und der fast flächendeckenden Bioabfallerfassung praktisch erfüllt.

2.1 Deponiegasbehandlung und -verwertung

Hausmülldeponien sollen aus Gründen des Emissionsschutzes mit Aktiventgasungsanlagen ausgerüstet werden. Stand der Technik ist hier die Verbrennung mit Energienutzung, ggf. nach vorhergehender Reinigung, in Feuerungsanlagen oder Verbrennungsmotoranlagen. Auf eine Gasverwertung kann gemäß Nr. 11.2 f) TASi nur in begründeten Ausnahmefällen verzichtet werden.

Von den 50 bayerischen Hausmülldeponien sind bereits 37 mit einer Aktiventgasung mit Gasverwertung ausgerüstet und erfüllen damit bereits voll die Anforderungen der TASi an die Deponiegasbehandlung. Die verwerteten Deponiegasmengen sind unterschiedlich, nach der Auswertung der Deponiejahrbücher belaufen sie sich auf rd. 14 Mio m^3 pro Jahr.

2.2 Sickerwasserentsorgung und -behandlung

Gemäß Nr. 10.4.2 TASi sind Sickerwasserbehandlungen nach den Regeln der Technik zu errichten und zu betreiben.

1996 verfügten in Bayern 22 Deponien über eine geeignete Sickerwasserentsorgung, wobei in einigen Fällen Sicherwässer mehrerer Deponien gemeinsam gereinigt werden. Allen Anlagen gemeinsam ist, daß sie die erforderliche Reinigungsleistung sowohl hinsichtlich der Qualität als auch der Quantität erreichen – teilweise allerdings mit seht hohem Aufwand. Bei den in Betrieb befindlichen Sickerwasserbehandlungsanlagen wird meist eine Kombination verschiedener Verfahrensstufen zur Reinigung des Sickerwassers eingesetzt, wie z.B. biologische Behandlung, UV/Ozon-Oxidation, Umkehrosmose, Aktivkohle-Adsorption, Eindampfanlagen, Verbrennung oder Fällung/Flockung. Bei 54 % der Sickerwasserbehandlungsanlagen wird das Sickerwasser soweit gereinigt, daß es anschließend direkt in ein Oberflächengewässer eingeleitet werden kann; in 33 % dient die Sickerwasserbehandlung als Vorbehandlung und das Sickerwasser wird anschließend in einer Kläranlage weiter gereinigt. In 13 % der Fälle (Eindampfung, Verbrennung) wird kein Sickerwasser abgeleitet (Schulz-Böhm 1996).

Die Umsetzung des Anhangs 51 der Rahmen-Abwasser-Verwaltungsvorschrift des Bundes (Oberirdische Ablagerung von Abfällen) gestaltet sich teilweise schwierig, da z.T. die für die Dimensionierung der Sickerwasserbehandlungsanlagen notwendigen Kenntnisse über die zu erwartenden Sickerwassermengen sowie die Sickerwasserqualität erst ermittelte werden müssen. Außerdem sind Bau und Betrieb der Behandlungsanlagen mit relativ hohen Kosten (Investitions- und Betriebskosten) verbunden, die in Zeiten knapper Mittel in den öffentlichen Kassen nicht leicht aufzubringen sind.

Den Deponiebetreibern in Bayern wurden fachliche Hinweise zur übergangsweisen Entsorgung von unbehandeltem Sickerwasser in Kläranlagen an die Hand gegeben. Mit diesen Hinweisen wird insbesondere der infolge der allgemeinen verringerten Ablagerungsmenge geänderten Situation Rechnung getragen und mit Übergangsfristen von etwa 5 Jahren den Deponiebetreibern Zeit eingeräumt, auf die neue Situation zu reagieren und kostenoptimierte Entsorgungskonzepte für die Sickerwasserbehandlung aufzustellen. Im Rahmen des wasserrechtlichen Verfahrens wird auch zu prüfen sein, ob die zu ergreifenden deponietechnischen Maßnahmen und ihre Auswirkungen auf die Zusammensetzung des Sickerwassers mit dem damit verbundenen Zeithorizont noch eine eigene Sickerwasserbehandlungsanlage erfordern. Dabei ist der Grundsatz der Verhältnismäßigkeit zu beachten.

2.3 Oberflächenabdichtung

Gemäß Nr. 11.2.1 TASi ist auf Hausmüll- und Reststoffdeponien nach ihrer Verfüllung eine Oberflächenabdichtung aufzubringen. Da bei den bestehenden Hausmülldeponien auch nach Schüttende noch mit erheblichen Setzungen über mehrere Jahre zu rechnen ist, würde ein unmittelbar nach Schüttende aufgebrachtes Oberflächenabdichtungssystem nach TASi durch die Setzungen möglicherweise wieder geschädigt werden. Das Bayerische Landesamt für Umweltschutz hat daher den

Deponiebetreibern in Bayern empfohlen, eine Oberflächenabdichtung in zwei Phasen aufzubringen, wobei in der ersten Phase (Phase 1) ein temporäres Abdichtungssystem optimal auf die zu erwartenden Setzungen abgestimmt werden kann. An das temporäre System werden daher geringere Anforderungen als an die endgültige Abdichtung (Phase 2) nach TASi gestellt. Derartige temporäre Abdichtungen erhalten in Bayern aufgrund des gravierenden Rückgangs der abzulagernden Abfallmengen verstärkt auch als betriebliche Abdeckung Gewicht, da nun betriebliche Zwischenzustände an den Deponien über längere Zeiträume möglichst kostengünstig für den Deponiebetreiber aufrecht erhalten werden müssen.

Folgende temporäre und kostengünstige Abdeckungs- bzw. Abdichtungsmaßnahmen werden in Bayern bereits mit Erfolg praktiziert:

– UV-beständige Folien

UV-beständige Folien bieten sich an, wenn die Abdichtung nur relativ kurze Zeiträume (2-3 Jahre) wirksam bleiben soll und die betreffende Fläche keinen großen Windeinwirkungen ausgesetzt ist. (Abb. 4)

– Asphalt-Lehm-Emulsionen

Bei der asphaltgebundenen Abdichtung auf der Basis einer Asphalt-Lehm-Emulsion kann nach Herstellerangabe gleichfalls nur von einer kurzen Wirksamkeit von wenigen Jahren ausgegangen werden. Danach wird ein neuer Auftrag erforderlich. Diese Dichtungsart kann daher nur für zeitlich eng begrenzte Maßnahmen empfohlen werden (Abb. 5).

– Kunststoffdichtungsbahnen

Kunststoffdichtungsbahnen (KDB) in einer Mindeststärke von 1,5 mm können für die Abdichtung wie auch Phase 1-Oberflächenabdichtungen eingesetzt werden. Sie sind relativ kostengünstig und mehrere Jahrzehnte ausreichend wirksam. Einige bayerische Deponiebetreiber haben solche Kunststoffdichtungsbahnen sogar mehrfach wiederverwendet und umgesetzt (Abb. 6).

– Geotextile Dichtungselemente

Geotextile Dichtungselemente werden in Bayern gleichfalls als Phase 1-Abdichtung auf Hausmülldeponien eingesetzt. Zur Sicherung des Dichtungselements ist eine Bodenüberdeckung aufzubringen (Abb. 7).

– Zweilagige mineralische Dichtungen

Einige bayerische Deponiebetreiber haben in den letzten Jahren auch mineralische Phase 1-Abdichtungen errichtet. Bei den im Vergleich zu den beiden vorgenannten Abdichtungssystemen höheren Investitionskosten ist zu berücksichtigen, daß die in Phase 1 erstellte mineralische Abdichtung bereits einen wesentlichen Bestandteil des endgültig zu errichtenden TASi-gerechten Oberflächenabdichtungsssystem darstellt (Abb. 8).

Betriebliche Zwischenabdichtung mittels UV-beständigen Kunststofffolien

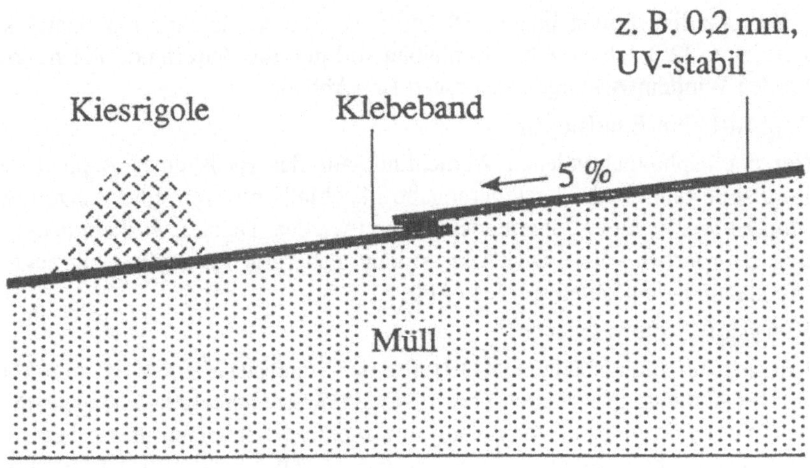

Kosten: Folie 1,00 - 2,50 DM/m^2
(je nach Material, Beständigkeit)
Verlegung und Verklebung, 1,50 - 3,00 DM/m^2
ggf. Sicherung

Gesamtkosten 2,50 - 5,50 DM/m^2

Abb. 4 Betriebliche Zwischenabdichtung (Kunststofffolie) (LfU)

Betriebliche Zwischenabdichtung mittels asphaltgebundener Abdeckungen

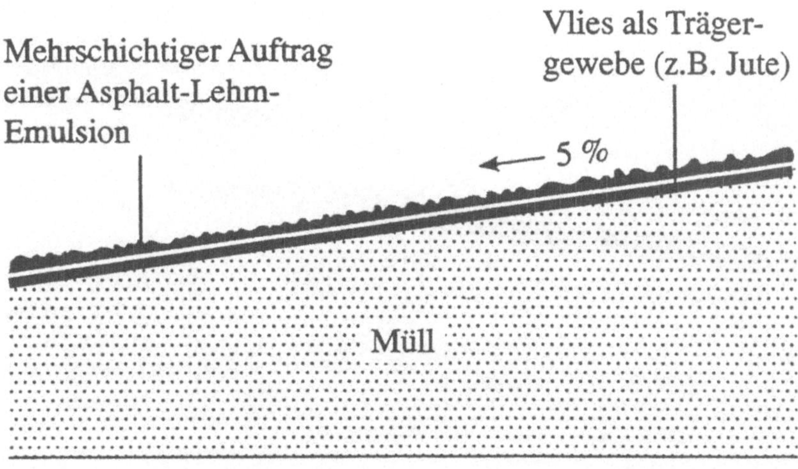

Kosten:	Trägergewebe	1,50 - 2,50 DM/m^2
	Mehrschichtiger Auftrag der	7,50 - 10,00 DM/m^2
	Asphalt-Lehm-Emulsion	
	(wasserdicht bei 3 - 5 Schichten)	
	inkl. Sprühservice, Anlieferung	
	Gesamtkosten	9,00 -12,50 DM/m^2

Abb. 5 Betriebliche Zwischenabdichtung mit asphaltgebundener Abdeckung (LfU)

Betriebliche sowie auch temporäre (Phase I) - Abdichtung mit Kunststoffdichtungsbahnen

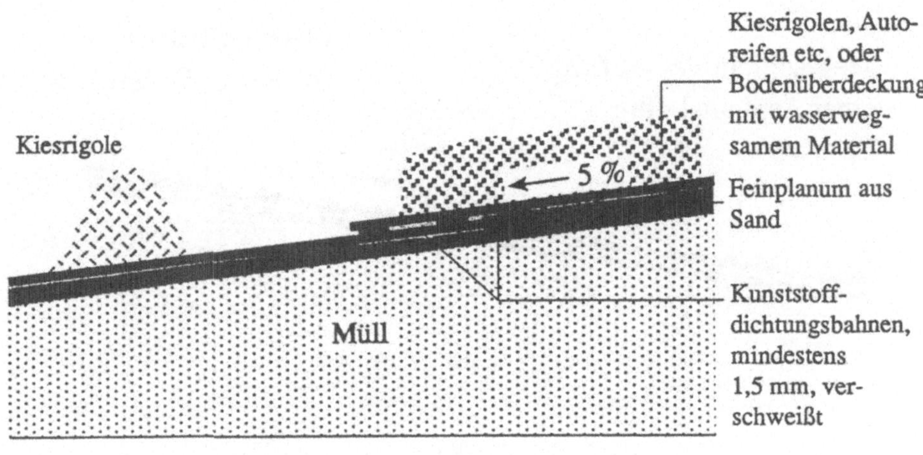

Kosten:	1,5 mm KDB (PEHD) liefern, verlegen und verschweißen	10,00 - 14,50 DM/m^2
	Vorbereiten der Fläche in Eigenregie, ggf. Windsicherung	1,00 - 3,00 DM/m^2
	Gesamtkosten	11,00 - 17,50 DM/m^2

Abb. 6 Betriebliche/temporäre Abdichtung mit Kunststoffdichtungsbahn (LfU)

Temporäre (Phase I) - Abdichtung mit geotextilen Dichtungselementen

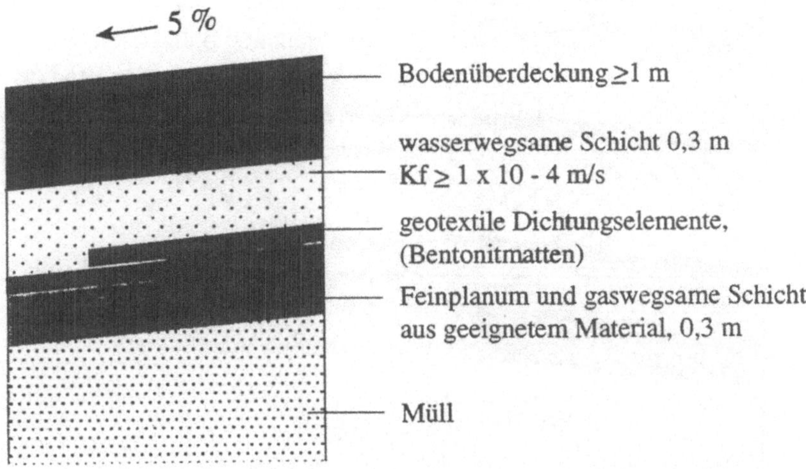

Kosten:	einlagige Bentonitmatte inkl. Verlegung und Qualitätssicherung	12,00 - 18,00 DM/m²
	sonstige Kosten (gaswegsame Schicht, Bodenüberdeckung, Dränage, etc.)	45,00 - 55,00 DM/m²
	Gesamtkosten	57,00 - 73,00 DM/m²

Abb. 7   Temporäre Abdichtung mit geotextilen Dichtungselementen (LfU)

Temporäre (Phase I) - Abdichtung mit mineralischem Dichtungsmaterial

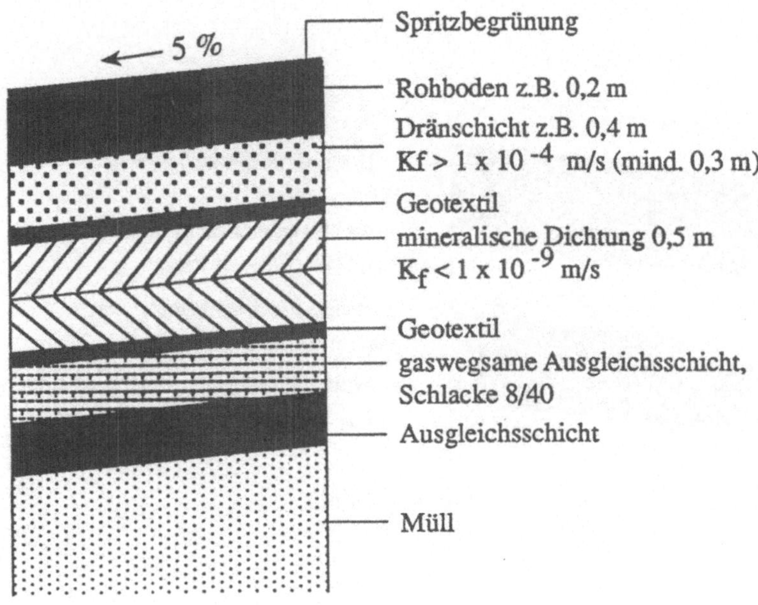

Kosten:	Mineralische Dichtung	20,00 - 40,00 DM/m²
	sonstige Kosten (gaswegsame Schicht, Bodenüberdeckung, Dränage etc.)	35,00 - 45,00 DM/m²
	Gesamtkosten	55,00 - 85,00 DM/m²

Abb. 8 Temporäre Abdichtung mit mineralischem Dichtungsmaterial (LfU)

2.4 Musterdeponiejahrbuch

Das zur Optimierung der Überwachung und Vereinheitlichung der Datenerfassung sowie Auswertung erarbeitete Muster für ein Deponiejahrbuch des Bayer. Landesamtes für Umweltschutz wurde den Deponiebetreibern 1996 an die Hand gegeben. Mit diesem Jahrbuch werden insbesondere die Anforderungen der TASi bzw. der TA Abfall hinsichtlich der erforderlichen Eigenüberwachungsmaßnahmen umgesetzt. Das Jahrbuch besteht aus zwei Teilen, nämlich dem Standort zur Deponie (Teil 1), in dem die wesentlichen Angaben zu Genehmigungsbescheiden sowie zu den Betriebseinrichtungen (Sickerwasser, Gas) und zu den einzelnen Bauabschnitten der Deponie zusammengefaßt sind, und laufenden Daten im Berichtsjahr (Teil 2), die im einzelnen die eingebauten Abfallmengen, die Ergebnisse der jährlichen Deponievermessung, die baulichen Maßnahmen, die Eigen- und Fremdüberwachung sowie die Erklärung zum Deponieverhalten gemäß Ziffer 10.6.6.3 TASi enthalten müssen. Derzeit erfolgt im Auftrag des Bayerischen Umweltministeriums eine EDV-mäßige Aufbereitung des Deponiejahrbuchs, u.a. auch mit der Möglichkeit einer Nutzung über das Internet.

3 Forschungsvorhaben "Reinfiltration von Sickerwasser in Hausmülldeponien"

Die Bayerische Staatsregierung fördert seit 1990 die Forschung auf abfalltechnologisch und abfallwirtschaftlich wichtigen Bereichen mit jährlich rd. 20 Mio DM. Einen Schwerpunkt bilden F+E-Vorhaben zur Deponietechnik, insbesondere zur praxisnahen Umsetzung der TASi. Das Vorhaben "Reinfiltration von Sickerwasser in Hausmülldeponien" sollte Hinweise bringen, ob bestehende Hausmülldeponien so betrieben werden können, daß einerseits eine Minimierung der Deponiegas- und Sickerwasseremissionen durch frühzeitige Oberflächenabdichtung erreicht und andererseits ein zügiger Abbau der organischen Inhaltsstoffe gewährleistet werden kann, wie es auch die TASi fordert. Aufgrund frühzeitiger Abdichtung der Deponieoberfläche war bei der Deponie Erbenschwang, Landkreis Weilheim-Schongau, der Effekt der Trockenstabilisierung des abgelagerten Mülls ("Mumifizierung") eingetreten. Als Folge davon kam die ursprünglich hohe biologische Aktivität (hohe Methangasbildung) nahezu zum Erliegen.

Durch die gezielte Reinfiltration von Deponiesickerwasser über mehrere Jahre (1992-1997) in einem Teilbereich der Deponie, der als Versuchsfeld diente, konnte der Wassergehalt im Müllkörper gesteigert werden. Die Bewässerung des abgelagerten Abfalls im Versuchsfeld wurde so gesteuert, daß einerseits soviel wie möglich an Sickerwasser über Lanzen in das Versuchsfeld zugegeben werden konnte, um den Wassergehalt relativ schnell zu erhöhen und den biologischen Abbauprozeß wieder auf eine "normale" Größenordnung zu aktivieren. Etwa 6 Monate nach Reinfiltrationsbeginn wurde eine verstärkte biologische Aktivität im Versuchsfeld festgestellt, die innerhalb eines Jahres zu einer 3-fach höheren Gasabsaugmenge des Versuchsfeldes führte (Abb. 9).

Die Verwendung von Deponiesickerwasser als Infiltrat hatte während der Versuchsdauer keine negativen Auswirkungen etwa in Form eines Konzentrationsanstiegs der Sickerwasserinhaltsstoffe des abfließenden Sickerwassers. Bei dem Parameter BSB$_5$ konnte sogar ein teilweiser Abbau der relativ hohen Konzentrationen im zugeführten Sickerwassers durch den als Festbettreaktor wirkenden Hausmüllkörper festgestellt werden.

Die Erkenntnisse der durchgeführten Untersuchungen sind kein Sonderfall für die Deponie Erbenschwang, sondern dürften sich auch auf andere Hausmülldeponien mit vergleichbaren Betriebseinrichtungen beziehen. Im Hinblick auf die Untersuchungsergebnisse kann in Bayern von der Anforderung nach Nr. 10.4.2 TASi, wonach gefaßtes Deponiesickerwasser nicht in den Deponiekörper zurückgeführt werden darf, im Einzelfall abgewichen werden, wenn folgende Voraussetzungen für eine ordnungsgemäße Sickerwasserinfiltration vorliegen (Bauer et al. 1997):

- qualifizierte Basisabdichtung (Mindeststärke: 0,60 m, Kf $\leq$ 1 * 10^{-8} m/s),
- funktionierendes Sickerwasser-Entwässerungssystem,
- ausreichende Standsicherheit des Deponiekörpers,
- relevante Mengen an organisch abbaubarer Substanz in den Abfällen, funktionierendes Aktiventgasungssystem,
- Einrichtung zur geregelten und kontrollierten Infiltration unter der Oberflächenabdichtung,
- Einrichtung zur Kontrolle des Gas- und Wasserhaushaltes der Deponie zum Nachweis der Begrenzung der Infiltrationsmenge auf das Notwendige.

Die Untersuchungen werden inzwischen in einem erweiterten Umfang fortgeführt und sollen neben einer Absicherung der bisherigen Ergebnisse weitere Erkenntnisse zu folgenden Punkten bringen:

- Verlauf der Gasproduktion bei der weiteren Bewässerung,
- "Sättigungs-Feuchtegehalt" der Abfallablagerung
- Bemessungsgrundlagen für Bewässerungseinrichtungen (Rigolen unter der Deponieoberfläche),
- Anhaltswerte für geeignete Infiltrationsraten,
- Auswirkungen der Infiltration auf das Inkrustationsverhalten des Entwässerungssystems.

4 Ablagerung von mechanisch-biologisch behandelten Abfällen

Mit der Frage der mechanisch-biologischen Restmüllbehandlung setzt sich das Bayerische Umweltministerium im Hinblick auf die Vorgaben (Inputwerte der TASi) seit Jahren intensiv auseinander. Mit finanzieller Unterstützung des Ministeriums wurden in der Vergangenheit umfangreiche Untersuchungen beim Abfallverband Donau-Wald zur mechanisch-biologischen Restmüllbehandlung durchgeführt.

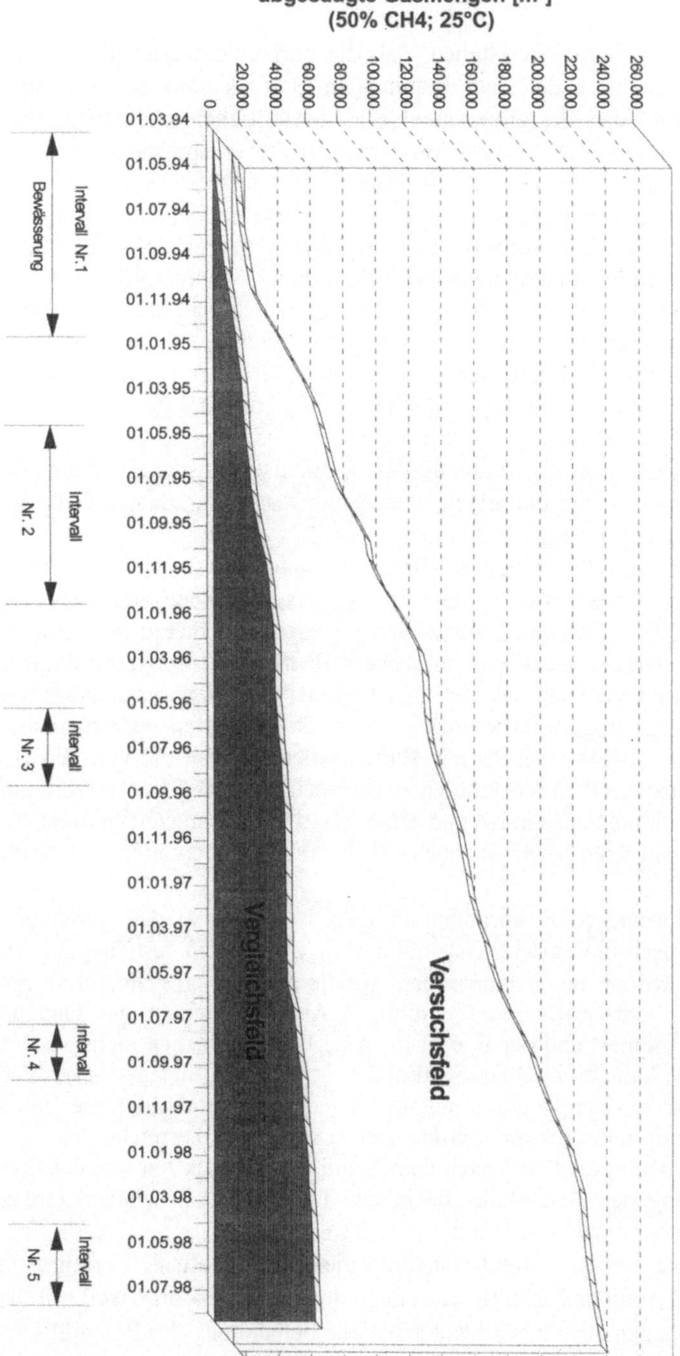

Abb. 9 Entwicklung der Gasmengen des Versuchs- und Vergleichsfeldes der Deponie Erbenschwang , Lkr. Weilheim-Schongau

Die Gutachter mußten jedoch feststellen, daß die dort eingesetzten Rotte- und Vergärungsanlagen nicht in der Lage waren, den Organikanteil des Restmülls soweit zu reduzieren, daß die zu vermeidenden biologischen und chemischen Reaktionen im Deponiekörper ausgeschlossen bzw. die entsprechenden TASi-Werte eingehalten wurden (Fricke et al. 1995) (Abb. 10).

Die Integration einer mechanisch-biologischen Restabfallbehandlung in ein kommunales Abfallwirtschaftskonzept wird in Bayern derzeit in zwei Fällen praktiziert. Die Restmüllbehandlungsanlage Quarzbichl, Landkreis Bad Tölz-Wolfratshausen, ist seit 5 Jahren in Betrieb. Dabei zeigt sich, daß bei der mechansich-biologischen Aufbereitung über 40 % der aufbereiteten Stoffe als Leichtfraktion anfallen, die nicht deponiert werden kann, sondern einer thermischen Behandlung zugeführt werden muß. Die restliche deponierbare Fraktion weist Glühverluste von 20-50 % auf und ist daher weit entfernt von den zulässigen Inputwerten der TASi. Der Landkreis Bad Tölz-Wolfratshausen hat daraus bereits die richtige Konsequenz gezogen und einen Vertrag mit dem kommunalen Betreiber einer Abfallverbrennungsanlage geschlossen.

Eine weitere mechanisch-biologische Behandlungsanlage ist 1997 im Abfallentsorgungszentrum Erbenschwang des Landkreises Weilheim-Schongau zur Behandlung von 22.000 t Restmüll in Betrieb gegangen. Das hierzu vom Bayerischen Umweltministerium finanzierte wissenschaftliche Begleitprogramm soll in erster Linie klare Aussagen zur Bilanzierung der Restabfallbehandlungsanlage und Aussagen zum Ablagerungsverhalten des mechanisch-biologisch vorbehandelten Restmülls erbringen. Insbesondere soll geprüft werden, ob sich die von den Befürwortern so herausgestellten Vorteile einer geringen biologischen Restaktivität, einer deutlichen Volumeneinsparung und einer gesicherten Langzeitstabilität des auf der Deponie gelagerten Materials auch in der täglichen Deponiepraxis bestätigt.

Aufgrund der bisherigen Erfahrungen in Bayern steht fest, daß durch ausschließlich mechanisch-biologische Behandlung die gemeinsam festgelegten Anforderungen der TASi an die abzulagernden Abfälle nicht zu erreichen sind. Insbesondere werden Schadstoffe nicht eliminiert, Abbaureaktionen der Deponie nicht auf Dauer verhindert und der Bedarf für neue Deponieflächen nicht wesentlich verringert. Die Anlagen in Quarzbichl und Erbenschwang belegen zwar Verbesserungen gegenüber der Deponierung unbehandelter Restabfälle; die hohen Standards der thermischen Prozesse werden aber in keinem Fall erreicht.

Im Ergebnis bedeutet dies, daß nach dem Stand der Technik nur mit der thermischen Behandlung der Restabfälle die in der TASi vorgeschriebenen Grenzwerte auf Dauer sicher einzuhalten sind.

Im Gegensatz zu anderen Bundesländern spielen die "kalten" Verfahren in Bayern derzeit und wohl auch künftig nur eine untergeordnete Rolle, weil mit den 19 thermischen Anlagen ausreichend Kapazität zur Behandlung des Restmülls zur Verfügung steht.

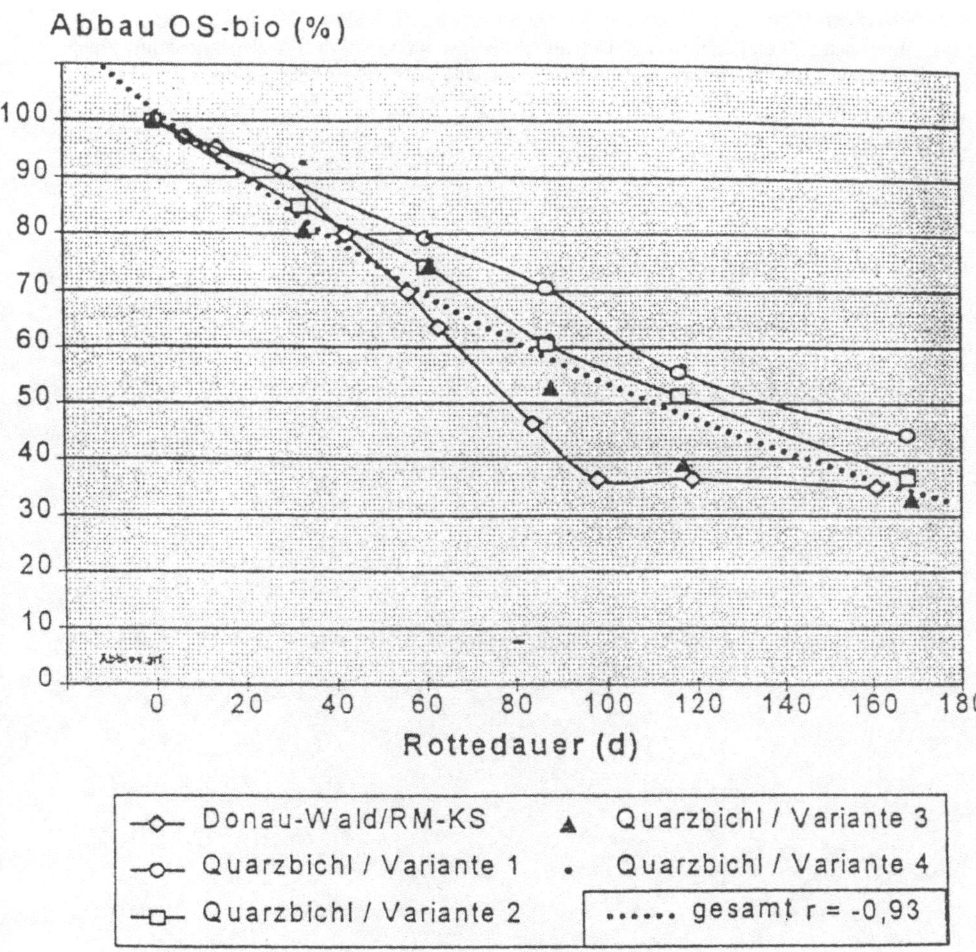

Abb. 10 Gehalte der biologischen abbaubaren organischen Substanz (OS_{bio}) mit dem Versuchsvorhaben Donau-Wald und Quarzbichl

5 Literatur

Bauer, & Kinsmüller, & Meisinger, & Rosinger (1997): Infiltration von Sickerwasser – ein Weg zur Aktivierung der Deponie. – Müll & Abfall, 12/97: 758ff.

Fricke, & Müller, & Kölbel, & Turk, & Gauser (1995): Mechanisch-biologische Restmüllbehandlung am Beispiel der Anlage Quarzbichl. – WP, 10/95: 28ff.

LfU (Bayerisches Landesamt für Umweltschutz) (1994): Rundschreiben zur Umsetzung der TASi in Bayern vom 22.04.1994.

LfU (Bayerisches Landesamt für Umweltschutz) (1996): Abfallwirtschaft – Hausmüll in Bayern – Bilanzen 1996.

Schulz-Böhm, C. (1996): Zur Situation der Sickerwasserbehandlung in Bayern.–Seminar des Bayerischen Landesamtes für Umweltschutz am 11.12.96 in Wackersdorf zum Thema "Überblick über Verfahren zur Sickerwasserbehandlung" – Schriftenreihe des LfU.

Bewertung der nachhaltigen Wirkung von Kapillarsperren

Claus Nitsche, Ludwig Luckner
Dresdner Grundwasserforschungszentrum e.V.

1 Einleitung

Kapillarsperren sind eine innovative Sicherungsmethode, die zur Oberlächenabdichtung von Altlasten oder Abfalldeponien eingesetzt werden kann. Im Vergleich zu den bisher verwendeten Abdichtungsverfahren liegen die Vorteile vor allem in der Setzungsunempfindlichkeit, dem relativ einfachen Einbau, den geringen Materialkosten, der Gasdurchlässigkeit und den guten, unproblemtischen Bepflanzungseigenschaften.

Bedingt durch das Wirkungsprinzip der Kapillarsperren, daß einen ausgeprägten Unterschied in dem ungesättigten hydraulischen Durchlässigkeitskoeffizienten an der geneigten Kontaktfläche zwischen einer feinkörnigen (Kapillarschicht) und einer darunter angeordneten grobkörnigen Schicht (Kapillarblock) voraussetzt, ergeben sich einige Einflußfaktoren, deren Berücksichtigung eine Vorraussetzung für die nachhaltige Wirkung von Kapillarsperren darstellt. Diese resultieren aus der den hydraulischen Bemessungen von Kapillarschicht und Kapillarblock zu grunde gelegten Saugspannungs-Sättigungsbeziehung (auch als Kapillardruck-Fluidanteil-Funktion oder pF-Kurve bezeichnet) und sollen im weiteren näher erläutert werden.

2 Grundlagen

Ausgangspunkt unserer Berachtungen bildet die in Abb. 1 für die Bemessung einer Kapillarschicht (Feinsand) und dem Kapillarblock (Grobsand) dargestellten Kapillardruck-Fluidanteilfunktionen und den daraus bestimmten hydraulischen Durchlässigkeitskoeffizienten als Funktion der Wassersättigung.

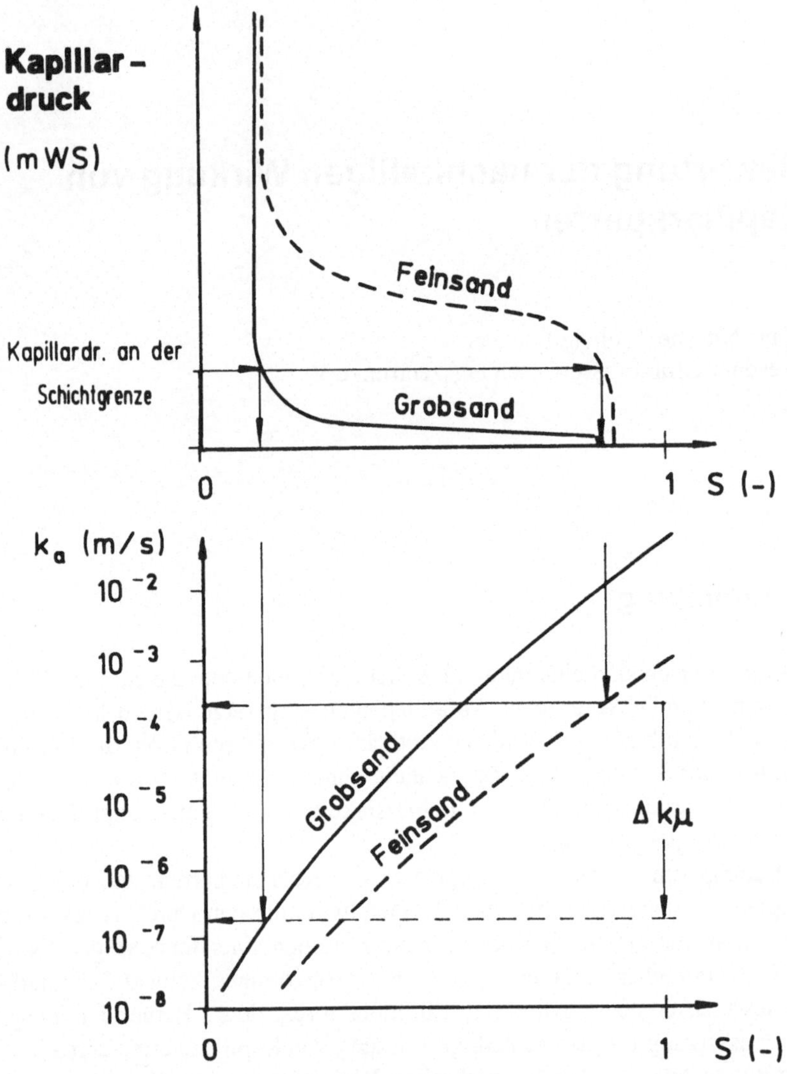

Abb. 1 Darstellung der für eine Kapillarschicht (Feinsand) und einem Kapillarblock (Grobsand) typischen Kapillardruck-Fluidanteilfunktionen und den daraus bestimmten hydraulischen Durchlässigkeitskoeffizienten als Funktion der Wassersättigung (von der Hude, 1991)

Die Kapillardruck-Fluidanteil-Funktion (KFF) ist eine **Systemzustandsfunktionen** mit einer von den intensiven Systemzustandsvariablen Temperatur (T), Phasendruck (p_i) und Stoffaktivität (a_j) abhängigen extensiven Zustandstandsvariablen θ (gespeichertes Bodenwasser) entsprechend Gl. (1), die im Labor an repräsentativen Bodenkernproben (entspricht dem **r**epräsentativen Elementarvolumen **REV**) ermittelt wird LUCKNER/SCHESTAKOW 1991).

$$\frac{V_w}{V} = \theta = \theta \ (T, \ p_c, \ a_1 \ldots a_j) \tag{1}$$

Die Druckdifferenz zwischen der nicht benetzenden fluiden Phase (pnw) und der benetzenden fluiden Phase (pw) ist gleich dem Kapillardruck (pc = pnw - pw) im Boden symbolisiert. Diese funktionelle Abhängigkeit der sekundären extensiven hysteresen Systemzustandsgröße θ (gespeichertes Bodenwasser) wird gewöhnlich zur isothermen Kapillardruck-Fluidanteil-Funktion (KFF) entsprechend Gl. (1a bzw. 1b) approximiert

$$\theta = \theta \ (p_w)\big|_{T,p_{nw},a_j} \qquad \text{(Vakuumverfahren)} \tag{1a}$$

$$\theta = \theta \ (p_{nw})\big|_{T,p_w,a_j} \qquad \text{(Druckluftverfahren)} \tag{1b}$$

Um eine nachhaltige Wirkung der Kapillarsperre zu ermöglichen, sind bei der Bestimmung der KFF entsprechend den Gl. (1a) und (1b) der Einfluß der Temperatur und der Stoffaktivitäten (a_j) zu berücksichtigen.
Abbildung 2 zeigt eine verallgemeinerte Darstellung der in HOPMANS et.al. 1986 veröffentlichten Versuchsergebnisse des Temperatureinflusses auf diese Funktion (1a und 1b). Eine auf eigenen Versuchsergebnissen begründete Darstellung der funktionellen Abhängigkeit der Fluidanteil – Kapillardruckfunktion von der Stoffaktivität ist Abb. 3 zu entnehmen.
Dementsprechend sollte bei der laborativen Ermittlung der KFF die im Bereich der Kapillarsperre zu erwartenden Temperaturen und Stoffaktivitäten berücksichtigt werden, da eine temperatur- / stoffaktivitätsbedingte Veränderung der KFF auch zwangsläufig zu einer Veränderung (häufig Verringerung) der Differenz der ungesättigten Durchlässigkeitskoeffizienten zwischen Kapillarschicht und Kapillarblock führt.
Von wesentlicher Bedeutung ist auch die Berücksichtigung der Hysterese der KFF. In Abb. 4 wurde die an einer ungestört entnommenen Bodenkernprobe (Mittel-Feinsand) bei 10 C aufgenommene hysterese KFF dargestellt (KEMMESIES, 1996). Während der im Druckluftverfahren aufgenommene KFF wurde die Bodenprobe ausgehend von der vollständigen Wassersättigung zunächst nur teilweise entwässert (1-PDC), anschließend bewässert (2-SWD), danach wieder entwässert (3-SDW), anschließend bis zum Kapillardruck = 0 bewässert und danach wieder bis zu einem Kapillardruck von 5 kPa entwässert.
Aus den Kurvenverläufen ist ersichtlich, daß zu einem Kapillardruck in Abhängigkeit von der Prozeßrichtung mehrere Wassergehaltswerte feststellbar sind und das mit einem nicht konstanten Restluftgehalt zu rechnen ist, wodurch auch veränderte Funktionsverläufe der ungesättigten hydraulischen Durchlässigkeit (die dadurch kleiner wird) verursacht werden. Da praktisch bisher nur die Entwässerungskurven der KFF bestimmt wurden, sollten zur Gewährleistung der

nachhaltigen Wirkung von Kapillarsperren stets hysterese KFF als deren Bemessungsgrundlage verwendet werden.

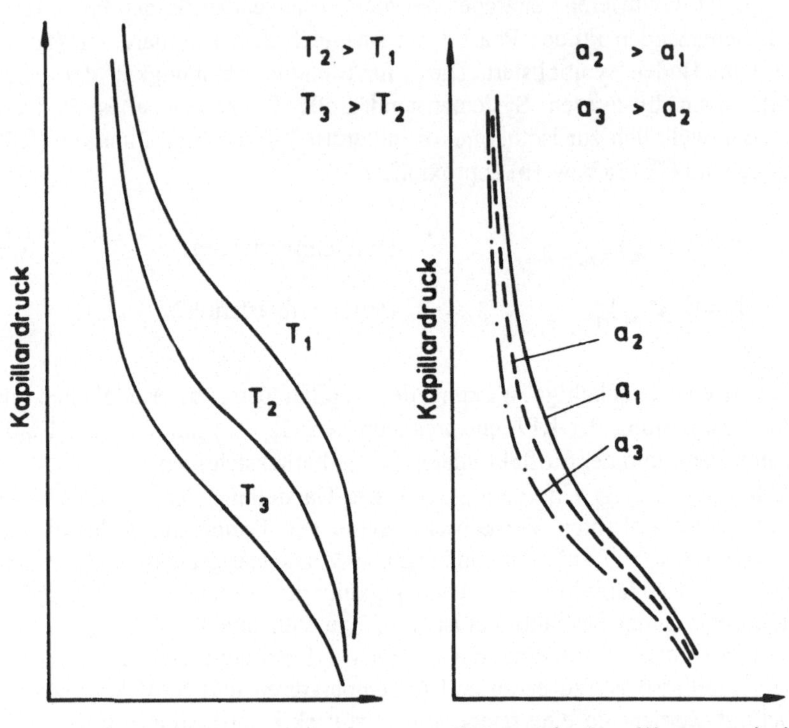

Abb. 2 Funktionale Abhängigkeit der FKF Temperatut (T)

Abb. 3 Funktionale von der Abhängigkeit der FKF von der Stoffaktivität (a)

3 Laborative Anforderungen

Die Notwendigkeit der Verwendung repräsentativer Elementarvolumen (REV-entspricht einer Bodenkernprobe) in denen vor allem die Lagerungsdichte identisch mit der nach dem erfolgten Einbau im Feldmaßstab sein muß, wird in der Abb.5 deutlich. Dargestellt wurde die für einen Mittel-Feinsand laborativ ermittelten typischen KFF (Entwässerungskurven) in Abhängigkeit der Lagerungsdichte und damit auch der Porosität.

Bei der Ermittlung von Meßpunkten der Funktionen nach Gl. (1a) (θ_i, $p_{w,i}$) bzw.(1b) (θ_i, $p_{nw,i}$) hat aber auch die Wahl der Schrittweite Δp_w bzw. Δ_{nw}, die zur Erreichung des nächsten Fluidgleichgewichtszustandes eingestellt wird, wesentliche Bedeutung auf die Erzielung der vorausgesetzten statistischen Verteilung der Bodenfeuchte (s. Abb.6). Die von NITSCHE an einem Computertomographen durchgeführten Untersuchungen verdeutlichen z.B. den Einfluß der über eine im Zentrum der Bodenprobe angeordnete Keramikkerze angelegten Druckdifferenz auf die Bodenfeuchteverteilung im Untersuchungsraum (ø = 10cm). Untersucht wurden ein Sandboden und ein bindiger Boden (Hanford). Als Extraktionsdruck (p_e) wurde sowohl die von uns empfohlene sanfte Bodenwasserextraktion mit Δp_C = -20 mbar, als auch die gewöhnlich in one- bzw. multi-step outflow tests oder Drucktopfversuchen eingestellten großen Δp_C-Werte von z.B. Δp_C = 600 mbar realisiert. Deutlich erkennbar ist die mit Δp_C = 600 mbar für beide Bodenarten erzielte inhomogene Bodenfeuchteverteilung, die beim HANFORD Boden zur zusätzlichen frühzeitigen Bildung von Schrumpfungsrissen geführt hat. Diese Untersuchungen geben wichtige Hinweise auf die Probleme bei der Auswertung und Vergleichbarkeit von one-step bzw. multi-step outflow tests, Drucktopf- und Vakuumversuchen und untersetzen unsere Forderung nach einer bezüglich der Druckstufen geplanten und gesteuerten Versuchsdurchführung.

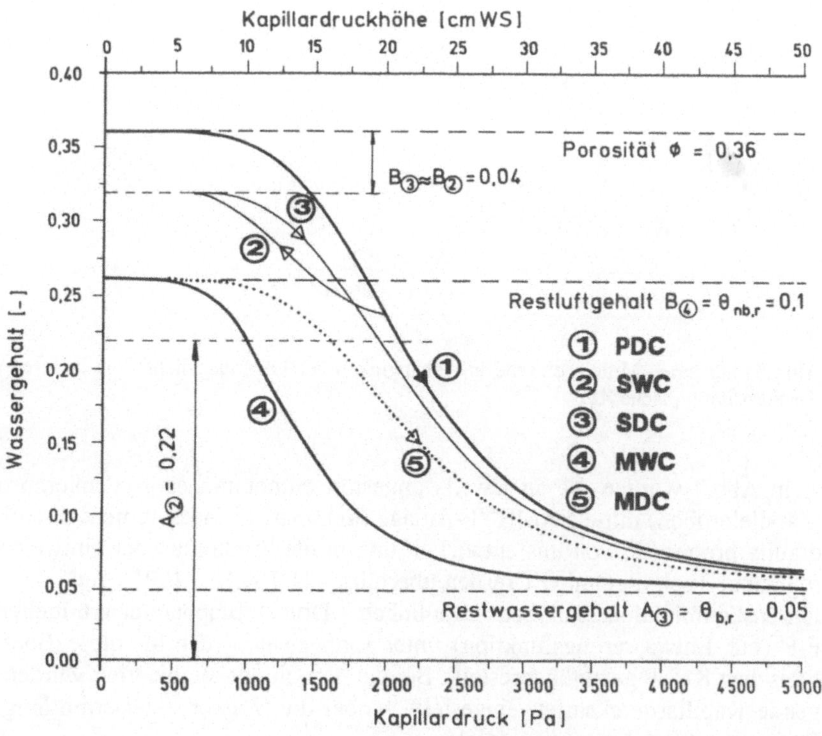

Abb. 4 Hysterese KFF für einen Mittel-Feinsand

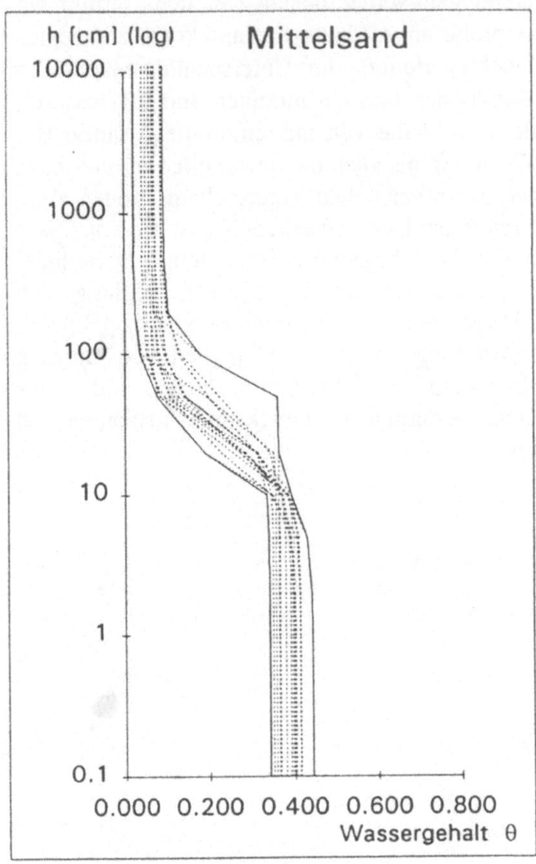

Abb. 5 Für einen Mittel-Feinsand in Abhängigkeit der Lagerungsdichte und dadurch auch der Porosität typische KFF

In Abb.7 wurden die an jeweils ungestört entnommenen Bodenkernproben (Parallelproben) mittels AMHYP-Anlage (automatical measurement of soil hydraulic properties; von uns entwickelt und in die Produktion der Umwelt- und Ingenieur-Technik GmbH Dresden überführt - NITSCHE, 1991) und der Verfahrenskombination: Sandbett - Kaolinbett - Drucktopfapparatur ermittelten K-F-F (nur Entwässerungsfunktion) unter Einbeziehung der für diese Bodenart typischen K-F-F gegenübergestellt. Bei der Verfahrenskombination wurden folgende Kapillardruckstufen eingestellt, wobei die Wassergehaltsermittlung der Bodenprobe gravimetrisch erfolgte:

- Sandbett: 0,03 bar, 0,06 bar und 0,1 bar
- Kaolinbett: 0,25 bar und
- Drucktopf: 3 bar und 15 bar

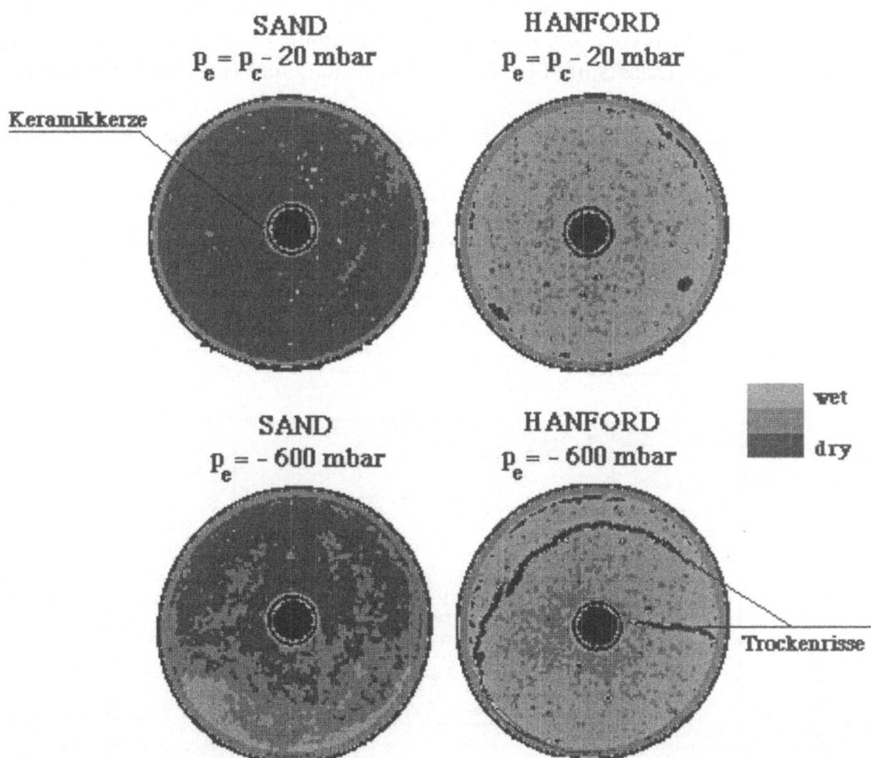

Abb. 6 Darstellung der Abhängigkeit der Bodenfeuchteverteilung im Untersuchungsraum (REV) von der Wahl der Extraktionsdruckstufendifferenz (Δp_e) mittels Computertomographiebilder

Der im Vergleich der mittels AMHYP-Anlage und der Verfahrenskombination: Sandbett-Kaolinbett-Drucktopfapparatur ermittelten K-F-F festzustellende deutliche Unterschied sollte Anlaß zur Überprüfung der bisher verwendeten Verfahren, den damit ermittelten Meßwerten und deren Interpretation geben. Aus unserer Sicht resultieren die bei der Anwendung der Verfahrenskombination festgestellten Sprünge in der K-F-F aus der Entkopplung der Bodenprobe vom Separator (Sandbett, Kaolinbett bzw. Keramikplatte), wodurch Lufteinschlüsse zwischen den beiden kapillaren Systemen (Bodenprobe und Separator) unvermeidbar sind. Auch bei diesen Einflußfaktoren wird deutlich, daß:

– für eine nachhaltige Wirkung der Kapillarsperre die laborative Ermittlung der KFF (Basisfunktion) an Bodenkernproben erfolgen sollte, deren Lagerungsdichte identisch mit der nach dem erfolgten Einbau im Feldmaßstab sein muß,

- zur Erzielung einer repräsentativen KFF (insbesondere den natürlichen Bedingungen entsprechende Bodenfeuchteverteilung in der Bodenprobe) eine bezüglich der Druckstufen geplanten und gesteuerten Versuchsdurchführung erforderlich ist und
- die laborative Ermittlung der KFF kontinuierlich, ohne Trennung vom Separator erfolgen muß.

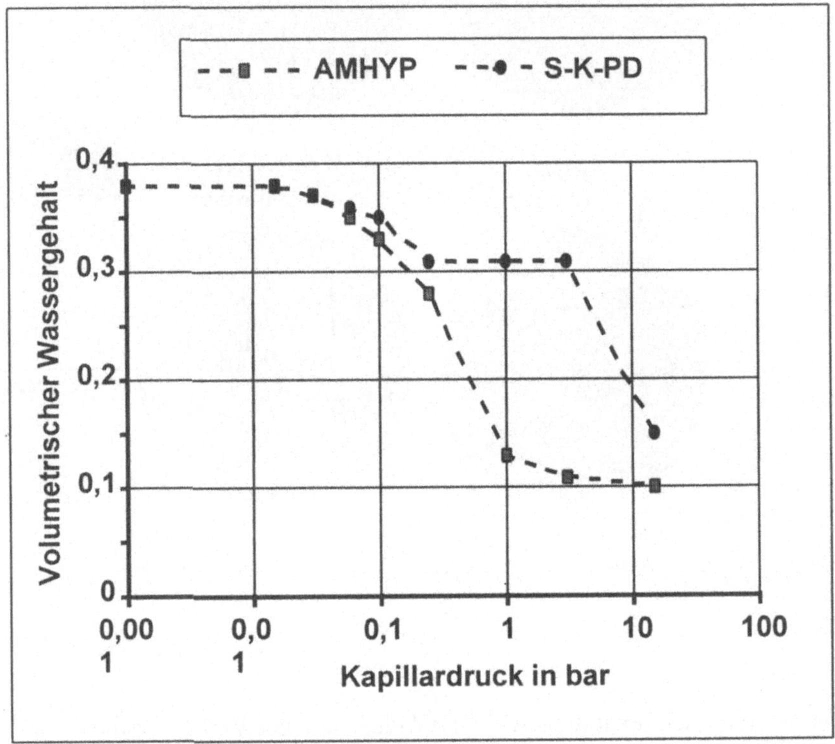

Abb. 7 Vergleich der an jeweils ungestört entnommenen Bodenkernproben mittels AMHYP-Anlage und der Verfahrenskombination: Sandbett-Kaolinbett-Drucktopfapparatur (S-K-DP) ermittelten K-F-F (nur Entwässerungsfunktion)

4 Literatur

Hopmans, J.W. & Dane, J.H.: Temperature Dependence of Soil Hydraulic Properties. Soil Sc. Soc. Am. Journal; Vol. 50; No.1, 1986

Luckner, L: Dresdner Konzept der mathematischen Modellierung der Mehrphasen-/ Mehrmigrantenprozesse im Untergrund. Karlsruhe, DFG Kolloquium "Modellierung hydrochemischer Reaktions- und Transportprozesse im Grundwasserbereich", Universität Karlsruhe, Institut für Hydromechanik, 1990.

Luckner, L.: Relevanz des Mehrphasen-/Mehrmigrantenkonzeptes des Unter-grundes für den Boden- und Grundwasserschutz. 31. Darmstädter Wasserbau-kolloquium an der TU Darmstadt, 1991.

Luckner,L. & Schestakow, W.: Migration Process in the Soil and Groundwater Zone; Lewis Publishers, Inc., 1991, Catalog No. L302LAEH.

Luckner, L., van Genuchten, M.Th. & Nielsen, D.R.: A Consistent Set of Parametric Models for two-phase flow of immiscible fluids in the subsurface; Water Res. Research, Vol. 25, No. 10, 2187-2193, 1989

Nitsche, C. u. Luckner, L.: Entwicklung und Musterbau einer modernen Boden-säulentestanlage für dynamische Migrationsversuche im Labor. Forschungs-teilbericht; TU Dresden, Sektion Wasserwesen, Bereich Wassererschließung, 1988.

Nitsche, C. u.a.: Entwicklung und Musterbau einer modernen REV-Fluidzirkulationsanlage zur laborativen Ermittlung von Systemzustandsfunktionen des Untergrundes. Forschungsteilbericht; TU Dresden, Sektion Wasserwesen, Bereich Wassererschließung, 1988.

Nitsche, C., Luckner, L., Nielsen, D.R. & Hopmans, J.W.: A Dynamic Batch Test System for Measuring the System State Functions of Soil. Wien , IAHS-Kongreß, Poster, 1991.

Nitsche, C., Luckner, L. & van Genuchten, M.Th.: An Expert System for Planning, Controlling and Analyzing Laboratory Measurements of the Unsaturated Soil Hydraulic Properties. Proceedings of the International Workshop "Indirect Methods for Estimating the Hydraulic Properties of Unsaturated Soils"; Riverside, California, 1989.

Nitsche, C.: Verfahren und Vorrichtungen zur Erfassung von Systemzuständen im Boden- und Grundwasserbereich auf der Grundlage von Bodenwasserproben. 31. Darmstädter Wasserbauikolloquium an der TU Darmstadt, 1991.

Pfeiffer, M.: Neue theoretische Betrachtungsweisen und praktische Möglichkeiten bei der Vakuumgrundwasserabsenkung. 31. Darmstädter Wasserbauikolloquium an der TU Darmstadt, 1991.

Von der Hude: Kapillarsperren zum Abschirmen von Deponien gegen Sickerwasser.Wasser + Boden, Heft 12, 1991.

Kostenvergleich zu unterschiedlichen Oberflächenabdichtungssystemen

H. Lingenfelser
Wayss & Freitag AG, Frankfurt am Main

1 Einleitung

Im Rahmen einer ausführlichen Diskussion der Wirkungsweise und der sonstigen technischen Aspekte der Kapillarsperrensysteme kommt der Betrachtung der Kosten - und hier vor allem einem Kostenvergleich mit anderen Abdichtungsystemen - eine mehr praktische Bedeutung zu. Wir müssen uns freilich darüber im Klaren sein, daß ein derartiger Vergleich nur einen allgemeinen Überblick über die Kosten verschaffen kann, darüber hinaus jedoch eine Erkenntnis darüber, welche Einzelelemente die Hauptkostenanteile eines Dichtungssystems verursachen. Aus dieser Kenntnis können sich Ansätze ergeben, an welchen Elementen aus wirtschaftlichen Gründen am ehesten und am wirksamsten Entwicklungen und Optimierungen vorgenommen werden können. Schließlich ergeben sich hieraus allgemeine Kosten- und Entwicklungstrends.

In einem konkreten Ausführungsfall werden sich mit Sicherheit andere Kosten für die Einzelpositionen ergeben, als die in unserer Zusammenstellung aufgeführten, obwohl wir nach bester Kenntnis über die Bundesrepublik gemittelte Marktpreise verwendet haben. Im Einzelfall einer Ausschreibung spielen Fragen wie z.B. die örtlich unterschiedliche Verfügbarkeit von Bau- und Bauhilfsstoffen (z.B. geeignetes Tonmaterial) Zugänglichkeit und Transportwege schließlich stark unterschiedliches Markt-, Angebots- und Qualitätsverhalten der Anbieter und nicht zuletzt die Qualität der vorausgegangenen Planung und Ausschreibung eine starke Rolle. Niedrigste Baukosten sind zwar in aller Regel das Hauptkriterium für die Vergabe der Leistungen, jedoch nicht unbedingt Garanten für nachhaltige Qualität.

Abschließend ist anzumerken, daß die Kostenvergleiche mit den Mitteln und aus Sicht einer Bauunternehmung kalkuliert sind, bzw. abgestimmt sind auf die Belange eines privatrechtlich handelnden Betreibers. Betreiber, die rechtlich und wirtschaftlich in öffentlichen Haushalten eingebunden sind, können bei Kostenüberlegungen möglicherweise zu anderen Ergebnissen kommen.

2 Betrachtete Abdichtungsvarianten, Gleichwertigkeit

Vor einer vergleichenden Kostenbetrachtung ist zunächst die Frage nach der Gleichwertigkeit der betrachteten Leistungen zu stellen. Die Gleichwertigkeit von Abdichtungssystemen ist eines der durchgängigen Themen des vorliegenden Bandes. Wir wollen stark vereinfacht festhalten:

Abdichtungssysteme sind dann gleichwertig, wenn sie Ihren Hauptzweck "Abdichtung" nach gleichen Bewertungsmaßstäben gleich gut erfüllen; im Fall einer Oberflächenabdichtung also **Abschottung des Deponiekörpers** gegen äußere Einwirkungen (Luft, Wasser, aber auch Wurzeln, u.a.), **Sicherung der Umwelt** gegen mögliche Emissionswirkungen aus dem Deponiekörper

Der Standardfall "Neuanlage einer Deponie" ist in der TA Siedlungsabfall (kurz: TASI, 1993) geregelt. Maßstab für die Bewertung von Kapillarsperren ist damit die Gleichwertigkeit mit den Standardabdichtungen der TASI, die gewissermaßen den Stand der Technik darstellen.

Für ältere Anlagen, Deponiesanierungen etc. gilt die TASI nur bedingt, so daß hier in jedem Fall eine standortbezogene Bewertung und Planung durchzuführen und eine Baugenehmigung zu erwirken ist. Gleichwohl gelten in der Regel auch hier die Lösungen der TASI als mehr oder weniger anzulegende bzw. verhandelbare Richtlinie für den Stand der Technik. Wenn es also gelingt, für die Standardabdichtungen nach TASI gleichwertige Kapillarsperrensysteme zu definieren und Tendenzen der Wirtschaftlichkeit herauszuarbeiten, so werden diese Tendenzen auch für die zahlreichen Sanierungsfälle bei Altanlagen übertragbar bzw. anpassbar sein.

Auf den Abbildungen 1 und 2 sind die Standardabdeckungen nach TA Siedlungsabfall dargestellt, nämlich

- Oberflächenabdichtung Deponieklasse I TASI
- Oberflächenabdichtung Deponieklasse II TASI

Diese beiden Lösungen sind nach heutiger Regelung Stand der Technik und werden bei den Verfahren zur Zulassung im Einzelfall als Bewertungsgrundlage verwendet. Wir stellen diesen Lösungen 2 Kapillarsperrensysteme gegenüber (Abb. 3 und 4), nämlich

- Kapillarsperre einfach
- Kapillarsperre doppelt

Dabei soll die einfache Kapillarsperre äquivalent zur Standardabdichtung für Deponieklasse I sein, die doppelte Kapillarsperre soll als Äquivalent für Deponieklasse II gelten.

Zu den Lösungen nach Abbildung 3 und 4 ist zu bemerken, daß uns die Rekultivierungsschicht bzw. Wasserhaushaltschicht mit 2,0 m Stärke technisch noch nicht voll optimiert erscheint. Wir haben daher bei den Kostenermittlungen diese Schicht nochmals variiert und mit zwei unterschiedlichen Stärken von 1,50 m bzw. 2,00 m eingeführt.

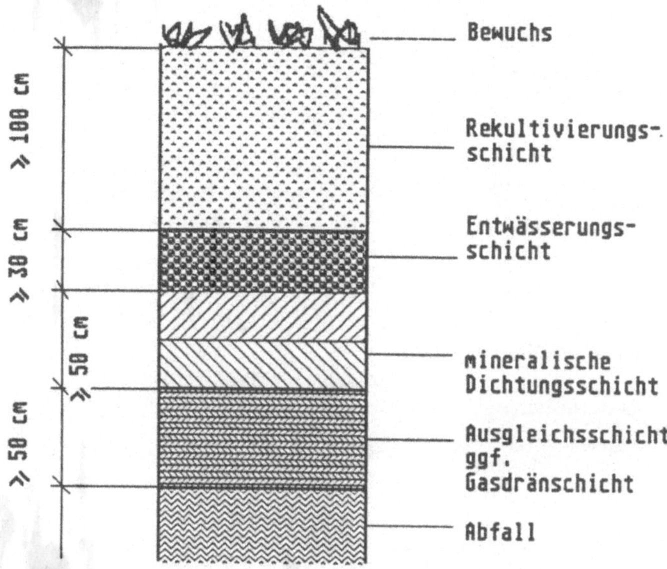

Abb. 1 die Oberflächenabdichtung für Deponieklasse I mit ausschließlich mineralischer Dichtungsschicht (aus TA Siedlungsabfall [2])

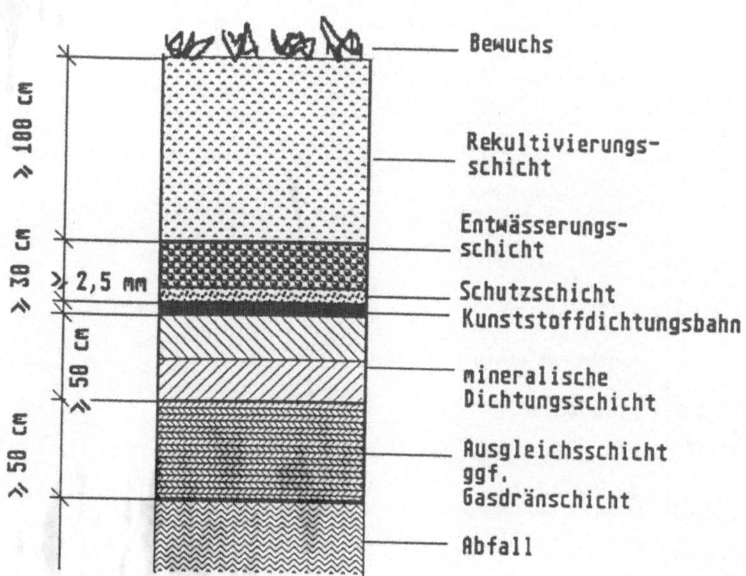

Abb. 2 die Oberflächenabdichtung für Deponieklasse II mit mineralischer Dichtungsschicht und zusätzlicher Kunststoffdichtungsbahn (aus TA Siedlungsabfall [2])

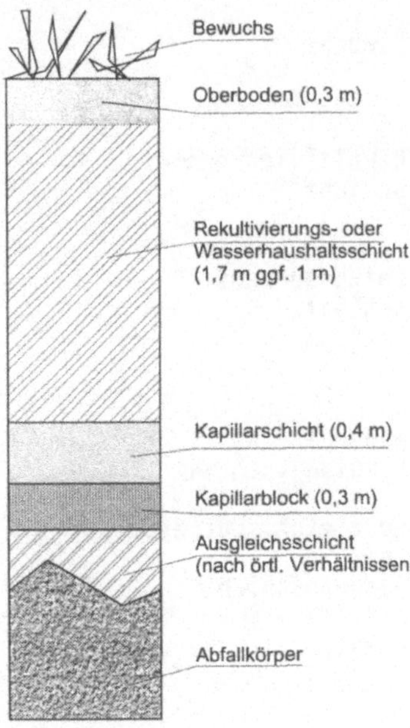

Abb. 3 eine "einfache" Kapillarsperre bestehend aus Kapillarschicht und Kapillarblock unter einer Wasserhaushaltsschicht (nach [3])

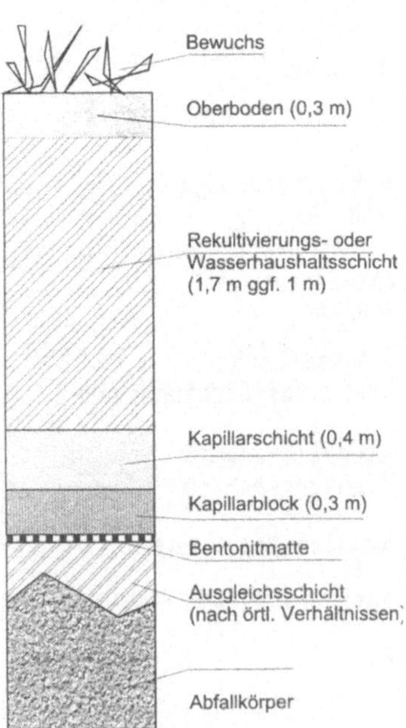

Abb. 4 eine "doppelte" Kapillarsperre mit dem Aufbau nach Abb. 3, jedoch verstärkt durch eine Bentonitmatte unter dem Kapillarblock (nach [3])

3 Kostenzusammenstellungen, Anmerkungen zu den Kosten

3.1 Allgemeines zu den Tabellen 1-4

Die Gesamtkosten je m² Grundfläche der betrachteten Abdeckungen sind auf den Tabellen 1 - 4 zusammengestellt. In diesen Tabellen sind die Kosten jeder Dichtungsschicht aufgeteilt in

- Materialkosten
- Einbaukosten
- Fremdkosten, d.h. Leistungen von Subunternehmern oder Zulieferern
- Kosten für Qualitätsmanagement

Die angesetzten Kosten sind Schätzwerte. Sie entsprechen in ihrer Höhe heutigen (1997) Marktpreisen, können gleichwohl nur Tendenzen aufzeigen. Die Verfügbarkeiten von Baustoffen wie Dichtungston, Sand, Schotter bzw. geeignetem Recyclingmaterial sind lokal äußerst unterschiedlich.

Daraus können in konkreten Projekten große Unterschiede bei den Materialkosten bzw. den Transportkosten resultieren.

Die Aufteilung in Material- und Einbaukosten macht deutlich, wo die Kostenschwerpunkte liegen und welchen Einfluß die Variation von Einzelgrößen auf die Gesamtkosten haben kann.

Offensichtlich wird, daß die Einbaukosten, die im wesentlichen Lohnkosten sind, gegenüber den Materialkosten den dominierenden Kostenfaktor darstellen.

3.2 Ausgleichsschicht über dem Müllkörper, Gasfassung, Begrünung der Deckschicht

Diese Maßnahmen stellen sich in erster Nährung für alle unterschiedlichen Dichtungstypen gleich dar und können bei einem Kostenvergleich eigentlich unbeachtet bleiben.

Um jedoch die Größenordnung der Gesamtmaßnahme "Abdeckung einer Deponie" im Ganzen zu erfassen, sind diese Maßnahmen mit insgesamt DM 27,50 je m² Fläche für alle Typen gleich angesetzt worden.

3.3 Rekultivierungs- bzw. Wasserhaushaltsschicht

Die Qualitätsanforderungen an die Rekultivierungsschicht sind verhältnismäßig gering und sie sind kaum unterschiedlich hinsichtlich der verschiedenen Dichtungstypen. Für die Rekultivierungsschicht kann in der Regel somit gängiger Aushubboden verwendet werden, wobei auf Deponien vorzugsweise sogar mit Kontaminanten belastete Böden eingebaut werden können.

Tabelle 1 Kostenzusammenstellung Standardabdeckung TASI 1

		Material DM/m²	Einbau DM/m²	Fremd DM/m²	QM DM/m²	Gesamt DM/m²
1.	Begrünung etc.			≈7,50		
2.	Oberboden/Rekultivierung d = 1,0 m geringe Anforderungen geringe Kontaminationen	-20,0/+ 9,0 negatives Vorz.: Erlös	20,0			
3.	Vlies > 200 g /m²	5,0	1,0	(6,0)		
4.	Entwässerung d = 0,30 m, Körnung 16/32 Einkauf 12,--/to	6,50	11,50			
5.	Mineralische Dichtung d = 0,50 m in 2 Lagen hohe Anforderung Eignungsprüfung laufende Überwachung	7,0	18,0		0,50 2,50	
6.	Vlies wie 3)	5,0	1,0	(6,0)		
7.	Ausgleichsschicht			≈20,0		
		3,50/ 32,50	51,50	27,50	3,0	85,50/ 114,50

Mittelwert   DM/m² 100,00

Tabelle 2 Kostenzusammenstellung Standardabdichtung TASI 2

		Material DM/m²	Einbau DM/m²	Fremd DM/m²	QM DM/m²	Gesamt DM/m²
1.	Begrünung etc.			≈7,50		
2.	Oberboden/Rekultivierung d = 1,0 m geringe Anforderungen geringe Kontaminationen	-20,0/+ 9,0	20,0			
3.	Vlies > 200 g /m²	5,0	1,0	(6,0)		
4.	Entwässerung d = 0,30 m Körnung 16/32 Einkauf 12,--/to	6,50	11,50			
5.	Schutzschicht d = 5 - 10 cm Sand, Rundkorn 12,--/to	1,80	3,20			
6	KDB verschweißt	(20,0)	(15,0)	35,0	1,0	
7.	Mineralische Dichtung d = 0,50 in 2 Lagen hohe Anforderung Eignungsprüfung laufende Überwachung	7,0	18,0		0,50 2,50	
8.	Vlies wie 3)	5,0	1,0	(6,0)		
9.	Ausgleichsschicht			≈20,0		
		5,30/ 34,30	54,70	62,50	4,0	126,50/ 155,50

Mittelwert   DM/m² 141,00

Tabelle 3 Kostenzusammenstellung Kapillarsperre "einfach"

		Material DM/m²	Einbau DM/m²	Fremd DM/m²	QM DM/m²	Gesamt DM/m²
1.	Begrünung etc.			≈7,50		
2.	Oberboden/Rekultivierung d = 1,50 m d = 2,00 m geringe Anforderungen geringe Kontaminationen Variation Materilakosten -20 DM/m³ / +9 DM/m³	-30,0/+13,5 -40,0/+18,0	28,0 35,0	2,0		
3.	Kapillarschicht d = 0,40 m	8,50	15,0			
4.	Kapillarblock d = 0,30 m	8,50	11,50		1,0	
5.	Bentonitmatte	(16,0)	(2)	18,0		
6.	Ausgleichsschicht			≈20,0		
	Rekultivierung 1,50 m	-13,0/ +30,50	54,50	47,50	1,0	90,0/ 133,50

Mittelwert für Rekultivierungsschicht d = 1,50m   DM/m² 94,00

	Rekultivierung 2,00 m	-23,0/ +35,0	61,50	47,50	1,0	87,0/ 145,0

Mittelwert für Rekultivierungsschicht d = 2,00m   DM/m² 98,00

Tabelle 4 Kostenzusammenstellung Kapillarsperre "doppelt"

		Material DM/m²	Einbau DM/m²	Fremd DM/m²	QM DM/m²	Gesamt DM/m²
1.	Begrünung etc.			≈7,50		
2.	Oberboden/Rekultivierung d = 1,50 m d = 2,00 m geringe Anforderungen geringe Kontaminationen Variation Materialkosten -20 DM/m³ / +9 DM/m³	-30,0/+13,5 -40,0/+18,0	28,0 35,0	2,0		
3.	Kapillarschicht d = 0,40 m	8,50	15,0			
4.	Kapillarblock d = 0,30 m	8,50	11,50		1,0	
5.	Ausgleichsschicht			≈20,0		
	Rekultivierung 1,50 m	-13,0/ +30,50	54,50	29,50	1,0	72,0/ 115,50

Mittelwert für Rekultivierungsschicht d = 1,50m   DM/m² 112,00

	Rekultivierung 2,00 m	-23,0/ +35,0	61,50	29,50	1,0	69,0/ 127,0

Mittelwert für Rekultivierungsschicht d = 2,00m   DM/m² 116,00

Nach unserer Erfahrung kommen hierbei Belastungen entsprechend LAGA-Richtlinien 7.1.2, (LAGA 1995) in seltenen Fällen sogar bis LAGA 7.2 in Frage - je nach örtlicher Betriebserlaubnis.

Die Erlöse aus der Annahme solcher Böden erweisen sich als ein wesentlicher Einflussfaktor für die Gesamtkosten der Deponieabdeckung. Da die Marktverhältnisse sehr unterschiedlich sind, haben wir die Erlöse gemäß Erfahrungswerten variiert und zwar

a) Erlös für Bodenannahme von DM 11,-- pro Tonne, frei Deponie geliefert als vorsichtig gewählten Optimalwert.
b) Kosten für die Bodenannahme von DM 5,-- pro Tonne, was - bei kostenloser Abnahme z.B. von einer Bodenbörse - einer Transportentfernung von ca. 25 km entspricht. Wir betrachten das als worst case für den Deponiebetrieb, denn in aller Regel werden Annahmegebühren erhoben.

3.4 Kosten der mineralischen Dichtung

Bei den Kosten der Mineralischen Dichtung wurden für die Materialkosten ein Erinnerungswert von DM 1,-- kalkuliert und im übrigen nur Aufbereitungs- und Transportkosten berechnet. Der Grund hierfür ist, daß Kosten für die Gewinnung bzw. Beistellung des Tonmaterials regional und örtlich äußerst unterschiedlich sind, so daß ein sinnvoller Mittelwert hier nicht angegeben werden kann.

4 Diskussion der Ergebnisse

Auf der folgenden Zusammenstellung sind die "gemittelten Werte" aus den Kostentabellen 1-4 übernommen. Hierdurch wird faktisch ein Erlös von ca. DM 5,50 pro m³ Rekultivierungsschicht unterstellt, entsprechend ca. DM 3,00 pro Tonne Boden. Dies ist eine äußerst konservative Annahme, ein höherer Annahmepreis verschiebt den Kostenvergleich deutlich zugunsten der Kapillarsperre.

Wir haben in der Zusammenstellung zum Vergleich die Standardabdeckungen nach TASI Kl. I der "einfachen Kapillarsperre" gegenübergestellt, sowie die Standardabdeckung nach TASI Kl. II einer "doppelten Kapillarsperre".

TASI I	Kapillarsperre einfach	
	1,50 Decke	2,00 Decke
100,00 DM/m²	94,00 DM/m²	98,00 DM/m²
100 %	*- 6 %*	*- 2 %*

TASI II	**Kapillarsperre doppelt**	
	1,50 Decke	2,00 Decke
141,00 DM/m²	**112,00 DM/m²**	**116,00 DM/m²**
100 %	*- 20 %*	*- 18 %*

Ziel der künftigen technischen Entwicklung müsste aus wirtschaftlichen Überlegungen daher sein, die Kapillarsperre - evtl. mit verstärkter Deckschicht - mit TASI Klasse II kompatibel zu gestalten.

Es dürfte nämlich einleuchten, daß aus Sicht eines Deponiebetreibers ein Abweichen von den Standardlösungen der TASI mit allen genehmigngstechnischen Risiken eher dann in Frage kommt, wenn gravierende technische oder wirtschaftliche Vorteile zu erwarten sind.

Technische und baubetriebliche Vorteile der Kapillarsperre sind unter anderem, ihre geringere Anfälligkeit gegen Ausführungsmängel (rolliges Material), geringere Witterungsabhängigkeit beim Einbau, keine Austrocknungsgefahr und Reparaturfreundlichkeit.

Eine wirtschaftliche Belastung der Kapillarsperre ergibt sich je nach Betrachtungsweise durch eventuelle kalkulatorische Kosten daraus, daß die Bauhöhe der Kapillarsperre insgesamt 0,5 bis 1,0 m größer ist, als die der TASI-Ausführungen. Wenn nämlich das Gesamtvolumen der Deponie - z.B. durch Profilvorgaben aus der Planfeststellung - festgeschrieben ist, geht durch die stärkere Abdeckung nutzbares Volumen verloren, mit entsprechenden Einnahmeausfällen.

Dieser Gesichtspunkt dürfte jedoch eher bei Neuanlagen von Deponien eine Rolle spielen, weniger dagegen bei der Sanierung von Altanlagen, wo das Interesse in der Regel auf gleichzeitig wirksamer und kostengünstiger Emissionsminderung liegt.

Für den Betreiber einer Deponie sind die Genehmigungsfähigkeit und die Herstellkosten der Abdeckung die ersten wichtigen Gesichtspunkte bei der Wahl einer Lösung, gleich gefolgt von den Überlegungen zur Lebensdauer der Anlage.

Langzeituntersuchungen und -beobachtungen zum Verhalten von Oberflächenabdichtungen existieren heute in größerem Umfang nur zum Komplex der TASI-Dichtungen. Für Kapillarsperren liegen diese Erfahrungswerte bislang noch nicht vor, so daß eine explizite vergleichende Betrachtung des Langzeitverhaltens aus unserer Sicht noch nicht möglich ist.

5 Literatur

[1] Länderarbeitsgemeinschaft Abfall (LAGA), Mitteilung Nr. 20 "Anforderungen an die stoffliche Verwertung von mineralischen Reststoffen/Abfällen. Berlin, 1995
[2] "Technische Anleitung zur Verwertung, Behandlung und sonstigen Entsorgung von Siedlungsafbällen (TA Siedlungsabfall)". Bundesanzeiger, Nr. 99 a, 29.05.1993

[3] Jelinek, D. (1996): Die Kapillarsperre als Oberflächenbarriere für Deponien und Altlasten - Langzeitstudien und praktische Erfahrungen in Feldversuchen. Dissertation im Fachbereich Bauingenieurwesen der TU Darmstadt, Mitteilungen des Instituts für Wasserbau und Wasserwirtschaft der TU Darmstadt, H. 97.

Qualitätssicherung beim Bau von Oberflächenabdichtungen

K. Kuntsche
Geotechnisches Labor im Fachbereich Bauingenieurwesen der Fachhochschule
Wiesbaden

Zusammenfassung

Die Qualitätssicherung soll die praktische Umsetzung und Erfüllung aller gestellten Anforderungen an ein Gewerk sicherstellen. Im Rahmen des geotechnischen Umweltschutzes kommt es im öffentlichen Interesse darauf an, Verunreinigungen von Boden, Wasser und Luft zu vermeiden bzw. zu minimieren. Für die Geotechnik der Deponien und Altlasten gilt es zum einen, die *sichere* Deponie zu planen und zu bauen und zum andern, schon belastete Bereiche entsprechend abzudichten bzw. zu sanieren.

Zur Umsetzung dieser Ziele sind auch beim Bau von Oberflächenabdichtungen für Deponien und Altlasten geeignete Qualitätssicherungspläne so aufzustellen und umzusetzen, daß alle Anforderungen an derartige Systeme erfüllt werden und allen system- und herstellungsbedingten Schwachstellen Rechnung getragen wird. Es wird dargestellt, welche Punkte der Qualitätssicherung im allgemeinen und insbesondere bei den verschiedenen Systemen von Oberflächenabdichtungen zu berücksichtigen sind.

1 Einführung

An der Qualität einer *Deponiebaumaßnahme* oder einer *Altlastsanierung* besteht aus naheliegenden Gründen und aus vielen Fehlern der Vergangenheit ein großes öffentliches Interesse. Für Oberflächenabdichtungen bestehen hohe Anforderungen an eine dauerhafte Barrierenwirkung. Da zudem Leckagen kaum entdeckbar und somit auch nicht reparierbar sind, werden die zuständigen Genehmigungs- und Überwachungsbehörden und deren Sonderfachleute deswegen - gerade hier - im Wechselspiel der wirtschaftlichen Interessen des Deponiebetreibers bzw. der bauausführenden Firma der Qualitätssicherung besondere Bedeutung beimessen.

Die branchenübergreifenden Normen DIN EN ISO 9000 bis 9004 enthalten allgemeine Empfehlungen zum Aufbau und zur Darlegung eines Qualitätssicherungssystems (QSS), welches international immer größere Bedeutung gewinnt. Da nach aktueller deutscher Rechtsprechung die Produkthaftpflicht beim Hersteller liegt, ergibt sich auch hieraus die große Bedeutung des QSS.

Ein QSS ist ein auf *Vorsorge* ausgerichtetes Managementsystem, was sich nicht nur auf die Bauausführung beschränkt, sondern sich auch auf Entwurf, Planung, Angebotsbearbeitung, Vertragsprüfung und Arbeitsvorbereitung bezieht.

Zur Umsetzung dieses Systems muß allen Beteiligten klar sein, was Qualität im eigentlichen Sinne bedeutet: Unter Qualität versteht man in unserem Zusammenhang die Zuverlässigkeit eines technischen Gebildes, seine Funktion im vorgegebenen Zeitraum zu erfüllen. Nach DIN ISO 8402 ist Qualität die Gesamtheit von Merkmalen einer Einheit bezüglich ihrer Eignung, festgelegte und vorausgesetzte Erfordernisse zu erfüllen. Somit ist Qualität die *Erfüllung aller gestellten Anforderungen*. Schließlich soll gelten, daß *Fehler nicht zugelassen* werden.

Der von der Deutschen Gesellschaft für Erd- und Grundbau im Jahr 1985 gegründete Arbeitskreis „Geotechnik der Deponien und Altlasten" schuf Empfehlungen, die als Grundlage für die technische Umsetzung der an Abdichtungs- und Sanierungsmaßnahmen zu stellenden Anforderungen dienen. Diese Empfehlungen sind als Stand der Technik zu betrachten und stellen fachtechnische Ergänzungen zur TA Abfall (TASo) und TA Siedlungsabfall (TASi) dar.

In der Empfehlung E5 des Arbeitskreises wird auf die Qualitätssicherung eingegangen. Zentraler Bestandteil der Qualitätssicherung ist der *Qualitätssicherungsplan (QSP)*, der ganz im oben schon erwähnten Sinne eines modernen QSS in der Planungsphase - also *vor* Beginn der Bauarbeiten - zu erarbeiten ist.

2 Der Qualitätssicherungsplan

Im Deponiebau generell und somit auch beim Bau von Oberflächenabdichtungen sind einige Besonderheiten zu nennen, die bei der Formulierung des Qualitätssicherungsplans zu berücksichtigen sind. Zum einen wird als Baumaterial oft natürlicher „Boden" allein oder als wichtigste Beimengung eingesetzt. Selbst bei entsprechend sorgfältiger Materialauswahl und -aufbereitung ist deswegen zu erwarten, daß die Materialeigenschaften variieren. Weiterhin liegen bei der Bauindustrie im Unterschied zu anderen Baumaßnahmen häufig noch wenige praktische Erfahrungen vor. Schließlich werden gerade hier oft neue wissenschaftliche Erkenntnisse, neue Techniken bzw. neue Materialien oder Material-Rezepturen um- bzw. eingesetzt, für die ebenfalls noch keinerlei Erfahrungen vorliegen. Die Qualitätssicherung bezieht sich also sowohl auf die Qualität der verwendeten Materialien als auch auf die Qualität der Bauausführung.

Aus diesen Besonderheiten folgt, daß der QSP nicht von vornherein feststeht, sondern im Zuge der Projektbearbeitung regelrecht erarbeitet werden muß. Hierzu ist zunächst die generelle Eignung der zu verwendenden Baustoffe im Labor nachzuweisen. Gelingt dies, muß in aller Regel die praktische Erprobung der Materialien und Einbautechniken in baustellengerechten Großversuchen folgen. Beim Bau von Oberflächenabdichtungen sind also entsprechend große Probefelder herzustellen, an denen der für die eigentliche Baumaßnahme heranzuziehende QSP erprobt werden kann. Schon *vor* Baubeginn des Probefeldes ist somit ein Entwurf des QSP zu erarbeiten.

Zusammenfassend: Der QSP basiert auf der geprüften und fehlerfreien Planungsarbeit und soll sicherstellen, daß die Oberflächenabdichtung entsprechend den Plan- und Ausschreibungsunterlagen und den darin festgelegten Anforderungen hergestellt wird. Wenn der Nachweis der grundsätzlichen Eignung der Baustoffe im Labormaßstab erfolgte, wird der QSP mit nachfolgendem Inhalt vor der Ausführung des Probefelds entworfen:

- Aufgaben und Verantwortlichkeiten der Eigen-, Fremd- und behördlichen Überwachung, die im Deponiebau zwar im Umfang durchaus abgestuft aber generell zu fordern ist,
- Beschreibung der gewählten und zulässigen Herstellungsmethode in Form von Verfahrensanweisungen, die auch auf den Witterungseinfluß Bezug nehmen, der bei den Bauarbeiten insbesondere zu berücksichtigen ist,
- Festlegung der zulässigen Streubreiten der Material- und Einbauparameter nach entsprechender Auswertung der Ergebnisse der Laborversuche der Eignungsuntersuchungen,
- Festlegung der Art und des Umfangs der Eigen- und Fremdprüfung bei der *Eingangsprüfung, Verarbeitungsprüfung und Abnahmeprüfung* am fertigen Bauteil mit Hinweisen auf die qualitätskritischen Aspekte,
- Entwicklung von Check-Listen, die eine entsprechend übersichtliche und lückenlose Überwachung erlauben,
- Definition der Abnahmekriterien und -termine durch die Bauüberwachung und die zuständigen Fachbehörden,
- Festlegung der Maßnahmen, die ergriffen werden, wenn unzulässige Abweichungen von den Vorgaben auftreten,
- Beschreibung der Art und des Umfangs aller Dokumentationen (Zwischen- und Endberichte).

Während des Feldversuchs und auch während der eigentlichen Baumaßnahme geht es dann um das systematische und lückenlose Abarbeiten des QSPs als baubegleitende Kontrolle mit gleichzeitiger Dokumentation. Dabei sollten immer Chancen bestehen, den QSP in Abhängigkeit der beim Bau gewonnenen Erkenntnisse und in Absprache mit den beteiligten Fachbehörden im Sinne einer sinnvollen Qualitätsverbesserung fortzuschreiben.

3 Das Bauwerk „Oberflächenabdichtung"

Als Anforderungen an das Deponiebauwerk „Oberflächenabdichtung" sind zu nennen: Die Oberflächenabdichtung soll den Eintrag von Niederschlägen minimieren, um so die Neubildung von belastetem Sickerwasser zu reduzieren. Sie soll ferner Schadstoffemissionen durch Verwehungen, durch direkten Kontakt oder Verschleppung durch Tiere oder Anreicherung in Pflanzen verhindern. Ausgeschlossen werden muß der Austrag von Deponiegas und Schadstoffdiffusionen. Schließlich soll der Deponiekörper landschaftsgerecht in seine Umgebung eingegliedert werden. Diese Aufgaben soll eine Oberflächenabdichtung möglichst *dauerhaft* übernehmen.

Die Gewährleistung für absolute Dichtigkeit und ewige Dauerhaftigkeit kann kein Bauwerk übernehmen. Hier gilt es einen Kompromiß zu definieren, der ökologisch, technisch und auch wirtschaftlich vertretbar ist.

Beeinträchtigungen für eine dauerhafte Barrierenwirkung sind in der Materialauswahl, im fehlerhaften Einbau und in nachträglichen Beanspruchungen zu sehen, die sich beispielsweise durch kleinräumige Setzungsunterschiede, Scherbeanspruchungen, unzulässige Wassergehaltsänderungen, biologischen Einwirkungen oder auch Alterungsprozesse einstellen können. Die globale Standsicherheit von geböschten Oberflächenabdichtungen muß selbstverständlich ebenfalls gegeben sein.

Die planerischen Vorgaben wie zulässige Böschungsneigungen und -längen, zulässige Infiltrations- und Ausgasungsraten, zu erwartende Setzungen und Setzungsunterschiede, Beständigkeit gegen thermische, chemische und biologische Einwirkungen, Gestaltung der Details bei den Sonderbauwerken, Rekultivierung, nachträgliche Nutzung bzw. Bebauung, Reparierbarkeit usw. führen zum Entwurf eines Oberflächenabdichtungssystems. Dieser Entwurf wird immer die Besonderheiten eines Standorts berücksichtigen müssen. Nur eine detaillierte Überprüfung der Eignung aller verfügbaren Systeme wird zum optimalen Entwurf führen. So sollte auch die nach der TA-Si geforderte Kombinationsdichtung aus Ton und Kunststoffdichtungsbahnen nicht nur wegen ihrer hohen Kosten sondern auch wegen möglicher technischer Einschränkungen (Melchior, 1995) auf den Prüfstand gestellt werden.

Jede Oberflächenabdichtung wird sorgfältig zu planende Qualitätssicherungsmaßnahmen nach sich ziehen. Welche Merkmale im Qualitätssicherungsplan für die verschiedenen Systeme enthalten sein sollten, wird nachfolgend kurz erläutert. Jedes der Systeme benötigt ein Rohplanum mit ausreichenden Tragfähigkeitseigenschaften. Für die Kontrolle des Rohplanums kommen zum Beispiel Dichtebestimmungen oder Plattendruckversuche in Frage. Ein ausreichend tragfähiges und ebenes Rohplanum wird nachfolgend vorausgesetzt.

Viele Elemente der Qualitätssicherung ergeben sich in gleicher Weise für alle Systeme. Am Beispiel der mineralischen Abdichtungen werden diese Elemente ausführlicher erläutert, was dazu führt, daß dieser Abschnitt den größten Umfang hat.

3.1 Mineralische Abdichtungen

Unter mineralischen Abdichtungen werden hier die eher konventionellen Oberflächenbarrieren verstanden, bei denen sich die Absperrwirkung in erster Linie durch einen geringen Wasserdurchlässigkeitsbeiwert (k-Wert) der eingebauten Materialien ergibt. Die Kapillarsperre wird weiter unten behandelt.

Bei den Eignungsuntersuchungen sind neben den üblichen bodenmechanischen Klassifizierungsversuchen auch Proctor-, Durchlässigkeits-, Quell- und Scherversuche durchzuführen. Die Versuchsergebnisse sind statistisch abzusichern, wobei die jeweilige zulässige Bandbreite der Kennwerte ermittelt wird. Die einzuhaltenden Grenzwerte sind festzulegen. Die Abbildungen 1 und 2 zeigen hierzu zwei Möglichkeiten für ein zulässiges Körnungsband bzw. für einen zulässigen Plastizitätsbereich. In Abbildung 3 sind wichtige Grenzwerte für Kennwerte mineralischer Oberflächenabdichtungen zusammengestellt.

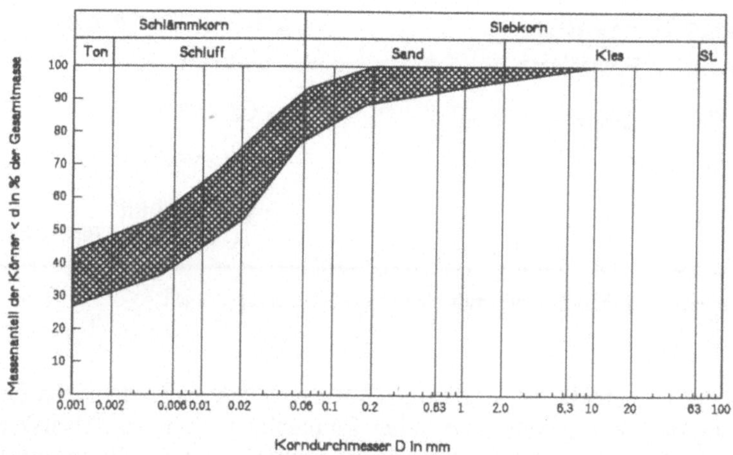

Abb. 1 Beispiel für ein zulässiges Körnungsband

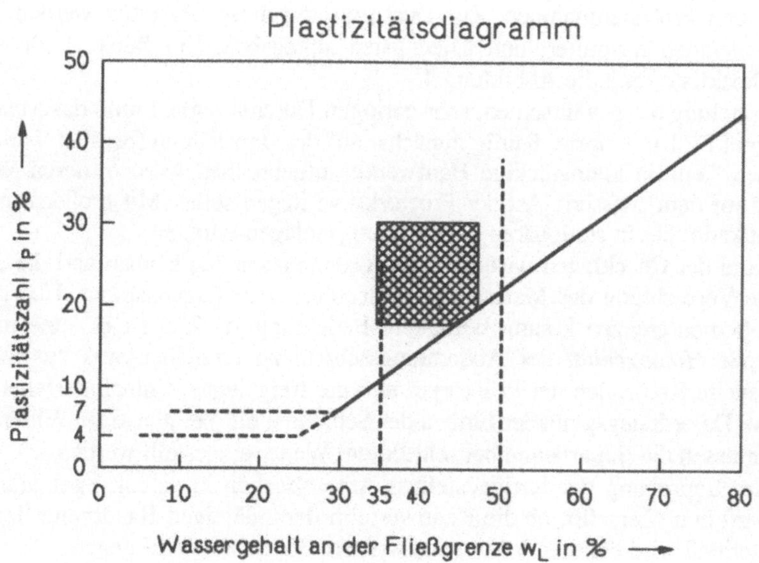

Abb. 2 Beispiel für einen zulässigen Plastizitätsbereich

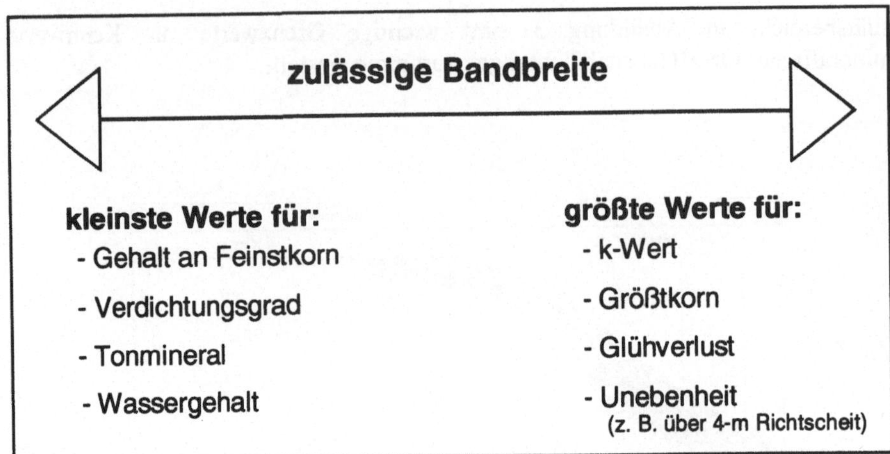

Abb. 3 Grenzwerte für Kennwerte mineralischer Oberflächenabdichtungen

Der Bau des Probefeldes ist sorgfältig zu planen. Mindestanforderungen für die Durchführung des Feldversuchs sind in der Empfehlung E3-5 des Arbeitskreises der DGGT angegeben Sowohl der Versuch als auch die späteren Bauarbeiten erfordern eine ständige Präsenz einer qualifizierten Fachbauleitung auf der Baustelle. Der zu entwickelnde Qualitätssicherungsplan beschreibt den Ablauf der Arbeiten und gibt die zu überprüfenden Vorgänge an.

Hierzu zählen die Eingangskontrolle der Materialien, Begleitung der Bauarbeiten mit der Kontrolle des Personal- und Geräteeinsatzes, visuelle Kontrollen des Planums und Probenentnahmen. Zur Durchführung dieser Arbeiten werden Arbeitsanweisungen formuliert und Checklisten angegeben. Ein Beispiel für eine solche Checkliste zeigt die Abbildung 4.

Zur Erzielung der gewünschten, sehr geringen Durchlässigkeit muß das Material, was zum Einbau kommt, häufig zunächst auf der Baustelle aufbereitet werden. So müssen Tone in kleinstückige Haufwerke aufgebrochen werden, deren Wassergehalt auf dem „nassen" Ast der Proctorkurve liegen sollte. Mit großer Zuverlässigkeit kann dies in stationären Aufbereitungsanlagen erfolgen.

An Hand der Checklisten wird dann der ordnungsgemäße Einbau und die ausreichende Verdichtung der Materialien kontrolliert. Den Lagenstärken, Übergängen und Schichtgrenzen kommt besondere Bedeutung zu. Ziel ist es, eine möglichst große *Homogenität* der Abdichtungsschicht zu erreichen, was zusätzlich durch visuelle Kontrollen der Prüfkörper und der freigelegten Entnahmestellen zu prüfen ist. Da ordnungsgemäßer Einbau der Schichten nur bei günstiger Witterung gelingt, müssen die Bauarbeiten bei schlechtem Wetter eingestellt werden.

Mit der Beprobung der fertiggestellten Arbeitsebenen in einem regelmäßigen Raster wird nun überprüft, ob die Kennwerte in der zulässigen Bandbreite liegen. Das Rastermaß wird bei den Prüfungen zwischen 30 m² bis 40 m² liegen.

An den entnommenen Proben sind die erreichten Dichten und die Wassergehalte schon vor Ort bzw. kurzfristig festzustellen. Da die Ermittlung der Wasser-

<table>
<tr><td colspan="5">Prüfbericht   Projekt: Datum:</td></tr>
<tr><td colspan="5">Teilnehmer
    Bauleitung:
    Fachbauleitung:
    Behörde:</td></tr>
<tr><td colspan="5">Witterung:</td></tr>
<tr><td colspan="5">Thema und Ergebnis:</td></tr>
<tr><td colspan="5">Prüfungen am Bauteil:</td></tr>
<tr><td colspan="5">Sichtprüfung Oberfläche:
   Ebenheit: Materialbeschaffenheit:</td></tr>
<tr><td>Probenentnahme:
Nr. Stutzen UP/</td><td></td><td></td><td></td><td></td></tr>
<tr><td>Lokalität</td><td></td><td></td><td></td><td></td></tr>
<tr><td>Bodenart nach DIN 4022:</td><td></td><td></td><td></td><td></td></tr>
<tr><td>Homogenität:
  Porenart
  Grobkorn
  Fremdmaterial
  Schrumpfriß
  Besonderheiten</td><td></td><td></td><td></td><td></td></tr>
<tr><td>Weitere Versuche:</td><td></td><td></td><td></td><td></td></tr>
<tr><td>Dichte</td><td></td><td></td><td></td><td></td></tr>
<tr><td>Wassergehalt</td><td></td><td></td><td></td><td></td></tr>
<tr><td>k-wert</td><td></td><td></td><td></td><td></td></tr>
<tr><td>Klassifikationsversuche</td><td></td><td></td><td></td><td></td></tr>
<tr><td></td><td></td><td></td><td></td><td></td></tr>
<tr><td></td><td></td><td></td><td></td><td></td></tr>
</table>

Abb. 4 Prüfbericht und Checkliste

durchlässigkeit einen längeren Zeitraum benötigt, können diese Versuchsergebnisse unmittelbar zur Bauablaufsteuerung herangezogen werden. (Anmerkung: Bei der Übertragung der Laborwerte in eine im Feld tatsächlich erreichte Abdichtung werden trotz sorgfältigster Qualitätsüberwachung deutliche Zuschläge - mindestens um den Faktor 10 - notwendig sein.)

Nach der Auswertung des Feldversuches wird der QSP mit den gewonnenen Erkenntnissen überarbeitet. Es wird abschließend festgelegt, wie die Arbeiten zu dokumentieren (Abbildung 5) und welche Maßnahmen zu ergreifen sind, wenn die festgelegten Grenzwerte über- bzw. unterschritten werden. Für die Bauausführung ist schließlich auch festzulegen, daß fertiggestellte Abschnitte so abzudecken sind, daß sie vor Frost, Austrocknung oder Überflutung geschützt sind.

3.2 Kunstoffdichtungsbahnen

Werden Kunststoffdichtungsbahnen zum Einbau gebracht, ist zunächst im Zuge der Eingangsprüfungen jeweils festzustellen, ob die Werkstoffe den gültigen Zulassungsrichtlinien entsprechen. Dabei sind ggf. auch die Nachweise zu den werkseitigen Schweißnähten zu kontrollieren. Ferner sind für Kunststoffdichtungsbahnen Hinweise zu deren Transport und Lagerung zu beachten.

Die Einrichtung eines Probefelds kann auch hier in Frage kommen. In jedem Fall sind erhöhte Anforderungen an das Planum zu stellen, auf welches die Bahnen verlegt werden. Dies gilt um so mehr, wenn die Bahnen im sogenannten Preßverbund verlegt werden sollen. Insbesondere hier sind die Ebenheit und die Oberflächenbeschaffenheit zu kontrollieren. Scharfkantige Steine dürfen keinesfalls unter den Bahnen verbleiben.

Der Verlegung selbst erfolgt nach Verlegeplänen und nur mit besonders geschultem Personal. Die Qualifikation ist entsprechend nachzuweisen. Besonderes Augenmerk ist auf die zulässigen Nahtformen und die Schweißnahtprüfungen zu legen. Der QSP legt hier genau den Umfang der Prüfungen und deren Dokumentation fest. Für Sonderformen bei Durchdringungen z. B. werden besondere Festlegungen getroffen.

Schließlich wird auf Maßnahmen bei ungünstiger Witterung eingegangen. Zu starke Sonneneinstrahlung wird wie zu niedrige Temperaturen den Baubetrieb einschränken bzw. zum erliegen bringen. Auf eine ausreichende Sturmsicherung (Sandsäcke o. ä) ist zu achten. In diesem Zusammenhang sind auch ausreichende Wasserhaltungsmaßnahmen zu berücksichtigen.

Wie die Erfahrung gezeigt hat (vgl. August et al. 1998) kommt einer guten Abstimmung zwischen den verschiedenen beteiligten Baufirmen und den Prüfinstanzen große Bedeutung zu. Dieser Umstand sollte deswegen auch im QSP seine entsprechende Berücksichtigung finden.

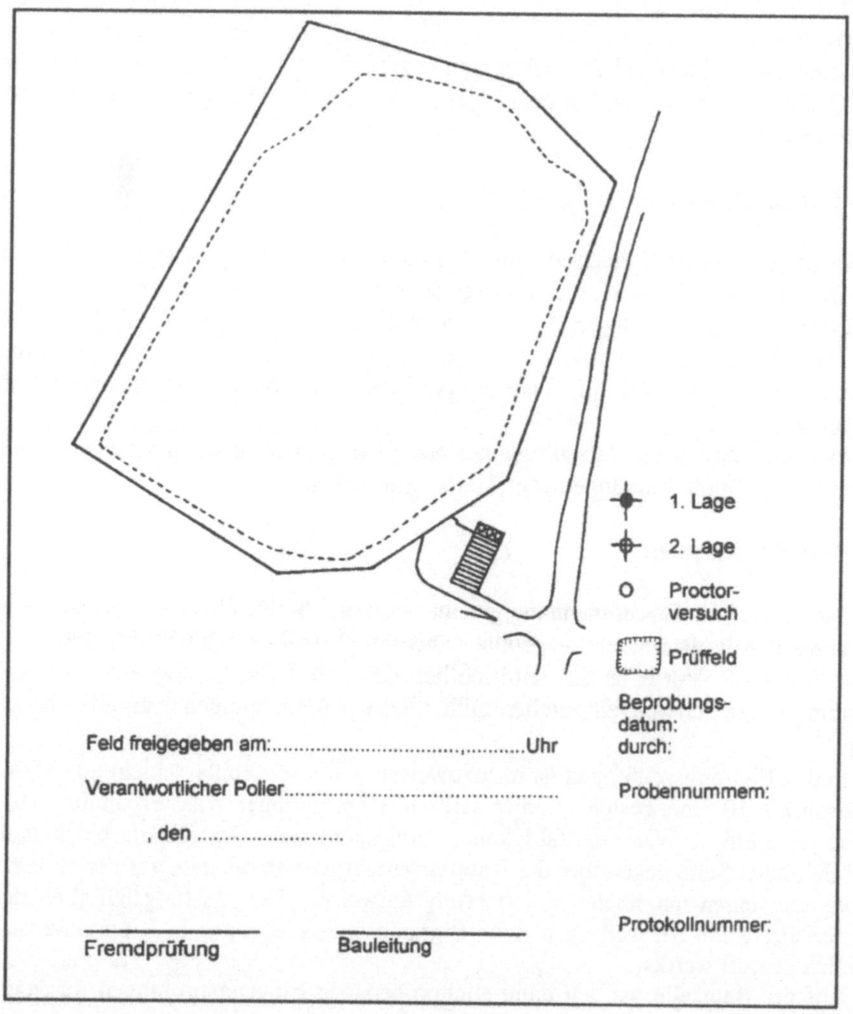

Abb.5 Beispiel für eine mögliche Dokumentation der Arbeiten

3.3 Asphaltbetondichtungen

Für die Herstellung von Asphaltbetondichtungen sind ebenfalls Eignungsprüfungen durchzuführen, um die Rezeptur den gewünschten Anforderungen anpassen zu können. Beim der Herstellung des Probefelds und beim späteren Baubetrieb kommen visuellen Kontrollen der Arbeitsfugen und der erreichten Oberflächen mit allen Übergängen große Bedeutung zu.

Mit Kernbohrungen wird die hergestellte Dicke geprüft. An den gewonnenen Proben werden Dichte und Resthohlraumgehalt ermittelt. Schließlich werden Extraktionen zur Bestimmung der Körnungslinien und der Bindemitteleigenschaften durchgeführt.

Gegenüber mineralischen Dichtungen ergibt sich ein geringerer Aufwand für die Qualitätssicherung, was in erster Linie auf den genauer einstellbaren Baustoff zurückzuführen ist.

3.4 Bentonitmatte

Diese Aussage trifft auch auf die Bentonitmatte zu, die vorkonfektioniert auf die Baustelle kommt. Auch hier sind selbstverständlich Eingangskontrollen durchzuführen. Vor dem Verlegen der Matten sind visuelle Kontrollen und Prüfungen auf dem Planum notwendig, die dessen Ebenheit kontrollieren. Scharfkantige Steine sind auszulesen. Beim Auslegen der Matten sind deren Verlegevorschriften zu beachten.

Zu achten ist auf die Anschlüsse der einzelnen Matten untereinander sowie im Bereich von Durchdringungen oder Sonderbauwerken.

3.5 Kapillarsperren

Die in unserem Zusammenhang genauer vorgestellte Kapillarsperre weist - wie an andere Stelle dargelegt - gegenüber anderen Oberflächenabdichtungssystemen eine Reihe von Vorteilen auf. Hinsichtlich der Qualitätssicherung nach Art und Umfang ist sie den konventionellen mineralischen Abdichtungen ebenfalls überlegen.

In den Eignungsprüfungen ist nachzuweisen, daß die Kapillarschicht aus Material mit $k \geq 10^{-4}$ m/s besteht. Ferner sollte hier bei geringer Wasserspannung eine hohe ungesättigte Wasserleitfähigkeit sichergestellt sein. Der Kapillarblock muß auf der einen Seite gegenüber der Kapillarschicht filterstabil sein, auf der anderen Seite aber einen maximalen Porensprung aufweisen. Die Leistungsfähigkeit der Materialien kann bei weitergehenden Eignungsuntersuchungen in Kipprinnenversuchen geprüft werden.

Auf der Baustelle werden dann stichprobenartig Eingangsprüfungen durchzuführen sein, wobei mit einfachen Trockensiebungen jeweils die Körnungslinien zu bestimmen sind.

Im Probefeld wird der Einsatz der Erdbaugeräte getestet. Geringere Schichtdikken als 30 cm sollten nicht ausgeführt werden. Da es bei der Kapillarsperre insbesondere auf die saubere und ebene Grenzfläche zwischen Block und Kapillarschicht ankommt, ist ein vor Kopf Einbau der Kapillarschicht vom Hangfuß aus mit ausreichender Dicke empfehlenswert.

Mit Aufgrabungen zur Ausbildung der Trennfläche Kapillarschicht / Kapillarblock hinsichtlich Durchmischung, Ebenheit und Schichtdicke kann die gewählte Einbautechnik gut beurteilt werden.

Kann hier beim Testfeld der Geräteeinsatz mit ausreichender Güte bestätigt werden, beschränkt sich die Qualitätssicherung bei späteren Baubetrieb auf visuelle Einbaukontrollen, wobei besonders auf den Anschluß der Teilfelder untereinander geachtet werden muß. Dies trifft auch auf den Anschluß der Kapillarschicht an die Wasserfassung am Hangfuß zu.

4 Schlußbemerkungen

Mit den hohen Anforderungen, die an das Bauwerk Oberflächenabdichtung gestellt werden, und der geringen Chancen für eine Mängelbeseitigung kommt der Qualitätssicherung beim Bau von Oberflächenabdichtungen große Bedeutung zu. Sie beruht auf eine Reihe von Komponenten: Grundlegende Eignungsuntersuchungen stellen sicher, daß die Materialien, die zum Einbau kommen sollen, ihren Verwendungszweck erfüllen. Der entworfene Qualitätssicherungsplan wird während der Durchführung eines sorgfältig geplanten Feldversuches geprüft und an die gewonnenen Erkenntnisse angepaßt. Großen Einfluß auf den Bauerfolg haben die Witterungseinflüsse, was deswegen auch bei der Ausgestaltung des Bauvertrags beachtet werden sollte. Bei mineralischen Dichtungen und bei Kombinationsabdichtungen kommt der erreichten Homogenität große Bedeutung zu.

Hinsichtlich des Umfangs und der Art der Prüfungen sind bemerkenswerte Unterschiede bei den verschiedenen Systemen der Oberflächenabdichtungen auszumachen. Auch dies sollte im Einzelfall bei der optimierten Systemauswahl für eine Oberflächenabdichtung berücksichtigt werden.

5 Literatur

August H, Holzlöhner U, Meggyes T Hrsg (1998) Optimierung von Deponieabdichtungssystemen, Springer

Bundesminister für Umwelt, Naturschutz und Reaktorsicherheit (1991) Gesamtfassung der Zweiten allgemeinen Verwaltungsvorschrift zum Abfallgesetz (TA Abfall); Teil I: Technische Anleitung zur Lagerung, chemisch/physikalischen, biologischen Behandlung, Verbrennung und Ablagerung von besonders überwachungsbedürftigen Abfällen, Bek. d. BMU v. 12.03.91, WA II5-30121-1/18, GBMl. 42. Jg., Nr. 8, S. 139 ff., Carl Heymanns-Verlag, Köln

Bundesminister für Umwelt, Naturschutz und Reaktorsicherheit (1993) Dritte allgemeine Verwaltungsvorschrift zum Abfallgesetz (TA Siedlungsabfall); Technische Anleitung zur Verwertung, Behandlung und sonstigen Entsorgung von Siedlungsabfällen, 14.05.1993; Bundesanzeiger, Jhrg. 45, Nr. 99a, Bundesanzeiger Verlagsges. mbH., Köln

DIN ISO 8402 (1992) Qualitätsmanagement und Qualitätssicherung, Begriffe (Entwurf) Deutsches Institut für Normung e. V. (Hrsg)

DIN EN ISO 9000 ff: Qualitätsmanagement- und Qualitätssicherungsnormen

Deutsche Gesellschaft für Erd- und Grundbau e. V, Essen (1993) Empfehlungen des Arbeitskreises „Geotechnik der Deponien und Altlasten" - GDA, 2. Auflage, Ernst & Sohn, Berlin

Gartung E, (1990) Qualitätssicherung bei der Bauausführung von Deponien Veröffentlichungen des Grundbauinstitutes der Landesgewerbeanstalt, 6. Nürnberger Deponieseminar, S.111-125

Hauptverband der Deutschen Bauindustrie e. V.: Leitlinien Qualitätssicherung im Bauwesen, März 1993

Melchior S, (1995) Risiken beim Einsatz von Oberflächenabdichtungen gemäß TA Siedlungsabfall, IGB-Deponieseminar 1995, Hamburg, 26.09.1995

AMANN INFUTEC CONSULT AG

Ingenieurgesellschaft für Bauen und Umwelt

Ober-Ramstädter Str. 42 . 64367 Mühltal
Telefon 06151 / 14 15-0 . Telefax 06151 / 14 15-59

- Geotechnik
- Untertagebau
- Deponietechnik
- Wasserbau und Wasserwirtschaft

- Umwelttechnik
- Flächenrecycling
- Projektsteuerung
- Bauleitung, Bauüberwachung, Qualitätssicherung

Unsere Leistungen in der Deponietechnik

- Standortsuche und Bewertung
- Umweltverträglichkeitsprüfungen
- Konzeption und Planung
- Deponieuntersuchung
- Bauleitung

- Qualitätssicherung, Prüfungen
- Fremdüberwachung
- Nachsorge
- Deponierückbau
- Deponiesicherung

Wir schaffen LÖSUNGEN.